本书由中国绿色碳汇基金会提供资助

U0271242

亚洲环境情况报告

第 4 卷

日本环境会议《亚洲环境情况报告》编辑委员会　编著

周北海　邱　静　张坤民　郑　颖　郑晋君　　翻译

张坤民　郑　颖　郑晋君　审校

建设环境与资源可持续的经济社会！
国际 NGO 共同研究的环境白皮书

中国环境出版社·北京

版权登记号：01-2014-6391

图书在版编目（CIP）数据

亚洲环境情况报告. 第 4 卷/日本环境会议《亚洲环境情况
报告》编辑委员会编著；周北海等译. —北京：中国环境出
版社，2015.12

　ISBN 978-7-5111-2549-1

　Ⅰ.①亚…　Ⅱ.①日…②周…　Ⅲ.①区域环境—调查报
告—亚洲　Ⅳ.①X321.3

中国版本图书馆 CIP 数据核字（2015）第 218980 号

出 版 人	王新程	
责任编辑	周　煜	
责任校对	尹　芳	
封面设计	宋　瑞	

出版发行	中国环境出版社	
	（100062　北京市东城区广渠门内大街 16 号）	
	网　　址：http://www.cesp.com.cn	
	电子邮箱：bjgl@cesp.com.cn	
	联系电话：010-67112765（编辑管理部）	
	发行热线：010-67125803，010-67113405（传真）	
印　　刷	北京中科印刷有限公司	
经　　销	各地新华书店	
版　　次	2016 年 10 月第 1 版	
印　　次	2016 年 10 月第 1 次印刷	
开　　本	880×1230　1/32	
印　　张	10.5	
字　　数	302 千字	
定　　价	35.00 元	

原书前言

人类已经进入了 21 世纪,这个新世纪的最初 5 年迅如白驹过隙。2001 年,震惊世界的悲剧"9·11 事件"至今还深深印在人们的脑海中,到今年已经是第 5 个年头了。在过去的 5 年多时间里,包括日本和亚洲在内的整个世界都被卷入美国军事主导下强行推进的阿富汗战争和伊拉克战争,各地政治局势动荡、治安恶化,许多尚未解决的民族纷争和地区冲突进一步激化,因气候变化而出现的气象异常、地震、海啸等大规模自然灾害频发,人们的生活被各种威胁与不安所包围。在此期间,所谓"全球环境问题"以及一系列相关问题依然没有找到具体的解决方案,反而更加变本加厉,显现出更加多样与广泛的影响。

在此背景下,另一个引人注目的情况是:近年来,通过本地区内的贸易往来,包括日本在内的亚洲各国在经济上的相互依存关系显著增强。举例说,据手头的《朝日新闻》(2006 年 8 月 27 日)所载专题报道(《寻求新战略》第 3 章《自由贸易 由线到面》),1999 年,日本对中国的出口额为 337 亿美元,到 2004 年增至 941 亿美元(约为 1999 年的 2.8 倍);而中国在 1999 年对日本的出口额为 431 亿美元,到 2004 年增至 944 亿美元(约为 1999 年的 2.2 倍)。由此可见,双方的出口额都在迅猛增长。此外,从 1999 年到 2004 年,日本对东盟(东南亚国家联盟,ASEAN)5 个主要国家的出口额从 533 亿美元增至 718 亿美元(约 1.3 倍),而这 5 国对日本的出口额也从 433 亿美元增至 615 亿美元(约 1.4 倍);中国对东盟 5 国的出口额从 126 亿美元增至 413 亿美元(约 3.3 倍),而这 5 国对中国的出口额则从 144 亿美元增至 599 亿美元(约 4.2 倍),全都显示出激增的趋势。可以说,亚洲地区内部通过贸易而形成的经济相互依存关系的增强，在最近5年间尤为令人惊叹。

在这种经济趋势的背景下，日本国内围绕亚洲的未来展开了热烈讨论。其中的一个构想是，通过推进FTA（自由贸易协定）和EPA（经济合作协定），以实现"ASEAN+3（东盟＋日本、韩国、中国）"和"ASEAN+6（在日本、韩国、中国的基础上再加上印度、澳大利亚、新西兰）"的"自由贸易圈"构想；另一个构想是，更进一步以建立"东亚共同体"为未来目标。但是，这两个设想都具有过于偏重于经济方面的局限性。

的确在亚洲地区由贸易形成的相互依存关系显著增强的情况下，以中国为首的亚洲国家和地区都在为前所未有的经济高速增长而欢呼。但是，在经济增长的背后，人们不能无视其负面情况——公害问题和对环境的严重破坏正在不断出现，超过了日本曾经历过的严重程度。我们不能对亚洲环境方面的这些现实问题视而不见。特别是，如果要设计好亚洲未来的蓝图，就不能不考虑目前环境方面正在不断涌现的问题，不能不清醒地认识到各种资源制约这一事态（正如本书序论中所述）所代表的意义。为此，亚洲地区今后必须认真探索实现"环境与资源可持续发展的经济社会"之路，并且要比以往更加严肃地来探讨未来的基本方案与政策选择。

如前所述，一方面，亚洲地区经济方面的相互依存关系近年来上升到了新的高度；另一方面，我们在环境方面的相互依存关系也更加深化了。重新认识这一现实及其重要性，正是迫在眉睫的课题。无需赘述，富裕的经济社会不能不依赖于资源基础与环境基础的健全与保护，破坏这两种基础的经济社会模式肯定是无法长久持续的，迟早要直接面对深刻的漏洞与危机。因此，亚洲必须从现在开始，把开拓"环境与资源可持续发展的经济社会"之路作为最基本课题。为了更好地应对这一课题，我们认为，最为关键的是要解决21世纪如何发展"亚洲环境合作"以及更进一步的"亚洲环境合作治理"机制问题。目前的当务之急是要推进多方面、多层次的"环境合作网络建设"。这不仅需要亚洲各个国家（地区）的中央政府采取行动，也需要各级地方政府（地方自治体）、经济上相互依存关系不断增强的各类金融机构与民间企业、亚洲目前不断涌现的各种 NGO（非政府组织）和 NPO（非营利性组织）以及支持相关活动的专家学者和市民学生等社会各界人士的共同努力。

本书是 1997 年 12 月创刊的 NGO 版《亚洲环境情况报告》系列丛书的第 4 卷（2006—2007 年版）。迄今为止，本系列丛书已经出版的书目包括：

《亚洲环境情况报告 1997—1998》（第 1 卷）（日文版：东洋经济新报社，1997 年 12 月；英文版：*The State of the Environment in Asia 1999/2000*，1999 年 11 月；韩文版：Tanimu 社，2000 年 5 月；中文版：中国环境科学出版社，2005 年 5 月）；

《亚洲环境情况报告 2000—2001》（第 2 卷）（日文版：东洋经济新报社，2000 年 11 月；英文版：*The State of the Environment in Asia 2003/2004*，2002 年 10 月；中文版：中国环境出版社，2014 年 3 月——审校者注）；

《亚洲环境情况报告 2003—2004》（第 3 卷）（日文版：东洋经济新报社，2003 年 10 月；英文版：*The State of the Environment in Asia 2005/2006*，2005 年 3 月；中文版：中国环境出版社，2015 年 1 月——审校者注）。

本丛书的编辑发行得到了来自亚洲各个国家和地区的 300 多位相关人士的多方面合作（可以说，这本身就是以志愿者工作为基础的《亚洲环境合作网络》的一种实现方式）。创刊以来，我们的共同愿望就是以"全球环境保护从亚洲开始"为号召，开展国际合作和学术合作。我们的努力有幸得到了来自各方面的肯定。2002 年 11 月，我们被"台湾海洋基金"（Taiwan Ocean Trust）授予"亚洲太平洋 NGO 环境会议功劳奖"；2005 年 4 月，我们荣获日本《朝日新闻》社的第 6 届"未来环境奖"。这些荣誉对于我们都是极大的鼓舞。而最让我们感到高兴的是，本系列丛书得到了国内外有关机构和广大读者的好评，不断再版。期间，作为本丛书的姐妹篇——《中国环境手册（2005—2006）》（中国环境问题研究会编，苍苍社，2004 年）、《作为环境共同体的日中韩》（寺西俊一监修，东亚环境信息传播所编，集英社新书，2006 年）、《保护地球环境之路——来自亚洲的声音》（寺西俊一、井上真、大島堅一编，有斐阁，2006 年）等相关书籍也先后出版，有兴趣的读者可以将它们同本丛书一并作为参考。

这次出版的丛书第 4 卷采用的体例与第 3 卷相同，包括以下 3 个部分：第 I 部——专题篇；第 II 部——各国/地区篇；第 III 部——资料解说篇。但与第 3 卷相比，本书增添了一些新内容。第 I 部中，作为公众关注焦点，新增了 ODA（官方发展援助）同国际金融与环境合作有关问题、公害受害者的赔偿问题、电子与电器部件废物（即所谓电子废物，e-waste）的处理与管理问题等。第 II 部中，新增了关于新加坡、朝鲜民主主义人民共和国、孟加拉国的内容。第 III 部中，我们汇集了大量新项目的最新数据资料，做了简明扼要的说明。各部分都是在思考亚洲未来所面对的各种课题的基础上收集了重要的基本信息，并指出了问题所在。我们殷切期望，本书能同丛书的以往几卷一样，对广大读者有所帮助。在此，也要感谢相关人士一直以来所做的努力。衷心希望各位今后能够继续为本丛书提供支持与合作。

最后，需要说明的是，本书编写出版的部分经费是由日本环境再生保护机构 2004 年度"地球环境基金"（推进建立《亚洲环境合作网络》与继续出版《亚洲环境情况报告》项目）、"日本学术振兴会"2005 年度"科学研究费补助金"（《关于构筑"亚洲环境合作"制度的基本构想与具体机制的政策研究》项目）以及"日本国立环境研究所"的委托研究经费所提供的。

编辑委员会代表

寺西俊一

2006 年 9 月

中译本前言

　　随着《亚洲环境情况报告》第 2 卷译稿去年年末交付出版社后，第 3 卷译稿，经过补充翻译和审校，今年 7 月底业已交出。接着，我同年轻助手郑颖（日本环境工程硕士）和郑晋君（日本文学硕士）一起，在大热天继续齐心协力，将第 4 卷译稿如期提交。承诺兑现之后，我真有"如释重负"的感觉和喜悦。

　　在这套丛书前 3 卷的"中译本前言"中，已经介绍过丛书的来历、缘由与特色，不拟重复。而针对这 3 年才出一卷的第 4 卷，我想强调以下四点：

　　第一，本卷新提出的 3 个"专题"[考虑环境与社会的政策与环境 ODA（政府开发援助）、救助公害受害者、迫在眉睫的电子废物]确属 21 世纪的热门话题。日本水俣病公害 50 周年，印度博帕尔毒气事件 20 周年，迄今仍未妥善解决。本卷新撰写的 4 个国家或地区（新加坡、孟加拉国、俄罗斯远东地区、朝鲜民主主义人民共和国）的系统介绍和其他 10 个国家或地区的续篇更新，以及"数据资料篇"中的 13 节，再次提供了一系列鲜活的事例、数据与观点，颇能启发思路。

　　第二，《京都议定书》是一份冠有京都之名的、规定了发达国家定量削减温室气体义务的国际法律文书。研讨会上常能当面听到日本专家对于本国政府履约不力的批评，本卷中也能多处看到执笔专家的类似评论，而对中国、印度等发展中国家积极开发可再生能源则充分肯定。诚如原书后记所言，执笔者对于各国（地区）的环境情况、政策进展和重大事件均有褒有贬，值得一读。

　　第三，气候变化是全球面临的共同挑战。《全球碳计划》于近日公布，2013 年度全球人类活动的碳排放量已达 360 亿 t，人均排放 5 t，创下了新纪录。其中，总量最大的中国占 29%；美国其次，占 15%；

欧洲占 10%。至于人均碳排放量，中国是 7.2 t，欧洲是 6.8 t。中国的人均碳排放量首次超过欧洲。英国东英吉利大学教授 Corinne Le Quere 指出，"中国目前巨大的碳排放同欧美消费者需求有关，其中的 20%主要来源于服装、家具及太阳能电池板生产等，而这些产品大量销往欧美。如果算进其他地区销往欧洲产品的碳排放量，欧盟碳排放还将高出 30%"（见 2014 年 9 月 23 日环球网）。围绕 2015 年的巴黎气候大会，各国应当把历史账、现实账和道义账一起真正算清楚，协商取得公平合理的解决方案。本丛书对此也可以提供一系列有价值的数据与资料。

最后，本卷在一些细节处理上也有所变化。在第 3 卷中，长达 34 页的"注解与参考文献"都集中印在书后。而第 4 卷中的"注解与参考文献"，在第 1 部所有章节和第 2 部的前 4 章，均列于各章之后；第 2 部第 5 章"续篇"和第 3 部"数据资料篇"则紧随各节之后，以便于读者查阅。为此，我们也按日文版的顺序排印，并将参考文献之外的各条注释，全部译成中文。

在补译与审校第 4 卷过程中，继续得到日方编委会代表一桥大学寺田俊一教授、编委会委员暨执笔者北海道大学吉田文和教授、原译者北京科技大学周北海教授、中国人民大学邱静副教授以及环保部、中国可持续发展研究会、清华大学、中国环境出版社等单位很多朋友的支持与帮助，在此表示衷心感谢。第 5 卷日文原版书业已交给郑颖和郑晋君两位女士，即将着手翻译。只要"日本环境会议"坚持出版这套系列丛书的新著，我相信，这项受到欢迎的《亚洲环境情况报告》中译本出版事业，定会由中国环境出版社继续认真开展下去。

中国可持续发展研究会名誉理事长兼低碳研究学组主任
中国环境与发展国际合作委员会秘书长（1998—2003 年）
日本立命馆亚洲太平洋大学研究生院专任教授（2003—2006 年）

于 2014 年 10 月 1 日新中国成立 65 周年之际

目 录

第 II 部　各国（地区）篇

第Ⅲ部　资料解说篇

绪　论

向资源节约型与资源循环型经济社会的转型

1．我们正处于资源价格高涨的时代

近年来，石油、铁、铜、铝等各种资源的价格急剧上升。资源价格的高涨使资源开发变得更为有利可图，这势必将加剧资源所有权与使用权的争夺。迄今为止，人类为了获取资源，一次次地进行战争，夺去了许多人的生命，并一直在破坏环境。即使是在备战过程中，也同样造成环境破坏。亚洲地区的海底油田与天然气田等能源、国际河流等水源，都很有可能成为纷争的导火线。

资源不足和资源经济价值升高，今后可能会使包括亚洲在内的整个世界都面临卷入激烈的"资源争夺战"的危险。而从另一方面看，资源价格高涨也是一个信号、一次良机，它提醒人们，要从根本上改变原先的"大量生产、大量消费、大量废弃"的经济结构，要制定政策，促进向资源节约型与资源循环型社会经济的转型。因此，正是在资源价格高涨的今天，才更要积极推进以资源节约型与资源循环型经济社会为目标的大刀阔斧的改革。而且，从维护世界和平与稳定的角度看，也迫切要求向资源节约型与资源循环型经济社会的转型。

图1所示为各种资源价格的变化情况（假定2000年的资源价格为100）。2005年石油价格是2000年的2倍左右，而与1998年相比则增长了4倍。铁矿石、铜、铝等金属资源的价格也在上涨。2005年铜和铁矿石的价格增至2000年的2倍。亚洲各国也开始出现了汽油费和电费上涨的情况，给市民生活带来很大影响。

图1　资源价格的变化（以指数表示）（略）

石油价格这次高涨的背景，首先是由于伊拉克、尼日利亚等产油国的国内纷争导致炼油能力不足，其次是由于低成本生产的优质石油资源枯竭而制约了石油的长期性供给。另外，从需求方的情况看，亚洲各国经济高速增长（见表 1），资源需求急剧增加，也是一个不容忽视的原因。中国从 20 世纪 90 年代以来一直维持着高达 10.6%的经济增长率，2000 年以来平均增长率为 9.4%。印度也实现了较高速度的经济增长，20 世纪 90 年代平均为 6.0%，2000 年以来为 6.2%。除日本外，亚洲各国从 2000 年以来的经济增长率都达到了 2.5%，超过世界平均水平。如此高的经济增长率，都是通过制造业生产的扩大、道路等公共设施建设的投资、住宅建设的投资、耐用消费品的普及等方式实现的，在这样的背景下，对各种资源的需求也以前所未有的速度急剧增加。

此外，除了日本、韩国、新加坡等部分国家外，亚洲其他国家的人均国民收入水平还不高。日本的人均国民收入为 37 730 美元，相比之下，中国的人均国民收入为 1 500 美元，印度的人均国民收入为 620 美元，都还处在较低水平。因此，今后这些人口大国的人均国民收入如果继续保持增长，对资源的需求还将进一步扩大。

表 1 亚洲国家和地区经济增长的变化

国家或地区	年均经济增长率/%		人均国民收入/美元
	1990—2000 年	2000—2004 年	
日本	1.3	0.9	37 370
韩国	5.8	4.7	14 000
中国	10.6	9.4	1 500
中国台湾	6.2	3.2	12 381
菲律宾	3.4	3.9	1 170
越南	7.9	7.2	540
柬埔寨	7.1	6.3	350
老挝	6.5	6	390
泰国	4.2	5.4	2 490

国家或地区	年均经济增长率/%		人均国民收入/美元
	1990—2000 年	2000—2004 年	
马来西亚	7	4.4	4 520
新加坡	7.7	2.9	24 760
印度尼西亚	4.2	4.6	1 140
孟加拉国	4.8	5.2	440
印度	6	6.2	620
世界	2.9	2.5	6 329

出处：Word Bank，*World Development Indicators，2006*；Council for Economic Planning and Development，*Taiwan Statistical Data Book*，2005.

2．向资源节约型和资源循环型社会转换的良机

资源价格的高涨也有可能同抑制资源消费和普及提高资源利用率的新技术相联系。例如，尽管由于缺乏亚洲各国关于交通量的统计，难以确认具体情况，但我们可以看到，由于石油价格高涨，人们开始考虑限制私家车、多利用公共交通工具。生物质燃料作为替代石油的燃料，受到了更大关注。中国、泰国、马来西亚、印度尼西亚等国都在增设以玉米、甘蔗、棕榈油等为原料来生产生物质燃料的设备。混合生物质燃料（在汽油中混入 5%～10% 的生物质燃料而成）的开发与普及也正在取得进展。另外，对节约能源的关注程度再次升高。在 2006 年 8 月召开的日本海外经济合作会议上，确定了要同中国、印度这两个能源消费大国在节约能源方面推动合作。

另外，资源价格的高涨也提升了资源回收利用的经济效益。再生资源的价格同自然资源的价格存在着连动效应，近年来也在上涨。这样一来，从前作为废物处理与处置的物品也有了可被回收和再生利用的经济价值。因此，资源价格的高涨同时也就成了经济社会结构向资源节约型和资源循环型转化的良机。

但是，必须注意的是，资源价格的上涨也有造成新的环境破坏加剧的危险。例如，矿产资源的开采、精炼业的发展等都可能引起各种矿产灾害；使用棕榈油制造生物质燃料也可能因此要扩大棕榈

树种植园而破坏森林。在防治公害对策不充分的情况下，盲目地扩大资源再生利用产业也可能引发危险。

此外，在资源价格高涨的情况下，倘若开发新的油田、矿山，或投资新的炼油设备，自然资源的供应量又将急剧增长。由于这些开发投资通常都要经历较长时间才能够收回成本，一旦开始扩大供给能力，就很难实行减产。其结果就会像 20 世纪 80 年代中期和 90 年代中期那样，造成资源价格长期低迷，而耗油的 SUV（多功能运动型汽车）等此类资源浪费型技术与制品得以普及的危险。

对此，如果要考虑将资源价格的高涨当作是向资源节约型与资源循环型经济社会转换的良机充分利用的话，就不能再采取以往的扩大自然资源供给的应对方法，而要通过节约能源来控制需求、扩大自然能源的利用、扩大再循环和再利用，着重抑制对自然资源本身的需求。而且，为了预防破坏环境、危害健康的事件发生，必须加强防范矿灾等污染对策，这是同自然资源开采成本升高和对自然资源需求抑制相连的，这对于向资源节约型和资源循环型经济社会的转化也是卓有成效的。但是，如前所述，如果这些对策不能及时跟上去，自然资源的开发将继续进行，资源价格将长期低迷，就会延迟资源节约型和资源循环型技术的普及。因此，有必要尽早实行有关对策。

3. 实现经验共享机制的重要性

迄今为止，亚洲各国的政府、企业和 NGO（非政府组织），实际上都在进行着向资源节约型和循环经济型经济社会转型的各种尝试。其中有成功的，也有失败的。为了更加有效和迅速地对相关问题采取措施，今后，在各个参与者之间谋求经验共享显得尤为重要。

最近，人们已经广泛意识到实现多国间信息共享的必要性，围绕着亚洲环境问题，不断召开各种各样的国际会议。从 1995 年起，联合国亚太经社理事会每 5 年举办一次"亚太环境与发展部长会议"，由各国负责环境问题的部长级官员参加。2005 年，在首尔召开的第 5 次会议上通过了《部长宣言》，其中提出，要通过强化清洁生产、促进消费模式向环境可持续方向的改善、加强对自然资源的保护与管理、推进"3R"等途径，争取实现"环境可持续发展"的目标。另外，从1991年起，日本环境省每年都在日本召开"亚太环境会议（ECOASIA）"（1992年和2002年除外），作为各国环境部长的非正式会议，提供交流意见的平台。2005年，在歧阜县召开的第13次会议上，各国部长讨论了推进可再生能源发展的机制问题。从1999年起，中、日、韩3国还举行环境部长会议。2005年10月在首尔召开的第7次会议上，3国官员讨论了气候变化问题、循环型社会的构建、沙尘暴及酸雨等问题。东盟也每年举行环境部长会议，到2005年已经是第10届。从2002年起，在东盟环境部长会议的基础上，又新增了有日本、韩国、中国官员参加的"ASEAN+3"环境部长非正式会议。

除了部长级会议外，还有高级事务官会议、针对集中议题的专家会议以及NGO会议等多种形式的国际会议。围绕笔者的主要研究方向——再循环和危险废物越境转移问题，最近两年来召开了为数众多的各种国际会议：2004年4月，绿色和平组织与中国环境科学会主办的"关于中国电子废物与扩大生产者责任的国际会议"；2004年6月，联合国环境规划署（UNEP）亚太地区办公室在泰国曼谷召开的"电子产品与电器废物专家会议"；2004年12月与2005年11月，日本环境省召开的《巴塞尔条约》缔约国负责人"防止危险废物非法进出口研讨会"；2005年4月，在东京召开的"3R创始国部长会议"；2005年5—6月，在中国银川和泰国帕塔亚召开的APEC（亚太经合组织）人才培养部主办的有关再循环的研讨会；2006年3月在东京召开的"3R创始国高级事务官会议"等。

从1991年起，《亚洲环境情况报告》编辑委员会的母体——"日本环境会议"（JEC：Japan Environmental Council）就同亚洲各国的NGO和学者们，共同合作举办"亚太NGO环境会议"（APNEC：Asia-Pacific NGO Environmental Conference）。2005年11月初，在尼泊尔召开的第7次会议上（APNEC-7），与会者确认了自然资源管理因地制宜方式的重要性、女性作为环保参与者的重要性以及掌握冲突纷争给环境与生物多样性造成破坏情况的重要性。另外，从 2001 年起，日本环境会议与中国政法大学污染受害者法律援助中心共同主办了"关于环境污染受害者援助（环境纠纷处理）的日中国际研讨会"。2005 年 11 月下旬，该研讨会在上海举行了第 3 次会议。

通过这些会议，我们向中国负责环境法规制定的相关人士传达了日本的经验，使他们了解到日本通过公害受害者赔偿诉讼确立起来的、关于公害责任方因果关系推定举证责任等有关做法。中国于 2004 年修订的《固体废物污染环境防治法》（2005 年 4 月施行）第 86 条规定："因固体废物污染环境引起的损害赔偿诉讼，由加害人就法律规定的免责事由及其行为与损害结果之间不存在因果关系承担举证责任。"这就是日本公害诉讼的经验在中国有关法律中的体现。

在这些国际会议上所进行的信息交流，能使人们发现共同面临的问题，有时还能帮助人们通过活学活用别国的经验来找到具体的实践方法。但是，也有不少会议只是以开会本身为目的，仍停留在各国互相简要介绍本国如何处理环境问题的层面上。

4．形成共识的种种障碍

同时，要想在亚洲地区形成共同的问题意识，共同促进向资源节约型与资源循环型经济社会的转换，就不能忽视一些可能会引发重大问题的影响因素。

首先，在政府层面的对话中，各国条块分割的行政体系是阻碍对话与合作取得进展的弊端之一。要解决环境问题，就必须让各个部门协同开展工作。特别是资源节约型与资源循环型技术的普及和构筑相关社会机制等工作，更需要分别管理工业部门、农林部门、交通部门等各个政府机构的通力合作。实际上，由于各国相关政府机构的职能常有微妙的差异，即使是一国负责环境问题的部门同另一国负责环境问题的部门对话时，也时常出现双方对现状把握不足、缺乏对策的情况，从而导致具体合作停滞不前。以防止危险废物非法越境转移而进行的进出口货物检查为例，在日本开展该项工作的主要是海关；而在中国、中国香港和泰国，负责相应工作则分别是

"国家质量监督检验检疫总局"（兼有检疫部门职能）、"环境保护署"和"工业部"。因此，要想通过国际合作更有效地限制危险废物非法越境转移，就有必要把各国所有的相关部门都包括进来，共同商讨并实施相应对策。

其次，在政府间的国际会议（包括联合国的相关会议）上，各国通常都会围绕自己所取得的成就进行发言，而为此付出的代价和一些失败的教训则往往不被提及。这导致国际会议流于表面性的信息交流，无法商讨可行的对策，更难以深入讨论可能对于实现目标造成障碍的一些问题。在尚未对亚洲地区环境问题现状进行充分调查的情况下就召开国际会议、满足于参会者提供的有限信息，这些情况并非少数。这种现象也并非仅见于政府间的国际会议上。对于某些问题，并不是急于召开一些分享信息的会议，而更有必要做的是，应把侧重点放在开展调查与把握现状上。

影响政府间对话的另一个障碍，则是官员的人事变动。日本的中央政府机构每隔两三年就要进行官员的人事调整。如果从防止腐败、培养了解各种政治事务的"通才"这个角度看，每隔较短时间就安排人事变动的做法可能有其意义。但是，如果想要推进国际合作，两三年时间就太短了。一名官员可能刚开始熟悉某个国家的情况，同这个国家的官员建立起了信任关系，能够开始进行坦诚深入的对话，就因为人事变动而要离开原来岗位。在这种情况下，要在特定的环境问题上共同合作并发挥主动性，就极其困难。

亚洲各国对于邻国环境问题和环境政策的关心，总体上还处于较低水平。在环境政策方面，"欧美推动"这样的先入为主的观念比较强。在制定新法律的时候，也很难看到学习邻国经验的做法。而在亚洲地区，日本的环境政策和环境法规，对于同属汉字文化圈的韩国、中国和中国台湾地区而言，应该说还是具有一定参考价值的。

另外，语言问题也是经验共享的一大障碍。一国经验虽然可以用这个国家的母语总结出来，但翻译成英文的信息是极其有限的。即使是专门以亚洲地区环境问题为对象的研究者和NGO，尽管也很可能熟悉欧美环境政策的动向，但却不一定对周边邻国的经验与教训具有足够的了解。

即使是在都使用汉字的日本和中国，也会出现由于同一词语所指含义有所不同、从而使双方的讨论最终背道而驰的情况。例如，在日本，"循环型社会"一词主要指的是减少对家电、包装品、汽车等物品的废弃，加强再生利用；而在中国，"循环经济"则是一个包含了"节能"和"节水"等含义在内的广义定义。在召开中日国际会议时，如果不能在充分意识到上述差别的基础上设定议题和选择发言者，即使是以同样的"循环"一词作为关键词，也只能出现中日两国参加者发言格格不入、会议成果仅限于"发现双方定义不同"的结果。

5. 为亚洲"合作治理环境"奠定基础

在本丛书《亚洲环境情况报告》第3卷的绪论中，我们提出了为解决亚洲环境问题需进行"合作治理环境"的必要性。正如我们在上一节所提到的，亚洲地区在最近一段时间里举行了各种级别的环境问题国际会议，发达国家对发展中国家在资源节约技术普及方面的援助也正在以各种方式进行着。但是，各国间对各自所面对问题的相互理解、问题意识的共同达成以及为解决问题所进行的深入讨论，都还不尽如人意。不能不说，这种状况对今后亚洲地区"合作治理环境"的发展是十分不利的。在此背景下，还存在着如上所述的各国行政体系的条块分割、妨碍相互信任关系的人事变动频繁、信息仅限于英文等阻碍因素，而今后尤其重要的任务就是要努力为克服这些障碍奠定基础。例如，如果说要让政府部门马上开始延长人事调整周期，这在制度上很难做到，那可以考虑建立一种机制，让切实了解现状的学者或 NGO 也参与政府间对话或合作项目的策划。因为如不了解各国有关部门的职能差异或迄今所实行的政策，就无法开展有效的对话或合作项目。关于语言问题，同环境有关的各大学的院系与专业，有必要加强亚洲各国语言的教育。在日本的大学等高等教育机构，除了中文以外，亚洲其他国家的语言几乎都未被列入课程；也没有机会能让学生同时学习与环境有关的专业知识和亚洲各国语言。我们也许应当改变将亚洲各国语言的教学任务仅仅交给外国语大学的教育体制，要以同时学习专业知识和亚洲各国语言为目标，对现有教育体制进行调整和充实，培养"多面手"人才。

正如在第 2 节中所述，今后，在以上述"合作治理环境"为目标、推进奠定长期合作基础的工作时，有必要从亚洲地区开始，大力开拓向资源节约型与资源循环型经济社会的转型之路。亚洲地区人口占世界人口的 60%，经济增长率高，对资源的需要还将进一步扩大。正因如此，通过高效率和再循环地利用资源以及防止环境污染等方式，抑制对资源的需求，构筑资源节约型与资源循环型经济社会，已经成为一项极其重要的课题。正是在自然资源价格高涨的今天，我们才更应该从亚洲地区开始，为向资源节约型与资源循环型经济社会的转换，制定出具体的方案与模式，为大胆普及节约能源与资源型技术、促进自然能源的利用和资源再循环等目标，切实实施推进这些行动的各种相关政策。

（执笔：小岛道一）

第Ⅰ部　专题篇

第 1 章

考虑环境与社会的政策和环境 ODA

都进展到何种程度了？

针对棉兰老燃煤火力发电项目的抗议行动

［2005 年 6 月，地球之友日本（FoE Japan）提供］

1　前言：20 世纪 90 年代"ODA（政府开发援助）与环境"的变化

20 世纪 90 年代，为把环境保护作为援助的主流（Mainstreaming the Environment），政府开发援助（Official Development Assistance，ODA）与国际开发融资（International Development Financing）[1] 从两个方向上进行了改革。

一项改革是，构筑制度，确保政府开发援助和国际开发融资的援助项目不给自然环境和社会环境带来负面影响。具体而言，例如，为防止环境破坏，把环境与社会纳入项目的形成过程之中，防止出现接连不断的环境破坏，构筑对受害者进行救助的异议申诉制度等。这方面的先驱是帮助发展中国家融资的世界银行，而该机构最近正向发达国家企业的国际金融开发领域拓展，如出口信用和贸易保险等[2]。

另一项改革是，只要是为了改善发展中国家已经发生的环境破坏和环境污染、促进可持续发展的项目，都是 ODA 的援助对象。其援助领域非常广阔，不仅包括加强环境行政能力建设、给排水管道建设、工业污染防治、生态系统保护等与环境保护直接有关的领域，还包括能源、交通、工业、森林等领域。

促进这些改革的背景原因有如下两点：

其一，由于来自国际社会的批评，即自 20 世纪 80 年代中期起，援助发展中国家的 ODA 和国际开发融资给受援国的自然与社会环境造成了负面影响[3]。为了应对这些批评，世界银行和发达国家的援助机构制定了环境保护导则，建立了考虑环境要素的机构。

其二，发达国家对于发展中国家环境问题认识的转变。首先，20 世纪 80 年代后半期之后，由于热带雨林的减少导致遗传基因资源与生物多样性的丧失等全球性环境问题，以及酸雨、国际河流污染引起的越境污染问题，给发达国家在环境与经济方面造成了严重的负面影响。为此，发展中国家的环境问题应由发达国家来解决这一认识在高涨。此外，日本和其他一些发达国家强烈地认识到，继续向发展中国家传播"轻环境保护重经济发展"的理念，将导致严重的后果[4]。

然而，这些改革是否能够杜绝对于发展中国家的自然与社会环境的负面影响呢？而发展中国家自身为了实现可持续发展是否加快了必要的改革呢？这些问题还需要进一步探讨。

本章的目的在于，以 20 世纪 90 年代以来 ODA 和国际开发融资的改革内容及其在亚洲已经实施的或将要实施项目的到达点为题材，从改革起始点进行回顾和再探讨。首先，回顾世界银行、日本国际协力银行（JBIC，Japan Bank of International Cooperation）和日本国际协力机构（JICA，Japan International Cooperation Agency）所改进的、考虑环境与社会要素的政策内容及其成果。其次，探讨以加强亚洲各国环境政策和推进环境政策整合为目的的 ODA 方式的变迁及其进展情况。最后，根据近年来的形势变化，针对 ODA 和国际开发融资有利于亚洲可持续发展的手段提出一些建议。

2　考虑环境与社会的政策带来了哪些改善

2.1　先驱者世界银行的环境与社会政策

从 20 世纪 80 年代中期起，就经常出现这样的批评，即针对发展中国家的 ODA 和国际开发融资给受援国的自然与社会环境造成了负面影响。特别是处于国际批评众矢之的的世界银行，在 20 世纪 80 年代后半期，制定过 10 项考虑环境与社会要素的政策，如环境影响评价政策、非自发移民政策、原住民政策等[5]。但是，尽管制定了这么多防止产生问题的新政策，但在 20 世纪 90 年代初，世界银行却由于印度撒多撒罗瓦大坝（Sardar Sarovar Dam，通称纳玛达大坝（The Narmada Dam））的融资问题而遭到最猛烈的批评。世界银行首次实施的由独立专家进行的调查（通称摩斯委员会，Morse

Commission）发现，世界银行并没有遵守自己制定的政策。在同期发表的内部评价报告书（通称 Wapenhans 报告书）中，也指出了世界银行违反政策的问题，对世界银行采用的"批准文化"（culture of approval），即主要依据"融资多少"而非"开发效果"来进行评价的组织体制进行了严厉批评。

为破坏自然与社会环境的纳玛达大坝进行融资，以及上述两部《调查报告书》都披露了世界银行没有遵守自己的政策。为此，世界银行于1993年建立了要使自己遵守考虑环境与社会要素政策的新机制——"审查制度"（inspection mechanism）。根据该项制度，如果因世界银行没有遵守自己的政策而受到危害（或者可能受害）的居民及其律师，可以把调查（查阅）任务委托给独立于世界银行秘书处的"第三方委员会"（检查委员会，inspection panel）。该委员会的目的是，中立地调查不遵守政策同环境与社会影响之间的关系，但它不能解决项目本身造成的问题。如果能让本应是受益者的发展中国家居民作为世界银行援助的受害者来起诉其违反政策的行为，该政策还是会有效果的。首先，对发展中国家居民诉讼世界银行的不遵守政策进行调查，本身对世界银行来说就不光彩，这会刺激世界银行更加努力地遵守政策；其次，如果检查委员会在世界银行决定融资前裁定是否违反政策，那么，实际上向有关项目的融资就可能会被取消；最后，如果检查委员会裁定世界银行违反政策，即使对于已融资的项目，也可能被要求采取实质性的解决问题对策。

在世界银行引进该项制度的 10 年间，包括亚洲 12 个项目在内共计 31 个项目先后提出了申诉，这表明，仍有一些项目被怀疑造成了自然与社会环境破坏或是违反政策。另外，有 2 个项目因为申诉而导致融资中止，也有些项目采取了解决部分问题的对策。总之，尽管该审查制度依然存在着一定的漏洞或缺陷，但从上述 3 点来看，还是达到了一定效果[6]。

2.2　日本的 ODA 和官方国际开发融资考虑环境与社会政策的改定

考虑环境与社会的政策加上遵守机制这样的组合政策，后来也影响到亚洲开发银行（ADB，Asian Development Bank）和国际金融公司（IFC，International Finance Corporation）以及其他国际开发融资机构。在世界银行采取这种组合政策 10 年之后，日本国际协力银行成了最早引进这种政策组合的双边机构，自 2003 年 10 月开始正式执行。日本国际协力银行成立于 1999 年，由负责日元贷款 ODA 的"海外经济协力基金"（Overseas Economic Cooperation Fund）和承担出口信用等的"日本进出口银行"（Export-Import Bank of Japan）合并而成[7]。以合并为契机，日本的 NGO（非政府组织）积极开展活动，结果，日本国际协力银行整合了其前身两家银行的考虑环境与社会导则，并使之达到了国际水平[8]。同时，提供官方风险担保的"日本贸易保险公司"（Nippon Export and Investment Insurance）也承担类似业务，所以也制定了与日本国际协力银行同等水平的考虑环境与社会政策。而且，承担大规模经济基础设施项目和无偿资金合作项目事前调查的日本国际协力机构，也因外务省一系列丑闻而接受设置外务省"改革咨询会"（the Reform Advisory Board）的建议，并于 2004 年 4 月制定了新的《环境与社会导则》，立即开始执行。并自 2005 年开始，执行为了使之遵守导则的《异议申诉制度》。

在亚洲各地，关于由日本的 ODA 和官方国际融资援助的项目，给自然与社会环境带来了负面影响的批评现在仍在持续[9]。不过，这种批评全是针对日本国际协力银行和日本国际协力机构制定的新《环境与社会导则》和遵守机制之前的项目。

本节主要关注日本国际协力银行和日本国际协力机构引进新的《环境与社会导则》，即 2004 年以后的项目，基于亚洲的具体事例，讨论相关政策是否发挥了避免援助与融资项目给自然与社会环境造成负面影响的作用，或是为了发挥作用需要采取什么措施。

限于篇幅关系，主要关注以下两点。

第一，新政策的提出，通过信息公开和居民以及其他利害相关者有意义的参与，可对问题防患于未然。作为融资机构的国际协力银行，开始公布借款人提交的《环境影响报告书》和《融资环境审查结果》。而承担开发调查等事前调查的国际协力机构，要求受援国从申请阶段就用日语和英语进行信息公开。

第二，由接受援助和融资方提出要求。在遭到诸多批评的项目中，关于环境影响评价水平和移民补偿，都被认为是接受援助和融资项目国家的责任，而日本国际协力银行与其他援助和融资机构的责任只限于"劝说"受援国防止问题发生和鼓励解决问题的层面。对此，新的《环境与社会导则》规定了对于援助和融资项目的先决条件。具体而言，在迁移居民等导致丧失生计手段时，最低要求也是必须恢复到他们原来的生活水平。即使根据所在国的法律进行补偿，但如果受影响的居民生活若尚未恢复，这就意味着国际协力银行和国际协力机构或其他援助机构违反了自己的政策，将会成为异议申诉的对象。

为了防止日本的援助和融资引起环境和社会问题，恰当地执行以上两点是不可缺少的。下面，基于具体事例来进行讨论。

2.3 日本国际协力银行导则试行期间的事例

2002 年 4 月，日本国际协力银行制定了《环境与社会导则》。为了避免对于已经向国际协力银行申请融资项目的追溯性影响，也为了使发展中国家政府等借款人能够熟悉此项政策，特规定了 1 年半的试行期，同时也明确说明，试行期内也要在可能的范围内适用导则。下面，列举试行期内的两个申请项目。

▲ **菲律宾棉兰老燃煤发电项目**

该项目是在菲律宾棉兰老岛（Mindanao）西北部建设燃煤火电厂。因为向日本企业订购锅炉和涡轮机，所以国际协力银行授予了出口信用，日本贸易保险公司承担保险。在当地，人们非常担心汞等排放会造成健康危害、伴随搬迁会造成生计手段丧失等问题。

根据《环境与社会导则》(简称《导则》),日本国际协力银行公开了项目信息和环境审查结果。但是,由于环境审查结果仅用日文公开,所以在没有日本 NGO 帮助时,当地居民和现场 NGO 等利害关系者很难了解其内容。而且,其环境审查中提到的,如"大气、热排水、水质等计划值满足当地标准,大致符合国际标准"以及"同居民之间进行了协商"等内容,都缺少具体根据。依据公开的信息,当地的居民团体和国际 NGO 指出了各种担忧和问题,如发电厂的烟气和热排水等对生活环境、农业、渔业的负面影响,小农户居民的非自愿迁移、居民协议的限定性要求(控制在离发电厂为圆心的半径 2 km 区域以内)、没有进行替代方案的研讨等。为此,居民团体和 NGO 向日本国际协力银行提交了书面材料,要求对融资进行慎重研究,指出如果日本国际协力银行给予融资,就有可能违反《导则》。但是,对于这些担心,日本国际协力银行没有同当地居民团体充分进行意见交流,而只是询问了契约者之后就做出了融资决定 10)。结果,激发了当地居民的不满情绪,时至今日,激烈的反对运动仍在继续 11)。

▲　俄罗斯萨哈林岛 II：开发石油、天然气

该项目的第 I 阶段已经结束,从萨哈林岛(Sakhalin Island,即库页岛)东北部的海上钻探设施采油后,用油轮把石油输送出去。但在冬季,由于海面冰封,所以正在计划第 II 阶段工程,即铺设 800 km 的陆地管线,从库页岛南端常年输送石油和天然气。对于第 II 阶段的工程,日本国际协力银行正在研讨进行 2 000 亿日元的融资,这相当于其出口信用年融资额的 15% 左右。

在库页岛北部,原住民通过渔业和饲养驯鹿等过着传统生活,但从油气开发以来,他们开始抱怨捕鱼量减少和生活环境变差。陆地管线阻断了 22 个活断层和大马哈鱼产卵的 1 103 条重要河流等,所以人们担心水土流失、漏油对河流生态系统的影响以及地震引起溢油等。此外,还需指出的问题是,该项目可能会对濒危物种灰鲸和自然纪念物虎头海雕等稀有野生生物产生严重影响 12)。

对于自然与社会环境的负面影响，已经跨越国境，波及日本。在距北海道仅 43 km 的库页岛，如果开始常年的石油生产，就存在发生油轮溢油事故的高危险性。对于结冰期的溢油事故，尚无行之有效的油回收技术。日本的渔业相关者、专家和 NGO 对这种现状表示担心，请求日本国际协力银行在这些问题得到解决前，不应该进行融资 [13]。

对此，日本国际协力银行于 2004 年 10 月设立了"关于库页岛 II 阶段工程环境相关论坛"。截至 2005 年 4 月，在东京和札幌举办过 7 次会议，听取了日本有关人员关于工程的信息和意见，作为环境审查的参考。会议记录登载在论坛主页上，第 5 次会议后开始公开工程执行企业对所提意见的反馈。针对个别工程，举办这种论坛还是首次。在论坛上，国际协力银行陈述，"希望体现《导则》中的精神，即在具备基本透明性和公平性的过程中进行讨论"，这是值得称赞的基于新《导则》的创新行动（initiative）。

由于论坛还在继续，尚无法得出最终的评价结果，但有两大问题值得关注。第一，环境影响评价（EIA）的"补充版"中关于实施者预定采取的具体措施尚无明确内容，没有标明具体对策措施，也没有基于参加人员的疑问与意见进行讨论。第二，该论坛讨论的议题只限于"对日本的自然与社会环境的影响"，而对库页岛主要的自然环境和原住民的影响等最重要的当地问题，却被排除在外。在日本国际协力银行援助的项目中，日本成为受影响国的案例非常罕见，在谨慎的过程中仅考虑日本所受影响，并不足以进行决策。原住民和国际环境 NGO 正在高度关切第 II 阶段工程对于库页岛自然与社会环境的负面影响。

2.4 日本国际协力机构承担的事前调查

世界银行等国际开发融资机构承担着从事前调查到工程或项目融资的全面援助工作，与其不同的是，日本的 ODA 机构分为国际协力银行和国际协力机构，前者负责融资，后者主要承担事前调查和技术合作。国际协力机构调查项目占国际协力银行融资项目的 30%

左右。在 2003 年 8 月修订的《政府开发援助（ODA）大纲》中，提倡相互协作，在有效利用 ODA 资金这一意义上，把国际协力机构的调查纳入日元贷款项目中。另外，为了启动优先项目，也担心将事前调查草草了事。在这种意义上，国际协力机构于 2004 年 4 月引进了新的《环境与社会导则》和监督政策遵守与否的《异议申述制度》，这些导则和制度能否提高事前调查质量，杜绝对于自然与社会环境造成负面影响的项目，或者鼓励向问题更小的替代方案的变更，这些都成为人们关注的要点。

▲　正面效果

在《导则》适用后的援助项目申请过程中，国际协力机构判断会对自然与社会环境造成重大影响的项目共有 20 件（截至 2005 年 4 月），其中 7 件交给依据《导则》设立的、由专家组成的审查咨询委员会——"国际协力机构考虑环境与社会审查会"。国际协力机构表现出了与之前不同的姿态。例如，在印度的孟买—艾哈迈达巴德（Mumbai-Ahmedabad）高速铁路工程中[4]，对于实施"可行性研究"（feasibility study）的申请，国际协力机构向 ODA 最终决策者——日本外务省提交了负面意见，特别提到，该项目没有考虑替代方案、方案论证不充分、需要慎重关切大规模移民等环境与社会要素；而在印度政府内部，也有人提出，应优先提升现有铁路的建设。据国际协力机构陈述，这是极为严厉的评论，是按照新的《环境与社会导则》的审查结果。由于以前考虑的是同受援国政府之间关系的重要性，所以对于尚未给予援助的工程项目，从来都不公开对其在申请阶段的公众评论，但是新《导则》使其实现了。因此，可以说，新《导则》提高了援助决策的透明性。

此外，国际协力机构尽可能把新《导则》适用到在新《导则》制定前提出申请的项目中。柬埔寨国内的《湄公河第二桥开发计划》，是最早适用新《导则》的项目。日本外务大臣在现场访问时承诺进行事前调查[15]，而国际协力机构突然向柬埔寨政府提议放弃"第二桥设想"。假如建设大桥，现正从事摆渡航运的工作岗位和等待摆渡顾客的各种生意都将直接受到冲击。在宽阔的湄公河上建设大桥，由于规模空前，不少居民将因大桥及其附属道路等建设而被迫迁移，渔业损失的居民应该也不在少数。因此，国际协力机构开始研究大桥建设的必要性。对于柬埔寨申请建桥援助，日本方面提出应考虑建桥以外的可能性，这种答复至今罕见。而且，根据调查结论，利用模拟的交通量变化，慎重判断是否应该建设大桥。这也都被看作是新的《环境与社会导则》的影响。

▲　**对柬埔寨 1 号国道翻新工程的担忧**

下面，分析在新《导则》制定前提出申请的项目中，如何适用新《导则》的事例，这也有助于明确今后令人担心的问题。事例之一是《柬埔寨的主干公路 1 号国道翻新》项目[16]。围绕该工程令人非常担心的问题是，拓宽该道路干线会因搬迁等问题导致许多人丧失生计手段。

照片 1　柬埔寨 1 号国道亚洲开发银行融资区的移民房屋

［2005 年 4 月，湄公河观察（Mekong Watch）提供］

照片 2　国际协力机构环境与社会审查会的成员正在听取日本政府开发援助项目—改善柬埔寨 1 号国道项目中搬迁的居民的心声。该审查会是按照国际协力机构的新《环境与社会导则》设立的由外部专家组成的审查咨询委员会（2006年 1 月，湄公河观察提供）

在日本国际协力机构《环境与社会导则》制定过程中，强调的重中之重是对社会环境问题的对策，特别是要求改进对于搬迁等导致丧失生计手段的对策。该《导则》明确声明，不能因项目而降低受影响居民的生活质量，并规定在丧失生计手段时，必须基于居民的适当参与给予充分的补偿与帮助措施。

国际协力机构起初按照新《导则》，要求柬埔寨政府"对于从居民征用的土地，无论合法与否，均应通过提供同等的替代土地、现金或者生活手段进行补偿"[17]。但是，因柬埔寨政府于 1999 年决定将公路中心线单侧宽 30 m 定义为"公路占地"，所以在此之前居住在"公路占地"内的人们都被看作"非法居民"。鉴于这个原因，日本国际协力机构认可了相对于起初要求而不得不大幅度让步的对策，即对于迁移居民给予替代土地补偿，但对因房屋缩小（向后退）等而丧失部分土地的居民不予以土地补偿。此外，在受影响居民的资产调查过程中，一些人在遭到胁迫或半被迫地同意不充分的补偿，当地的 NGO 向国际协力机构提交了对此抗议的调查报告书 [18]。而且，对于丧失住宅等资产所给的补偿单价，比引起诸多问题的亚洲开发银行融资的 1 号国道融资区的单价还低，不可能达到新购房屋的价格。

由于这些原因，当地的 NGO 强烈要求国际协力机构要在事前提供充分信息的基础上，本着自愿原则达成共识，充分汲取亚洲开发银行的失败教训等，给予恰当的补偿。对此，国际协力机构尽管认识到问题的重要性，却认为补偿是内政问题。但是，工程导致生计手段丧失、对于强制搬迁给予不合理的补偿和缓和对策，在过去的 ODA 项目中曾经是主要问题，所以用"补偿是内政问题"这一句话来敷衍显然是不行的。围绕对于居民搬迁与生计损失的补偿问题，有种观点主张，"不应强迫执行发达国家的标准，而应跟随受援国的标准"，这让人有一种似乎是在将论点偷梁换柱的感觉。

无论日本国际协力机构、国际协力银行还是其他国际开发融资机构，在制定了明确的、不因自己援助的项目而使居民生活水平遭受负面影响的政策后，争论的重点不应该是采用哪国的标准，而是在于如何确保受害居民的生活水平不降低。如果判断为无法确保，那么就不提供资金，这种做法并不是内政干涉，而是拥有修订后的新环境与社会政策机构理应担当的责任。

3　环境 ODA（政府开发援助）成果的获得与挑战 [19]

3.1　提高环境 ODA 效果的挑战

环境 ODA（政府开发援助）起始于 20 世纪 80 年代，目的是保护发展中国家的环境。特别是经过 1992 年联合国环境与发展大会之后，在亚洲以及世界其他地区都实施了大量的环境 ODA 项目 [20]。当时尽管 ODA 项目的数量和金额都有增加，但并没有收到预期的改善环境效果。究其原因，主要有 3 个制约因素 [21]。

第一，受援国本身想要经济增长优先，在政策上没有把环境保护放在优先位置。所以有的国家不愿意接受环境 ODA，或者有的国家没有把环境 ODA 资金用于更严重且亟须应对的环境问题上。

第二，受援国的关注点同援助国的关注点并非总是一致。许多援助国优先提供环境 ODA 的领域，主要集中在保护生物多样性、应对气候变化等全球环境问题、越境环境污染等可能给自己国家造成影响的问题上。以促进受援国改善环境破坏型政策、制定并执行促进环保的政策为目的，援助国也提供 ODA 为受援国改进政策，建立制度等。另一方面，许多发展中国家虽然在环保政策上做出了承诺，但在政策上，相比于在本国造成影响更严重的大气污染和水污染领域，只能把可能给援助国也造成影响的问题放在较低优先程度上。而且，很多人认为，解决后者的问题所需的经济与政治代价都高。因此，发展中国家在环保方面没有进行必要的政策转变和制度构建。这一点也适用于环境 ODA 项目的潜在受益者和受影响居民。即使自然环境有可能得到实质性的改善，倘若受益者生计受到负面影响，那么，他们对 ODA 项目就不给予合作。生计同环境改善这两者在方向性上的差距越大，通过环境 ODA 项目获得的环境改善效果就越小。

第三，受援国环境保护能力薄弱。如果受援国缺乏改革和执行环境政策与制度的技术、人力、物力和行政能力，环境 ODA 也难以带来持续的环境改善效果。

20 世纪 90 年代，在亚洲实施的环境 ODA，无论在规模上还是在内容上，都远远超过其他地区 [22]。这意味着，若能改变亚洲实施的环境 ODA 方式，或者说受援国能够缓解这 3 个制约因素，就有可能带来持续改善环境的历史性效果。

3.2 ODA 在促进环境保护政策转变方面出现的变化

在面向环境领域的 ODA 中，较早实施的项目是以政策转变与改进为条件的资金援助。以解决累积债务问题的资金援助为交换，援助国常采取单方面强迫受援国加强环境政策的方式。然而，许多亚洲国家的政府在 20 世纪 80 年代并没有认识到环境问题的严重性。

因此，除非环境政策同政府推进的经济政策和政治经济利益完全一致，否则政府就不会加强环境政策。而且，当从援助国接受资金援助的紧迫性下降时，受援国就失去了加强和执行环境政策的动机。

一个典型事例是，世界银行在印度尼西亚森林领域进行的融资，反映了援助机构对热带雨林保护的关注。援助条件是，要求苦于债务累累的印度尼西亚改变"鼓励采伐热带雨林"的政策。但是，出口采伐木材是印度尼西亚的主要外汇来源，过去采伐企业的政治影响力很大，所以政府对于政策改革就不积极。为了应对这种事态，世界银行计划追加融资。但是，印度尼西亚政府没有同意政策改革的要求，拒绝接受援助 [23]。可是，当印度尼西亚遭受亚洲经济危机并向国际货币基金组织请求"债务减免援助"（Debt Relief Aid）时，世界银行又施加了同样的约束条件。

自 20 世纪 80 年代后半期开始，亚洲也出现了以大气污染和水污染为主的环境污染问题，各国政府面临着频繁发生的环境恶化和环境纠纷，这迫使他们认识到环境污染对经济增长的负面影响 [24]。因此，作为确保制定有效的环境政策和引进有效的执行手段，亚洲各国政府开始活用 ODA。同这种动向相呼应，援助国也把援助重点集中在亚洲各国环境政策的有效执行和政策强化方面。结果，我们也可以看到环境 ODA 的工程项目有效地帮助了亚洲国家制定与引进环境政策的事例。

照片 3　利用环境日元贷款的环境软贷款制度实施的家具组装厂清洁生产。通过改进喷涂方法，终止了有机溶剂的使用，同时可对喷涂粉末进行回收，实现削减大气污染、改善工作环境以及降低喷涂费用的多重效益。（2004 年 8 月于菲律宾克拉克特别经济区，森晶寿　摄）

印度尼西亚在 1989 年启动了《河流净化项目》(PROKASIH)，根据企业采取的控污措施进展情况，公布企业名单，以改善环境对策，减轻河流污染。但是，无论企业还是管理项目的环境影响管理局（BAPEDAL），都没有掌握污染防治技术的足够信息。而且，除了部分大型企业具有充足的资金外，筹措污染防治资金也极为困难。1992 年，印度尼西亚接受日本援助的环境软贷款项目，解决了企业进行污染防治的资金制约，加快了环境影响管理局、企业和咨询机构对污染防治技术信息的积累。此外，以加强污染控制政策为目的，印度尼西亚于 1995 年接受世界银行援助，引进了《工业污染控制、评价与分级计划》(*Program for Pollution Control, Evaluation and Rating*, PROPER PROKASIH)，加强污染防治（此计划涉及污染物与污染控制信息，以及对 187 个水污染排放企业的追踪报告。绩优者为绿标，符合规定者为蓝标，不符合标准但已有部分成果者为红标，黑标则为完全无成效者。企业依此从最坏到最好给予分级。表现差者，在资讯发表之前，还有改善的机会。——译者注）。泰国于 1992 年修订了《环境基本法》(*Enhancement and Conservation of National Environmental Quality Act*)，设立了环境局，强化了权限、功能、人员和财政。作为推进环境行政的方式，采用了分权型方式，替代了历来的开发行政全由中央政府主导、自上而下的实施方式。为此，泰国指定了"环境保护和防止环境恶化紧急地区"，以优先分配资金为目的，设立了"环境保护基金"。该基金通过接受日本的ODA，确保更多的地方政府主导型环境改善项目获得资金支持。

中国于 1996 年公布了《国家环境保护"九五"计划和 2010 年远景目标》，其中写明了环保 5 年规划的综合性和环境投资金额目标，明确提出要向环境保护型的经济增长战略转型。但是，具体实施环境投资的资金与技术并没有得到保障。期间，通过接受日本和世界银行等国外援助，中国编制了《跨世纪绿色工程计划》，在重点地区实施环境改善工程，从而能具体地推进《国家环境保护"九五"计划和 2010 年远景目标》的实施。

3.3 援助方式针对工业污染对策的变化

在单个项目层次上，援助方式也发生了变化。从援助工业污染对策看，初期进行资金援助的主要领域为投资于防治污染源，目的是减轻环境污染严重地区的污染，特别是有针对性地引进除尘和排烟脱硫、废水处理等末端处理装置。

然而，并不是所有的受援项目都能达到预期的环境改善效果。例如，不仅限于印度尼西亚，泰国、中国和菲律宾等国也接受了日本、德国或世界银行等的环境软贷款项目援助，但是，并不是所有的融资资金都被有效地利用了。在中国，由于没有等到银行审查好企业的还贷能力，中央政府就决定了最早接受融资的企业，因此还贷困难的企业增多，减少了环境软贷款的周转资金 25)。在泰国和印度尼西亚，由于无法应对金融危机后金融市场融资条件的变化和企业需求的变化，对环境软贷款的需求显著减少 26)。而且，由于执法不严，违法处罚较轻，取得污染减排效果的仅限于那些能够广泛利用有效污染防治技术顾问的企业，以及被严格要求遵守环境保护规定的新建工厂。

而且，有些环境 ODA 项目不仅没有收到预期的环境改善效果，反倒失去了对受援国政府环境政策的社会信任。例如，在泰国的湄莫（Mae Moh）火电厂安装排烟脱硫装置项目中，安装的脱硫设备未能控制火电厂硫氧化物的大量排放，至少未能充分减少当初对农作物和人体健康的危害。这导致了人们对于泰国燃煤火力发电厂采取的污染控制措施的成效失去信任。而且导致以后新建燃煤火电厂时难以取得居民的认同。另外，在沙没干巴（Samut Prakarn，北榄）污水处理项目中，项目被迫中止的一个重要原因，就是未能消除居民对于处理厂周边环境恶化的担心 27)。结果，泰国政府期望的通过建设公共下水道解决中小企业排水问题的战略，也遭到挫折。

鉴于这些原因，环境 ODA 项目的内容，逐渐增加了清洁生产、能源、交通、农业、森林、农村发展等以环境保护型开发为目的的项目 28)。这些项目，不仅可以带来改善环境的效果，而且还可期待带来经济方面的利益。因此，即便受援国的环境政策没有充分加强，但也可以期望企业通过经济利益和从环境保护型技术取得的利益而自发地推进。

然而，清洁生产除了利用 ODA 资金实施审计和示范工程的企业以外，几乎没有得到推广。向清洁生产技术投资以实现削减环境负荷的企业，仅限于那些被要求严格遵守环境影响评价要素和固体废物管理控制的企业。因为引进清洁生产技术，哪怕只是短期内增加了生产费用，或者产品质量发生了变化，都会导致顾客终止交易。此外，成为欧美国家促进清洁生产投资原动力的环境税和附加税的引入，以及对于资源和能源价格补贴的废止，在全国规模上都未能实现 [29]。以帮助环境改革与资源价格改革为目的的环境 ODA 项目也有一些。但许多亚洲国家把经济增长以及由此带来的社会生活稳定作为国家统一的手段，没有开始进行环境与资源价格改革，因为担心这些改革给自己国家带来沉重的政治和经济负担，阻碍经济增长，扩大收入分配差距，从而危及国家的统一和稳定，所以在政治上不可能实现。

为了克服这种制约，以帮助动员社会和社区资源为目的的环境 ODA 也在增加。其中，正在开展的方式有两种。

其一，通过公开企业污染物排放的信息，强化居民、社区、股市等对于污染源的监视能力。印度尼西亚接受世界银行的援助，引进了《工业污染控制、评价与分级计划》。在菲律宾的拉古纳湖（Laguna Lake）周边、中国的江苏省镇江市和扬州市、内蒙古自治区首府呼和浩特市等地，也试行了同样的计划，这类项目均受到好评。例如，在印度尼西亚，试行阶段曾被判断为低等级的多数企业，在正式开始信息公开之前一直努力减排，结果大幅度地削减了 BOD（生物化学需氧量）的排放量 [30]。在中国镇江市，公布企业污控业绩的《分级项目》也取得了显著成果 [31]，明显地促进了目标污染物的减排 [32]。但是，由于来自目标企业的强大政治压力，信息公开的适用范围受到限制。现实情况是，印度尼西亚在经济危机后，菲律宾在埃斯特拉达（Joseph Estrada）总统就任后，中国呼和浩特市在信息开始公开后不久，评价分级项目也都被叫停了 [33]。

其二，通过加强社区与居民对环境项目的参与，提高项目的环境改善效果（参见专栏1）。

4 ODA 与国际开发融资的环境变化

进入 21 世纪后，出现了不同于 20 世纪 90 年代 "环境保护为主" 的重要动向。

第一个变化是，出现了 ODA 与国际开发融资向日趋减少的经济基础设施领域援助的复兴征兆。在制定考虑环境与社会政策之后，世界银行和亚洲开发银行在讨论阶段就排除了向遵守政策困难的大规模经济基础设施项目进行援助。但由于在克服经济危机过程中推迟了经济基础设施建设，亚洲国家开始认识到，经济基础设施服务的不足正在成为经济发展的瓶颈 [34]。为此，世界银行、亚洲开发银行和国际合作银行提高了对经济基础设施援助的关注 [35]。这里，问题在于环境与社会因素有多大程度被纳入 ODA、国际开发融资的决策及其执行过程中。

第二个变化是，像在中国和泰国出现的典型变化那样，为了确保本国经济的持续增长，通过政府管辖的开发金融机构，积极地、独自地给近邻的亚洲国家的资源开发与基础设施予以资金援助。其中，有些项目可能对自然与社会环境造成严重影响。如果这类项目不断增加，即使发达国家中的援助国和国际开发机构进行充分的环境与社会政策考虑，亚洲的自然与社会环境未必能得到保护。

第三个变化是，来自发达国家的 ODA 的趋势变化。尽管 2002 年以后 ODA 趋于增加，但内容则越发集中在消除贫困、保护生物多样性和应对气候变化对策等可能给发达国家带来负面影响的问题上。导致这种变化趋势的直接原因是，在国际政治舞台上开始关注非洲的贫困及其引起的环境问题，并为防止气候变化建立了国际制度（参见专栏2）。同时，不可否认，20 世纪 90 年代发展起来的环境 ODA 项目并没有收到显著的环境改善效果，因此，导致发达国家感到"环境援助疲劳"（environmental aid fatigue）。但是，对于发达国家来说，ODA 越是把援助分配到发达国家高度关心的领域，就会引起像在前文 3.1 节中所提到的"受援国与援助国之间对于优先度的不一致"，这会使 ODA 的环境改善效果下降。

5　面向为促进可持续发展的 ODA 和国际开发融资

5.1　为避免考虑环境与社会政策出现问题的相关对策

如何有效地避免第 2 节所述关于日本国际协力机构和日本国际协力银行的考虑环境与社会政策在自然与社会环境方面出现问题呢？下面，从以改善政策为中心的信息公开与充实居民参与，以及对援助与融资受援方的要求条件等角度，提出以下 3 点建议。

第一，不要把信息公开和居民参与看作是形式上的要求，而应该当成是能早期发现问题并防患于未然的有效对策，特别是关于对自然与社会环境产生影响的文件、援助和融资机构的审查内容等，都应当用当地语言同英文一起，积极予以公开。而且要明白，重要的是如何把来自居民等对于援助和融资机构的担心，明确地反映到决策过程之中。

第二，对于因项目影响而丧失生计手段的居民给予补偿等行为，很容易被说成是"干涉内政"或"发达国家的施压"，而日本国际协力机构和日本国际协力银行应该坚决地要求受援国或借款人遵守新《导则》中明确规定的"不使当地的居民生活质量下降"的条款。因此，重要的是，事先就应该同受援国达成一致意向，如果项目使得居民生计或生活质量恶化，援助方就可以中止或中断援助。

第三，为了避免考虑环境与社会政策出现问题，不可缺少的是要利用《导则》，推动居民、NGO、专家等市民社会发挥作用。但是，从另一方面看，需要铭记在心的是，依据《导则》开展活动只不过是一种方法，如果仅考虑在小范围内遵守《导则》，是不可能解决实际问题的。

5.2 灵活有效利用环境 ODA 的对策

在本章第 3 节中已经提到，在 20 世纪 90 年代为防治亚洲工业污染而实施的环境 ODA，尽管受援国政府在某些领域作出了一定的承诺，但并未能促进受援国在强化环境政策，特别是引进附加税和环境税、取消资源价格补贴等方面的政策变更，这也使环境改善效果受到限制。如在本章第 4 节所述，环境 ODA 的分配侧重于发达国家更为关心的问题，而且为了确保资源，也开始援助可能给受援国的自然与社会环境带来负面影响的开发项目。鉴于这些情况，对于环境 ODA 的未来，拟从以下几方面进行探讨。

第一，亚洲各国应当积极地把 ODA 的重点，放在迅速构筑资源节约型社会方面。之所以会去援助亚洲各国对于国外自然与环境社会带来负面影响的开发项目，其原因在于认为从国外获取的环境资源是本国经济增长的基础。为此，亚洲若能构筑资源节约型社会，减少对国外资源的依赖，就会减少因开发造成其他国家自然与社会环境的破坏。而且国内的环境污染也有望得到一定程度的控制。这样的 ODA，也容易被许多为维护国家统一而把经济增长放在最优先位置的亚洲各国 [36] 所接受。

然而，如果亚洲国家真的要构筑资源节约型社会，削减国内的环境负荷，那么，就不可避免要引进附加税和环境税，加强以取消资源价格补贴为主的环境政策。而仅仅通过构筑资源节约型社会，是不可能从根本上改善环境污染的。

第二，援助国需要加快强化和整合本国的环境政策，更多地提供强化环境政策与经济可持续发展相协调的样板。欧洲有些国家正在推进环境税制改革和环境政策整合、构筑削减环境负荷与经济增长双赢的模式，但日本在这方面还未必能说已经取得了成功。日本的经验，常被理解为需要通过投入巨大的资源来克服严重环境污染的典型，因此在亚洲可能难以被接受。如果不克服这一点，环境 ODA 要想促进亚洲各国自立地完善环境政策和制度，则希望不大。

第三，作为加快亚洲国家加强国内环境政策的手段之一，援助国应考虑提供一些可选方案,把环境 ODA 同促进批准与实施国际环境公约的政策与制度构建联系在一起。通过批准国际环境公约,尽管在有限范围内,批准国均负有削减环境负荷的责任,而且必须制定相关对策。

但是,对于受援国政府来说,履行国际环境公约不一定选择援助在政策上优先度高的问题。而且,环境 ODA 的分配也趋向于重视援助国关心度高的领域。

第四,即使环境 ODA 项目有利于援助国乃至全球的利益,但也应优先选择有助于受援国可持续发展的项目。如果对于受援国的利益小,受援国就不愿意积极地参与项目实施,这样环境 ODA 项目的成效就较小。例如,温室气体减排项目,除了削减温室气体以外,还有可能会改善当地区环境、创造就业机会、建设基础设施、节省工作时间等,会给地区发展带来重大利益[37]。截至目前的 ODA 项目,分别在不同领域单独实施,没有充分考虑到它对其他领域的附带利益。但是,通过充分考虑地区发展效果,选择带有附带利益的重大项目,可以吸引受援国的政府和民间投资,从而不仅能减缓气候变化,还可能给地区发展带来巨大利益。

第五,不仅针对受援国政府,还应在能够促进同环保各种相关行为主体方面进一步开展国际环境合作。这并非意味着单单提倡促进居民、企业和 NGO 参与推动环保的 ODA 项目,还意味着能够帮助这些主体来主导保护行动,进而为制定环保政策与制度提出建议,把构筑可实现的政治、经济、社会性框架纳入视野,开展国际合作。为了实现这个目标,除了历来同政府间的合作,还要加上对于同环境科学与政策相关人才的交流和共同研究、国际 NGO 在当地的共同环境保护活动等方面的援助,力求共享包括日本在内的各个援助国的经验与研究成果,并加以灵活应用[38]。

5.3　新课题的出现

最后,再次探讨一下实施体制问题。新的环境与社会政策的引进正在提高日本的 ODA 和国际开发融资在考虑环境与社会方面的质量。另外，令人担心的是今后的 ODA 项目势必会增加，也有可能超过项目质量监督人员的能力范围，降低新的环境与社会政策效果。不可忘记的是，在这种意义上，如果不在实施体制上进行根本改革，而 ODA 和国际开发融资援助额度的增加，很可能会出现本章叙述的潜在问题的危险性。

而且，近年来，开展 ODA 和国际开发融资项目的中国、泰国、越南等亚洲国家，均未参加制定共同考虑环境与社会政策的"经合组织"（OECD）。结果，出现了未制定考虑环境与社会政策的新兴援助国同世界银行和日本国际协力银行等机构之间的竞争局面。为了新兴的援助国不去接手发达国家已经拒绝的环境破坏型工程，或者发达国家不弱化自己的考虑环境与社会政策，未参加经合组织的亚洲各国需要制定共同的考虑环境与社会政策。此外，值得关注的是"赤道原则"（the Equator Principles）（"赤道原则"是由世界主要金融机构根据国际金融公司的政策建立的一套自愿性指南，以保证在其项目融资业务中，充分考虑到社会和环境问题。现已发展成为国际银行业公认的国际惯例，不过它作为惯例的生成特点与众不同。它的出现，将会使国际贷款协议的条款增加或做出一些必要的修改，贷款人也可能会因此承担法律责任。"赤道原则"对于我国的环境与社会法律的立法结构、程序法和实体法，都有参考价值。——译者注）的民间金融机构适用的一系列环境与社会影响导则，在官方的国际开发融资以及民间银行援助的亚洲大型基础设施项目中能够发挥作用[39] 这套共同的导则和框架构筑及其基础行动，有助于解决考虑环境与社会政策以及以可再生资源越境转移为主的亚洲地区内的越境环境问题（见本书第 I 部第 3 章），为此不仅需要政府层面的合作，还需要谋求由各类主体层面开展的国际合作。

《亚洲环境情况报告》第 2 卷（2000/01）提倡的"亚洲环境合作组织"，被设想作为积极致力于这些课题的机构，期待通过亚洲国家之间的合作，能使这一设想变成现实。

（责任执笔：森晶寿，松本悟，波多江秀枝，村上正子）

〔注〕

1）　本稿所称"国际开发融资"，系指由世界银行等国际开发机构和不是政府本身的政府机构所提供的非 ODA 资金，具体来说，系指基于市场机制的贷款、对于企业的出口信用和贸易保险等。

2）　其背景是 ODA 的援助金额减少和民间资金流增大的趋势，以前 ODA 援助的电力、运输、通信、给排水管道等基础设施项目渐渐地变为由民间资金支持，而且其中一部分是通过活用发达国家的出口信用和贸易保险。

3）　指出 ODA 对发展中国家负面影响的初期出版物有如下文献：永井浩『される側から見た「援助」──タイからの報告』勁草書房，1983 年．朝日新聞「援助」取材班『援助途上国ニッポン』朝日新聞社，1985 年。

4）　地球环境经济研究会『日本の公害経験──環境に配慮しない経済の不経済』合同出版，1991 年．此书有中译本，《日本的公害教训──不考虑环境的经济的不经济性》，张坤民，王伟译，北京：中国环境科学出版社，1993 年。

5）　世界银行称其为"安全保障政策"，详情请参照 http://www.worldbank.org/safeguards/.

6）　世界银行审查制度的成果和课题参考如下文献：Clark，Dana，Jonathan Fox and Kay Treakle，Demanding Accountability：Civil-Society Claims and the World Bank Inspection Panel，Rowman & Littlefield，2003．松本悟編『被害住民が問う開発援助の責任』築地書館，2003 年．World Bank Inspection Panel，Accountability at the World Bank：The Inspection Panel 10 Years On，2003.

7）　在小泉政权下，努力推进整合政府的金融机构，关于 JBIC 的重组问题正在研讨中，但是直到 2006 年 1 月仍无结论。

8）　详情请参考国际环境 NGO FoE-Japan 编的『途上国支援と環境ガイドライン』（2002 年）緑風出版。

9）　仅在 2002 年和 2003 年的 2 年间，除了出版了上述松本编写的（2003）、国际环境 NGO FoE-Japan 编写（2002）的之外，还出版了以下书籍刊：藤林泰・長瀬理英『ODA をどう変えればいいのか』コモンズ，2002 年．松本悟「メコン河流域国から見た ODA と環境社会影響」『環境と公害』Vol.32，No.3，2003 年，pp.40-45．久保康之『ODA で沈んだ村──インドネシア・ダムに翻弄される人びと』インドネシア民主化支援ネットワーク，2003 年．这些书刊都是近年来，日本的 ODA 和国际开发融资希望通过这些书籍，以实地调研的方式向大家详细报告，在发展中国家实际上究竟发生了怎样的环境社会问题以及当地人们的生活究竟是怎样的艰苦。

10）　在 JBIC 融资之后，当地半数以上的州议员都签署了表示反对的《宣言书》，当地团队的抗议活动更为高涨。

11）　当地的新闻媒体等对此频繁报道。例如，2005 年 5 月 9 日的 Mindanao Gold Star Daily，2005 年 4 月 29—30 日的 Business World（Vol. XVIII，No. 196），2005 年 4 月 22 日的 Sun Star。

12） 可以参考当地的 NGO "萨哈林岛环境网络观察"的网站（http://www.sakhalin.environment. ru/en/）和村上隆编著『サハリン 大陸棚石油・ガス開発と環境保全』北海道大学図書刊 行会，2003 年. 关于虎头海雕详情请参考『北海道ネーチャーマガジン・モーリー』No.9, 2003 年. 关于灰鲸可参考世界自然保护联盟（IUCN）关于萨哈林岛开发的决议和建议书 CGR3.RES076-REV1。

13） 参考 http://www.foejapan.org/aid/jbic02/sakhalin/index/。

14） 该工程计划在印度西部相隔 500 km 的 2 个大城市间建设高速铁路，铁路建成后 2 城市间 的运行小时数将降低到现在的 1/3，即 2.5 小时。

15） Puy Kea，Japan Mulls Funding New Bridge over Mekong in Cambodia，Kyodo News，June 17，2003.

16） 国道 1 号线是越南最大城市胡志明市连接柬埔寨首都金边和泰国首都曼谷的国际主干道 路的一部分，作为亚洲公路正在推进翻新高规格道路规划。从胡志明市到柬埔寨东南部的 湄公河交叉口的翻新工程已经由 ADB 出资完工，之后从湄公河交叉口到金边 56 km 的翻 新工程由日本的 ODA 提供支援，到现在的 2005 年 4 月，正在进行工程前期调查。

17） 独立行政法人国际协力机构等『カンボジア国 国道一号線（プノンペン～ネアックルン区 間）改修計画 基本設計調査報告書案』2004 年 11 月的资料 8 关于移民的相关调查，p.11.

18） NGO Forum on Cambodia，Aiding the National Route to Poverty? 2004。

19） 本章节是科学研究补助金（若手研究（B）課題番号 15710027）「東アジアにおける産業公害防 止のための国際環境援助の供与国間比較」（研究代表者：森晶壽）的研究成果的一部分。

20） 森晶壽「环境 ODA」『アジア环境白書 2003/04』pp.390-393。

21） Keohane，Robert O. "Analyzing the Effectiveness of International Environmental Institutions" in Keohane，Robert O. and Marc A. Levy（eds.），Institutions for Environmental Aid，The MIT Press，1996.

22） 森，同上。

23） Ross，Michael. "Conditionality and Logging Reform in the Tropics" in Keohane and Levy （eds.），op. cit.

24） 详细请参考《亚洲环境情况报告》第 1 卷（1997/98）和『亚洲环境情况报告』第 2 卷（2000/01）。

25） Mori，Akihisa，"An Option of Financing CDM Projects in China"，in Ueta，K.，Inada，Y.，Fujikawa，K.，Mori，A.，Na，S.，T.，Hayashi，"Win-win Strategies of Global and Domestic Climate Change Policy for China，Asia and Japan"，Final Report of the International Collaboration Project on Sustainable Societies，Organized by the Economic and Social Research Institute，Cabinet Office，Government of Japan，2005.

26） Mori，Akihisa，"Effectiveness of the Environmental Soft Loan Program for Industrial Pollution Prevention：A Case Study of JBIC's Program in Indonesia and Thailand，" Working Paper No.75，Faculty of Economics，Shiga University，2003.

27） 森晶壽「泰国」『亚洲环境情况报告』第 2 卷（2000/01）p.229-235。

28） 为了推进清洁生产，ODA 要求实施综合性的方案，方案由培养顾问、为取得资格进行训 练、审核企业清洁生产实施方案的 "清洁生产审核"（cleaner production audit）、基于审核的示范项目、普及清洁生产技术和工程相关的信息等构成。而且，在能力强化到一定程度时，对政策变更的支援、为了缓解投资清洁生产项目的资金制约而开展资金供给计划。

29）森晶壽「クリーナープロダクション促進への国際援助の有効性と課題——中国・タイ・マレーシアへの国際援助を素材に」『国際開発研究』Vol.14，No.2，2005 年，pp.127-140。

30）World Bank. Greening Industry：New Role for Communities，Markets，and Governments，Oxford University Press，2000. 但是，在印度尼西亚，因为 1998 年以后经济政治混乱，评级分级计划没有得到政府的支持，在混乱结束的 2002 年被中止。因此，在再次启用该计划的这段时期里，失去了削减排放物的诱因。

31）大塚健司「中国の環境政策実施過程における情報公開と公衆参加——工業汚染源規制をめぐる公衆監督の役割」寺尾忠能・大塚健司編『アジアにおける環境政策と社会変動』アジア経済研究所，2005 年，pp.135-168。

32）Wang，Hua，Jun Bi，David Wheeler，Jinnan Wang，Dong Cao，Genfa Lu. "Environmental Performance Rating and Disclosure：China's Green-Watch Program" World Bank Policy Research Working Paper No.2889，The World Bank，2002.

33）在印度尼西亚，从 2004 年开始执行信息公开制度，而菲律宾在阿罗约总统就职后也准备再次执行信息公开制度。（参考执笔者之一森晶壽关于菲律宾自然资源环境部的问询调查〔2005 年 8 月 5 日〕）。

34）在这个认识下，印度尼西亚在 2005 年 1 月为了促进基础设施建设方面的国外投资，举办了"基础设施建设峰会". 泰国也计划扩大对大规模的经济基础设施的财政支出。

35）世界银行、亚洲开发银行、日本的 JBIC，针对经济基础设施对削减贫困起到的作用进行了共同调查. 成果之一是：ADB，JBIC and World Bank，Connecting East Asia：A New Framework for Infrastructure，2005.

36）末廣昭「発展途上国の開発主義」東京大学社会科学研究所編『20 世紀システム 4　開発主義』東京大学出版会，1998 年，pp.13-46。

37）Markandya Anil and Kirsten Halsnaes（eds.）. Climate Change and Sustainable Development：Prospects for Developing Countries，Earthscan，2002。

38）关于这点，可以参考美国与中国的国际合作经验。虽然美国因为议会的反对，对中国的 ODA 援助受到制约。但是，许多 NGO、大学、研究机构等在独立财团、政府补助的援助下推进同中国的大学、研究机构合作。这些活动的成果，如二氧化硫等排污权交易项目也被导入到实验阶段.（Zusman，Eric and Jennifer L. Turner，"Beyond the Bureaucracy：Changing China's Policymaking Environment，"in Day，Kristen A.（ed.），China's Environment and the Challenge of Sustainable Development，M. E. Sharpe，2005）. 在日本，在 ODA 的支援下进行大学之间的人才交流培养等。而且，也渐渐地形成 NGO 间的合作项目、交流网络. 在（東アジア環境情報発伝所編『環境共同体としての日中韓』集英社新書，2006 年）中介绍了东亚环境情报所在日本、中国、韩国间建立为了环境再生的 NGO 行动和交流网络的事例。

39）赤道原则的原文可从http://www.equator-principles.com/下载。

专栏 1 伙伴关系：承担发展与环境课题的 NGO（非政府组织）

在 1992 年地球峰会（里约会议）10 年之后的 2002 年，在南非约翰内斯堡再次举行了探讨全球 "发展与环境"问题的地球峰会，取得了 3 项成果，分别是《政治宣言》、《约翰内斯堡执行计划》和《II 型伙伴关系》（*Type II Partnership*，这是相对于政府之间的"I 型伙伴关系"（*Type I Partnership*）在不同社会阶层之间合作的可持续发展伙伴关系（partnership for sustainable development））。《II 型伙伴关系》声明，为实现可持续发展，各种伙伴关系应当联合起来采取具体行动。由于它明确了各国政府以外的行为主体的意义与作用，故对于"发展与环境"这一全球性问题，是一项具有划时代意义的成果。

在发展与环境的关联中，"伙伴关系"意味着"在进行一些活动时，政府和民间（企业、NGO 等）的合作"。在约翰内斯堡峰会之前，国际机构等组织就强调了"伙伴关系"的重要性，这是把以前重视硬件开发方式转向也要软件开发方式的环节之一。特别是从重新开始审视结构调整方式的 20 世纪 90 年代起，NGO 和市民参与型的援助项目（伙伴关系项目）作为替代政府和企业的新的援助主体，正在不断增加。

"伙伴关系"的概念是在 1969 年由时任加拿大当总理皮尔逊（Lester B. Pearson）等在编写的世界银行报告书《发展的伙伴》（*Partners in Development*）中提出，经过 20 世纪 80 年代市场主义和经济自由化时代的"政府和纯粹承接政府项目的 NGO"关系正在转向为重建市民社会、确立管理方式而重新审查政府和 NGO 作用的"政府和市民互补型"关系。

　　作为推进援助机构伙伴关系的一些尝试，在多边机构中，有联合国开发署（UNDP）的《联合国开发署立项手册》（*UNEP Development Manual*）、经合组织开发援助委员会（OECD/DAC）的《塑造 21 世纪》（*Shaping the 21st Century*）以及世界银行的《发展伙伴关系》（*Partnerships for Development*）和《综合开发框架》（*Comprehensive Development Framwork*）等报告，在政府双边机构中有日本外务省的《日本非政府组织援助无偿资金合作计划》、《草根与人类安全保障无偿资金合作》和日本国际协力机构的《草根技术合作计划》等。

　　作为这种变化趋势的一部分，在约翰内斯堡峰会上对于"发展与环境"的伙伴关系，就"II 型伙伴关系"也达成了国际协议。这种伙伴关系，特别值得称道的是《约翰内斯堡执行计划》（*Johannesburg Plan of Implementation*）、《21 世纪议程》（*Agenda 21*）和《21 世纪议程进一步实施项目》。具体而言，是对包括政府和 NGO 在内的各种实施主体实施各种项目进行的规范。2003 年，受命负责伙伴关系研究的联合国可持续发展委员会（UNCSD）秘书处决定，制定《伙伴关系指南》，构建"信息共享的伙伴关系数据库"。2004 年建立数据库，截至 2005 年 2 月，共注册了 300 件伙伴关系（http://www.un.org/esa/sustdev/partnerships/partnerships.htm）。

　　这样，人们对于发展与环境的伙伴关系型行动寄予很高期待，但多数行动尚处于萌芽阶段。特别是有 NGO 提出，针对同约翰内斯堡峰会《II 型伙伴关系宣言》和具体法制之间尚无联系的民间企业之间的伙伴关系，如果不通过政府，其进展可能会更有效。今后，为了使"伙伴关系"成为持续的行动，而非昙花一现的流行，应该对伙伴关系项目的效果与意义进行系统性的评价。

（责任执笔：礒波亚希）

专栏2 《京都议定书》的"清洁发展机制"（CDM）与臭氧层破坏问题

《京都议定书》的"清洁发展机制"（Clean Development Mechanism, CDM）是发达国家通过投资发展中国家的削减碳排放项目和强化碳汇项目，获得"认证减排量"（Certified Emission Reductions, CERs），把获取完成的减排量和碳汇的分配数量单位（Assigned Amount Units）用于完成本国减排义务的机制[1]。

在《气候变化框架公约》第10次缔约国会议（2004年12月）上，根据负责认证CDM项目的"CDM执行委员会"的要求，对"分解HFC-23"CDM项目对于臭氧层破坏问题带来的负面影响，作为一个同其他环境问题领域有关的新问题开展讨论。HFC-23，是《关于消耗臭氧层物质的蒙特利尔议定书》规定的控制物质HCFC-22在其生产过程中产生的副产品，是一种可以替代氟利昂的、但温室效应特别强的物质，在同等重量下，其温室效应当量是二氧化碳的11 700倍。这里介绍两个HFC-23分解项目：一个在印度古吉拉特（Gujarat）邦，一个在韩国蔚山（Ulsan）。这两个项目日本企业都参与了，项目实施主体是当地的氟利昂生产企业，HFC-23之前是被直接被排放到大气中的。这两个项目的HFC-23分解量都非常大，换算成二氧化碳，印度项目为300万t/a，韩国项目为140万t/a。公约秘书处的文件等指出，由于HFC-23具有极高的温室效应，通过CDM认证减排量产生的收益可能远高于实施主体生产氟利昂企业销售HCFC22而获取的利润。HFC-23分解项目的基线是HFC-23排放对策全无控制，即HFC-23全部排放进入大气中。

2005年7月，"CDM执行委员会"决定，只有在现有工厂通过该分解项目才可以获得认证减排量，对于新建工厂，该委员会特别提到一些需要注意的问题，包括完全以获取认证减排量为目的建设 HCFC-22 新工厂而导致 HCFC-22 用量增加的可能性，以及使得为控制 HFC-23 排放而进行改进 HCFC-22 生产工程技术出现倒退的可能性。《蒙特利尔议定书》规定，发展中国家在 2016 年前冻结氢氯氟碳化物（HCFC，制冷剂）的"消费"[2]，到 2040 年全部淘汰。换言之，发展中国家在 2015 年前可以增加其产量。以前，发展中国家长期强烈反对提早限制 HCFC，现在如果通过 CDM 产生巨大的认证减排量，今后对发展中国家的限制在政治上将有可能越发困难。

　　HFC 分解项目的另一个问题是，因其实施费用低廉和产生的"认证减排量"（CER）特大，可能在碳信用市场（carbon credit market）引起认证减排价格下降和市场扭曲。根据经合组织（OECD）的调查[3]，实际上这几年在所有 CDM 项目中，节能和可再生能源项目的比例减少了，HFC 项目的比例增加了。中国的 HCFC 产量，2003 年 9 月相当于日本的 2.7 倍和美国的 1.6 倍[这些数字为在所有的 HCFC 产量中分别乘以臭氧层消耗系数（ODP 吨）的结果]，2004 年 10 月产量增加了 36%。今后，如果中国利用 CDM，积极实施 HFC-23 分解项目，认证减排量的潜在问题也许会更严重。

　　为了避免因 CDM 引起环境领域问题的负面关联，并需要抓紧讨论 CER 认证标准。

（责任执笔：松本泰子）

〔注〕

1）高村ゆかり・亀山康子編『京都議定書の国際制度』信山社，2002 年，p.359。

2）議定書では，生産量＋輸入量−輸出量を「消費量」とする。

3）Jane Ellis（OECD）（2005），CDM Portfolio update，SB 22（ボン）の発表資料。

第 2 章

救助公害受害者

ボパール事件20周年の集会
（2004年12月，谷洋一撮影）

印度博帕尔毒气事件 20 周年时的集会

（2004 年 12 月，摄影：谷洋一）

孟加拉国地图（图略）

1　前言

从《亚洲环境情况报告》系列丛书的第 1 卷开始，工业与城市公害导致的健康损害一直是重要议题之一 [1)]。日本公害纠纷的历史教训告诉我们，"如果不能确立救助公害受害者的相关权利，公害是无法防止的" [2)]，为了推进环境保护与恢复，救助被害者是头等重要的课题。

本章基于各国的具体事例，概述各国救助公害受害者的进展程度。以韩国、中国、印度和马来西亚为例。其中，韩国和中国，在伴随民主化和权利意识日益提高的背景下，尽管还存在各种限制与问题，但从 20 世纪 90 年代以来，出现了受害者主动要求司法救援的行动，还有不少律师和研究人员对此类诉讼提供帮助。印度和马来西亚的主要问题是，跨国公司在 20 世纪 80 年代造成了一些工业污染事件。此后，虽然受害者尚未得到全面救助，但通过法院的赔偿措施已经取得进展，违规工厂也被关闭和拆除。在讨论以上问题的基础上，最后借鉴日本的经验，探讨进一步推进公害受害者救助所需要的条件。

2　不断崛起的受害者：韩国和中国诉讼援助的进展

2.1　韩国：推进对噪声公害等的救助

韩国在经济增长和城市化发展的另一面，全国各地不断发生公害损害和环境破坏，已成为一个显著的社会问题。此外，韩国还有另一个特点，由于超过 50 年的南北军事对峙，导致国内存在着大量的美军等军事基地，由军事基地造成的噪声公害、水污染等频繁发生。下面介绍韩国公害损害现状和向受害者提供救助的支援行动。

- ● **民用机场噪声公害诉讼**

    韩国环境部以全国飞机场周围 44 个地区为对象，进行了飞机噪声调查，结果发现有 10 个地区超过了 80 WECPNL[3]（"计权等效连续感觉噪声级"）的环境标准值。该项调查结果表明，日常生活受到此类飞机噪声影响的居民超过 35 万人。在韩国，最早对民用机场提起民事诉讼的是金浦国际机场周围的居民。因飞机噪声损害的投诉，得到了市民团体"参与连带"的响应，该市民团体所属的律师同进步律师团体"民主社会律师团体"（以下简称"民律"）环境委员会所属的律师，进而连同当地的环保团体，一起提起了公害诉讼。在 1999 年 7—8 月，举行了说明会等，募集原告。结果，到 2000 年 1 月 31 日，募集到 115 名原告。诉讼要求，对每名原告支付 500 万韩元作为赔偿。当时，大韩律师协会认定该诉讼是公益诉讼，提供了诉讼费用援助，这就减轻了受害者的部分费用负担。以前，解决公害损害问题的做法通常是举行游行示威，或向当局请愿，但这些做法有很多局限性，该次诉讼案例的胜利，被看作是鼓励积极利用诉讼制度获得污染损害救助的榜样。

    2002 年 5 月 1 日，首尔地方法院下达判决书，命令政府和韩国机场公司支付原告共计 1.01 亿韩元，这预示着原告获得了部分胜利，2005 年 1 月 28 日，最高法院确认了原告的索赔权利。在首尔地方法院裁决之后，因原告获胜而受到鼓舞的当地 9 600 名居民提出追加诉讼，要求 192 亿韩元的噪声赔偿，此项诉讼正在审理中。

- ● **噪声受害者在军事噪声公害诉讼中胜诉**

    韩国由于南北长期军事对峙，军事设施被视作是比其他公共设施具有更高的公共利益，而且被含蓄地设想为它们比附近居民的人权更重要，而实际上居民已经遭受着各种军事设施的伤害。作为改变这种状况的第一步，是对于美军在梅香里美军国际射击场对当地居民损害的一项判决。2001 年 4 月，首尔地方法院下达了"梅香里判决"。法院承认了军事设施具有高度的公共利益，但同时表明，除非对居民所受损害进行赔偿，即使拥有高度的公共利益，也不能成为拒绝公民要求赔偿损失的理由。该项判决甩开了"国家主义理念"，保护了当地居民的人权，优先救助公害受害，是一项具有重大意义的判决[5]。

《亚洲环境情况报告》第 3 卷（2003/2004）第 I 部第 1 章曾介绍过这个问题，之后的 2004 年 3 月，最高法院确认了原告的诉求，做出了判决。原告宣布，他们正在计划用所得的损害赔偿金（包括利息共计 1.94 亿韩元）建立 1 座博物馆，暂名为"梅香里和平博物馆"。由此可见，对于军事基地噪声的诉讼，不仅是为了赢得受害者救助的诉讼，还是为了争取"裁军、和平、人权"的诉讼。为此，2004 年 4 月 18 日，韩国政府决定关闭梅香里美军国际射击场。

另外，对于设在忠清南道保宁市熊川邑的韩国空军射击场的噪声污染问题，2 318 名原告提出赔偿 62 亿韩元的诉讼，对于 2001 年 12 月提起的诉讼一审判决确认了在训练机低空飞行时，射击场附近的噪声水平高达 75 dB 或更高，这使当地居民的身体和精神受到损害，而且扰乱了日常生活。对于全罗北道群山市沃西面仙绿里和玉峰里的噪声损害问题，一审判决也认定了原告受害事实。此外，截至本稿执笔时（2004 年 9 月），关于正在进行中的军事活动引起的噪声污染诉讼参见表 1。

表 1　由军事活动引起的噪声公害诉讼（截至 2004 年 9 月正在进行中的）

地区	噪声来源	主要情况
京畿道平泽市新场洞和彭城邑	K-55 鸟山美国空军基地，K-6 汉富莱（Hanfuly）美国空军基地	527 名居民，索赔约 52 亿韩元
江原道春川市槿花洞和昭阳洞	Camp Page 军事基地	42 名居民，索赔 4.2 亿韩元
江原道春川市新北邑	韩国陆军航空队	诉讼筹备中
江原道横城郡墨溪里等地	韩国空军飞行场	2 300 名居民，索赔 230 亿韩元
忠北道忠州市	韩国空军第 19 战斗飞行团	6 800 名居民已经提交诉讼
全罗北道群山市沃西面	美国空军基地	除了已经胜诉的，还有 1 455 名居民提出诉讼

- ● **对于工业污染受害者的救助**

在韩国，因工厂等设施排出的烟气造成了严重的大气污染，对此类污染受害者的救助行动也在展开中[6]。例如，1985 年，在蔚山市的温山工业园区（1997 年，从庆尚南道分离，建立了蔚山大都市）附近，约 1 000 名居民以石油化工厂等造成大气污染而导致健康损害为由，提出损害赔偿请求，"温山病例案"即是原告取得胜诉的一个代表性案例[7]。还有其他的案例。如在首尔特别市中浪区上凤洞的江原工业炼煤厂附近的居民，以矽肺（silicosis）和其他健康损害为由提出损害赔偿请求，该事件在 1989 年被法院裁定为首例公害病患者案例；在仁川广域市南洞区古栈洞的玻璃纤维厂——韩国因修洛玻璃纤维厂附近居住的 150 多名居民，以工厂排出的大气污染物造成肿瘤、皮肤病、胃肠功能紊乱等为由，提出损害赔偿的请求，并于 1999 年取得部分胜诉；农药原料泄漏案例，生活在忠清北道堤川市松鹤面农药制造厂——印百喔密库司农药厂附近的居民，由于工厂泄漏农药原料，造成恶臭和健康损害，为此提出损害赔偿请求，法院于 2001 年判定居民获得部分胜诉。

最近，大气污染导致大范围的公害损害也成为社会性的大问题，其污染源是韩国最大的钢铁公司浦项制铁（POSCO）的光阳钢铁厂，位于全罗南道光阳湾的丽水国家工业园区。关于此次公害损害事件，有 2004 年 9 月发表的《地方居民健康现状研究》和《评价环境损害要素的科学调查报告》两项报告。光阳湾的浦项制铁是位于海湾对面的太仁洞大气污染的原因企业，但该厂始终没有采取任何行动来救助污染受害者，应公民团体的要求，对于浦项制铁的非法排放污染行为进行了调查，光阳湾委派首尔大学健康研究生院对太仁洞地区的儿童健康损害进行了调查。首尔大学在 2003 年 5 月 27 日—2004 年 8 月 26 日，进行了问卷调查、健康检查、环境研究等，调查结果显示，该地区发生了严重的公害损害。

根据开展的调查，作为调查责任人的首尔大学研究生院白南舜教授主张，因为该地区居民的慢性呼吸道系统疾病发病率非常高，作为临床实验，这样的调查结果足以证明，浦项制铁排放的污染物同当地居民健康损害之间存在因果关系，可以追究其公害损害责任。另外，浦项制铁在研究报告公布当天举行了记者招待会，反驳说首尔大学只是做了一个问卷调查，调查显示出的发病率高得令人难以置信，而且该研究的调查对象只是少数，不代表全部，结果不可信。从目前情况看，不可能指望浦项制铁会承担其污染责任并积极采取措施来解决光阳湾地区居民健康问题。因此，由一批有组织的环境活动家组成的光阳湾企业监测小组，同太仁洞地区居民和环境运动联合会的环境法律中心（KFEM）合作，准备拟订诉讼状，要求赔偿污染损害并禁止污染物外排。

此外，还有报告称土壤已被有毒金属锑污染。据《韩民族日报》2004 年 9 月 2 日刊登的一篇题为《冷眼旁观锑污染的政府》的文稿称，位于忠清南道燕岐郡全义面元省里的 1 家建于 1978 年的锑冶炼厂，在进行冶炼作业时排出二氧化硫和重金属，并产生锑渣废料。该公司因为在冶炼时有锑精炼废物外溢，所以购买了附近的农田用于填埋废物。从开始填埋到 2001 年委托废物处置企业的 10 多年里，填埋的废物已超过 2 万 t。在填埋废物的农田地下水中，检出的锑浓度为 90 μg/L，在靠近冶炼厂的居民住宅的地下水中检出值为 15.9 μg/L。水稻植株根系的检出值为 162 mg/kg，秸秆中是 5.10 mg/kg。另据报道，在当地 24 家住户中，超过 10 人死于肝癌或肺癌，目前还有 4 人患有癌症。当地很多儿童患有咳嗽、哮喘和其他呼吸系统疾病，而且他们的免疫力也很低。忠南保健环境研究所测试了用作垃圾填埋场的农田土壤，检出了其中的砷浓度是环境标准的 3 倍以上。韩国尚未制定有关锑的标准或法规，"韩国大田忠南绿色联合会"（Taejon Chungnam Green Korea）和"市民参与研究中心"（Citizens Participation and Research Center）同专家们一起于 2004 年 8 月 11 日举行了记者招待会，要求政府同市民共同进行调查研究，以解决地下水和土壤污染问题。

● **首尔市机动车尾气引起的大气污染**

首尔市源于机动车尾气的大气污染问题也相当严重。2004 年 10 月，由律师、医生、科学家等组成了"推进大气污染诉讼协会"，目前，该协会正在围绕哪里应当提起诉讼、如何选定诉讼原告等事项进行研讨。在选定原告方面，医生们到各处医院努力寻找污染受害者，同时，协会也在考虑公开募集原告。此外，该协会已在集中研究日本东京大气污染诉讼案例，同律师团进行交流，为提起诉讼而不断努力。

另外，在大气污染公害救助方面，协会于 1997 年作为议员立法向国会提交了《大气污染受害者救助法案》。自 2002 年以来，一直努力谋求该法案得以通过，通过立法指导的方向，让政府提供救助，但该法案迄今仍未通过。

● **环境 NGO（非政府组织）对诉讼的支援**

在韩国，处理环境诉讼的主要律师团体有"环境运动联合会的环境法律中心"和"绿色联合会（green coria）的环境诉讼中心"，这两个中心各有数十名律师参加。有时候，如梅香里的诉讼案，两个中心的律师们成立了一个联合律师团，提起诉讼。此外，来自"民主社会律师会"的律师也积极地从事各地的公害环境诉讼。

"环境运动联合会环境法律中心"成立于 1991 年 4 月，作为"消除公害联盟"（环境运动联合会的前身）的"环境法律咨询办公室"，在 1993 年改名为"环境运动联合会公民法律咨询办公室"，1997 年，改组为环境运动联合会法律委员会。接着于 2000 年 2 月，正式确立为"韩国环境运动联合会附设的公共利益环境法律中心"，2004 年 2 月，该中心增加了 3 名全职律师，并改名为环境法律中心。该中心的核心是由 20 多位律师组成的执行委员会。此外还有 75 位律师，尽管他们不是执行委员会成员，但都积极支持环境法律中心的活动并缴纳会费。该中心从事着多项任务，如：提供日常法律咨询、对政府立法提出书面意见、提交法律修订草案以及环境诉讼等工作。

最近，他们开始关注浦项制铁引起的大气污染，正在准备诉讼工作。除此之外，律师们还进行其他诉讼，如涉及为阻止新万金填海项目的诉讼，要求取消横穿鸡龙山国家公园的管道的诉讼等。该中心今后的课题有两方面，一是进一步提高其作为一个专门的环境律师组织的实力；二是作为一个专家团体，要努力赢得外部对其能力的信任。此外，尽管该中心的工作基本上是提出环境诉讼，但也在致力于进行体制改善，以便事前预防环境争端。

"绿色韩国环境诉讼中心"成立于 1995 年 5 月，基于环境法律和体制需要专家们的力量的理念，遂有 30 多位律师创立了该中心。除了代表、主任外，还有 11 名执行委员。该中心的日常活动之一是面向一般市民开展"环境法律学校"。每班有 8 门课程，1 门课程约 40 人参加，他们的目标不只是在首尔市办培训班，还计划在其他城市也开设相关课程。该中心目前正在处理的公害环境诉讼有：军事基地公害诉讼、阻止建设高尔夫球场的诉讼，上述首尔市机动车尾气污染诉讼等，此外，该中心也涉足于刑事起诉公职人员等与环境污染相关的刑事案件。另外，对于已经发生的公害和环境破坏，在其尚未成为社会问题时，也致力于"诉讼策划"，即该中心承诺为环境诉讼提供诉讼费和律师费。

从以上讨论可见，近来在韩国，随着民主化进程的推进，公害环境诉讼也在兴起，取得了以前的抗议示威和请愿等无法获得的成就。然而，在经济发展和军事优先的现状下，造成的污染损害仍然隐藏在全国各地，终于到了开始着手救助受害者的时候了。

2.2 中国：权利意识高涨和非政府组织对诉讼的支援

● **权利意识的高涨和日益增加的污染纠纷**

中国以前因为担心环境纷争可能会动摇社会的稳定性，所以新闻媒体往往是以让其退出公众视线的方式来处理纠纷。但是，近年来，信息公开已被认为是一项政策工具。当法制建设提上政府的重要议程时，越来越多的媒体在公开报道环境纠纷与解决环境争端的现状以及面临的挑战等。

正如《亚洲环境情况报告》第3卷（2003/2004）第2部第4章专栏3所述，中国政法大学在1998年成立了"公害受害者法律援助中心"（CLAPV：Center for Legal Assistance to Pollution Victims）。该组织作为一个志愿者性质的专家团体，积极运用诉讼等法律手段以维护环境污染受害者的权利。该中心主任王灿发教授把中国救助污染受害者的历程分为3个阶段：①1978年以前，政府否认公害的存在，因而也不努力去纠正受害者被侵犯的权利（有报告说，污染纠纷其实早在20世纪50年代就发生了）；②1978—1991年，政府开始正视环境侵权行为，并制定了相关救助的法律规定，从而导致对环境侵权的诉讼逐步增加；③自1991年以来，针对环境诉讼的特点，制定了一些特殊规定，越来越重视对环境侵权的救助。

从已经公之于众的各个时期的纠纷案件中，也能看出一些变化。1964年，武汉一家化工厂附近的农民再也不能忍受化工厂的污染而堵住了该厂的污水排口，他们因涉嫌"骚乱"而被捕[11]。1973年，河北省沙河县的一名村干部，因抗议一家磷肥厂的污染而切断了该厂的电源，他被指控为"从事反革命破坏活动"，开除党籍并被判刑。直到1979年，终于撤销了对他的刑事处罚，给予了生活补助[12]。对比另一个发生在1974年的事例，河北省张家口的一家农药厂，水污染危害到了附近农民的农业、畜牧业等活动和人体健康，因为工厂不承认自己的污染行为，与农民发生冲突的事件，被强制暂时停产，政府充当了中间调停的角色，打击污染行动，并采取了一定程度的救助措施[13]。近几年来，媒体公开报道严重污染环境的企业名称和法人代表，而且法人代表还会受到刑事处罚。

当然，即使到现在，中国还没有达到受害者权利总能受到保护和污染者总能受到惩罚的水平，而事实是，随着人们对其权益意识的不断提高，环境纷争越来越多。这里，我们基于由国家环境保护总局（SEPA，1997年之前称为国家环境保护局，即NEPA）每年公布的环境统计数据，从环境行政主管部门每年接受来信、来访人员的数量，分析一下环境纠纷的发展趋势。

1989—1996 年,原国家环保局每年收到将近 10 万封投诉信件,并接待 5 万多投诉人员的来访。在此期间,环境问题应该说进一步恶化了,但每年的信访人数基本保持不变。从 1997 年开始,信件数量直线上升,到 1999 年超过了 20 万封,2003 年飙升到 50 万封。信息公开活动始于 20 世纪 90 年代,"中华环保世纪行"、大众媒体环保宣传活动、公布污染企业名单、定期发布重点城市、重点水域的大气质量和水质情况等,都作为信息公开的政策手段来实施,特别是在 90 年代后半期,信息公开同政府强化监管的具体措施协同实施 15)。毫无疑问,这种政策的变化对提高公众环境意识的影响很大。

同时,来访投诉人数在 2000 年逐步开始增加。在中国,有的人可能会犹豫是否要直接造访行政主管部门(这可能是来访人员总数低于投诉信件总数的原因),而最近可以看到一些现象,例如劳动者成群地到政府办公楼门前静坐,不仅是因为环境污染问题,还因为一些社会问题,人们向政府提出抗议。提交给行政当局的所有投诉,并不一定都会变成当事人之间的明显纷争,但近年来,纷争发展成为诉讼案件的比例在不断增加。据原国家环保总局政策法规司副司长李恒远说 16),从 1998 年到 2001 年,全国法院受理了 21 015 件同环保有关的刑事、民事和行政案件,年均增幅为 25.4%。在环境诉讼迅速增加的背景下,公众环境意识开始觉醒,保护合法权益的意识也在提高。

● **公害受害者法律援助中心(CLAPV)支援诉讼的情况**

CLAPV 通过电话或其他手段来提供咨询服务,由来电咨询方提出要求,如果得到 CLAPV 方的认可,CLAPV 就会提供从介绍律师到律师接手案件的各种法律援助。从 1999 年 11 月中心开始服务起,到 2005 年 3 月,总共援助了 74 个案例。在推出电话免费咨询服务以来的 5 年多时间里,该中心共收到近 8 000 次电话咨询(因为许多打来的电话似乎同援助环境受害者没有关系,故保留详细咨询内容的记录约有 2 000 个,占 1/4 左右),这大大超过了所援助的 74 个案例。鉴于该中心有限的人力和资金，他们已经是在很努力地提供援助了 [17]。

接下来，列举由 CLAPV 给予援助的诉讼事例。在《亚洲环境情况报告》第 3 卷（2003/2004），已经叙述过 CLAPV 副主任许可祝关于中国西部地区相关活动的报告，这里，我们从其他地区中选取介绍"福建省屏南县榕屏联合化工厂污染事件"的案例。

20 世纪 90 年代初，在福建省屏南县城南部，作为一个扶贫项目，建设了亚洲最大的氯酸钾生产基地——榕屏联合化工厂（国营企业）。从 1993 年 12 月工厂试运行至 1994 年 12 月，工厂附近的农田、孟宗竹林、果园、树木等都受到不同程度的损害，而且受害面积逐渐扩大，甚至下游的很多鱼类也都消失不见了 [18]。

村民们对该工厂提出了一系列投诉，并要求赔偿，同时向村、镇、县各级行政部门和环保部门反映情况。当时，村、镇、县各级相关部门与村民代表进行了实地调研，工厂方面承认，孟宗竹的死亡是工厂排出的废气造成的，并同意支付赔偿金。另外，1995 年 1 月，该工厂又组织其他工厂等相关人士进行了一次现场调查，根据调查结果，该厂承认了自己的排放污染物损害了厂区周围的树木，并在同年的 1 月 15 日，向村民委员会承诺，将出租林地给村民委员会的 3 户村民，支付赔偿金。起初，工厂向村民支付了一些赔偿金，但自 1995 年以来，村民们就没有拿到补偿金了。事实上，1998 年，该工厂的第 2 期生产工艺升级改造工程，在没有经过环保部门事前审查的基础上竣工了，这加剧了对周围植被的破坏，而且受害程度也进一步扩大了。

作为当地农村医生，同村民们一起生活在榕屏工厂附近的张长建先生称，不仅发现周围的树木和农作物枯死了，患各种疾病的村民数量在不断增加，而且因癌症导致的死亡率也呈直线上升趋势。他从 1999 年开始，向各级人民政府、环保部门和媒体以书信形式反映情况。

但是，因为没有得到令人满意的回应，所以张先生开始同时通过互联网以电子邮件形式向各有关部门反映情况。2001 年 12 月 6

日，收到了原国家环保总局宣传教育中心的消息。根据国家环保总局要求，村民们用摄像机录制了现场情况，同时准备了由村民们签名的现状报告书，一并提交给国家环保总局和福建省环保局。2002年1月12日，张先生收到了朱镕基总理的回信。之后，媒体开始关注，公开报道工厂周边的污染状况。在此背景下，该事件被列入2002年9月27日原国家环保总局办公厅发布的《未解决的重大环境污染问题列表》（共计22件）中，第2年，"全国十大环境违法事件"对其进行了报道，该化工厂成为政府重点处理项目之一[19]。根据2003年原国家环保总局发布的《取缔环境违法事件的情况报告》来看，从该厂排出的污染物毁灭了170亩稻田（约11 hm²），有184亩（约12 hm²）稻田减产，直接经济损失达194 000元（约252万日元，人民币1元=13日元）。在2002年由福建省处理后，该工厂配置了六价铬污水处理设施、利用碱溶液的氯气吸收塔、锅炉除尘设施、固体废物堆放场等，但是仍有600 t含有水溶性铬的废水顺着山坡流下，威胁山下村民的健康[20]。

　　另外，张先生听取来自当地现场访问的记者建议，同 CLAPV取得了联系，摸索着通过法律途径来解决问题。在 CLAPV 的支援下（派遣律师，并给予诉讼、鉴定、评价等的费用援助），以张先生为代表的1 643名被害者组成原告团，于2002年11月7日向福建省宁德市中级人民法院提起诉讼，要求工厂停止侵害行为，并请求赔偿损害（之后，法院对原告团进行审查，加上提起诉讼后新加入的人数，到2003年12月15日，原告人数达到1 721人）。

　　提出诉讼以后，张先生等也向省、市的环境保护局反映了环境污染被害情况，但是没有取得联系，也没有得到采取行动的承诺。而且，省政府对开展污染被害诉讼活动的张先生等人施加的压力也日益增加，例如，2004年10月8日，福建省卫生局以没有有效医疗机构营业许可证为由，关闭了张先生的诊所，并处以5 000元（约65 000日元）罚款。对此，张先生向省人民法院提起了行政诉讼。

　　在此背景下，福建省宁德市中级法院在2005年4月15日做出了如下判决：①要求被告企业立即停止对原告的侵权行为；②被告在本判决下达后的 10 日内，支付原告对山地的林木、果树、孟宗竹、农田等损害赔偿金共计 249 763 元；③被告在确定污染物处理方法之后，在 6 个月内彻底去除工厂内和山上的工业废物；④驳回原告的其他请求。另外，案件受理费共计 77 683 元（约 101 万日元），原告支付 25 895 元（约 34 万日元），被告支付 51 788 元（约 67 万日元）；鉴定费 10 万元（约 130 万日元）全部由被告承担。该判决可以说是原告团获得了部分胜诉，获得的损害赔偿金比请求的损害赔偿金额 1 033.144 万元（约 1.343 1 亿日元）少了 2 个数量级。而且在④中，对于健康损害和精神损害进行赔偿的请求因证据不足被驳回。

如上所述，近年来对于寻求公害救助的行动日趋增多，但是其诉讼道路还是迂回曲折的。

3 救助被害者的漫漫长路：博帕尔市、布吉默拉村的现状

在印度的博帕尔市和马来西亚的布吉默拉村，20 世纪 80 年代发生了严重的工业公害事件。在《亚洲环境情况报告》系列丛书中都介绍过这两个事件 [21]，下面就事件之后的动向做一介绍。

3.1 博帕尔：污染被搁置与接踵而至的责任追究

距离 1984 年 12 月 2 日深夜发生的联合碳化物（印度）有限公司（India Union Carbide Co.，以下简称 UCC）的杀虫剂工厂有毒气体泄漏事件，已经过了 20 多年，但在印度中部博帕尔市的受害者们还在努力争取权益之中。事故现场被搁置一边，污染仍在继续，受害者们只得到了一点点补偿，这就算是了结了。大多数受害者由于异氰酸甲酯等有毒气体造成了眼睛、心肺机能下降等后遗症，最近还出现了癌症死亡率增加、对后代影响等问题。

经过 20 年的岁月，博帕尔市的人口已经从 70 万增加到 140 万，在城市北部，工厂旧址已用护栏围起，现在是杂草丛生的荒地了，

以前工厂的设备和引起泄漏事故的钢罐仍放置在原地。工厂周边曾经的贫民窟地区，即使得到过一点损害补偿，但贫困状况丝毫没有改变，破旧的城区、砖瓦房等并排矗立着。周围又出现了新的、用旧布、塑料膜、零碎板片等搭成的贫民窟。不论哪种，生活条件都是相当恶劣的，而且周边的井水因受工厂地下水污染的影响，而一直被关闭着。事故后的一段时间，为了使受害者能够经济独立，建设了许多作坊，但因劳务费过低，工人们并没有多少积极性，由于经营困难，大部分作坊都关闭了，现在，仅有 2 个由受害者团体经营的仍在营业着。

2001 年，UCC 被在越南战争时期制造落叶剂的跨国企业陶氏化学公司（Dow Chemical Corporate）合并收购。陶氏化学公司采取不承担博帕尔事故责任的态度。受害者们的第一要求是对 UCC 时任主席沃伦·安德森做出刑事判决，但至今仍未落实。

在事故发生的第 20 年，也就是 2004 年，围绕博帕尔的几项诉讼已经有一些重要判决了[22]。第一，3 月 17 日，美国上诉法院（Court of Appeals）做出判决，认为受害者要求 UCC 进行环境恢复的请求没有时效限制；第二，5 月，印度最高法院判定 UCC 污染了工厂周围的地下水，要求中央邦政府解决居民的饮用水问题；第三，7 月 19 日，对于 2 个受害者团体提起的诉讼，印度最高法院作出判决，要求印度政府赔偿 150 亿卢比（约 376 亿日元），作为给约 57 万受害人和家族的追加补偿。关于受害补偿，1989 年，印度政府和 UCC 间通过最高仲裁机构达成和解，支付 47 000 万美元赔偿金[23]。但是，因为只付了其中的一小部分，所以要求其尽快支付剩余金额和利息。

2004 年 12 月，受害者们组织举行了 20 周年集会，庆祝取得了长期斗争中的一小步胜利，并且准备继续追究加害企业的责任和救助受害者（参见本章扉页图片）。集会和示威游行主要分成 3 个组，以女性为中心的受害者等总共 2 000～3 000 人。在示威游行时，一般都高举 UCC 责任人等的大型头像模型，在 UCC 工厂大门前将其烧毁。以前的模型是 UCC 的责任人和主要负责人，之后，换成了陶氏化学公司、阻止追究责任或是延迟救助受害者的中央政府与地方政府的公务员等。在这 20 年里，受害者们长期的斗争不断敲响该事件还没有结束的警钟。斗争的主要担当几乎都是女性。反抗压迫的声音在印度社会中将会越来越强。

3.2 布吉默拉村：亚洲稀土公司（ARE）工厂的解体和放射性物质的永久储存

布吉默拉村位于马来西亚中部霹雳州怡保市附近，主要是华裔的居住区域。1982 年，与布吉默拉村相邻的工业园区，由日本三菱化成（现在的三菱化学）出资的亚洲稀土公司（ARE：Asian Rare Earth）开始运营。该公司初期曾在几乎没有任何防护措施的条件下，将含有放射性物质钍的废物倾倒在工厂后面的水池中。周边居民组成"霹雳州反放射性委员会"（PARC：Perak Anti-Radioactive Committee）进行抗议活动。居民、NGO 等的调查发现，工厂周边居民的血液中铅浓度增高，流产、死胎现象增多，白血球减少、还出现许多先天性智障儿童等。1985 年，当地居民向怡保市高等法院提起诉讼，要求工厂停止生产并处理废物。1992 年 7 月，怡保市高等法院认定了该厂污染环境，命令 ARE 公司停止生产并处理废物。ARE 公司不服判决，向最高法院上诉。1993 年 12 月，居民方面败诉。但是，从 1992 年 7 月怡保市高等法院判决之后，直到 1994 年 1 月，停产的 ARE 公司的工厂一直是关闭的。

之后，工厂开始启动解体工程，工程一度暂停，原因是对工厂旁边的放射性废物暂时储存所束手无策[24]。最初，ARE 公司拒绝同居民进行对话，但从 1998 年开始，态度开始转变，想同居民对话沟通。2000 年 2 月，ARE 向周边居民和布吉默拉医疗援助基金（日本）的村田和子等详细说明了工程解体计划，允许大家进入工厂内部。2003 年，州政府许可了工厂解体工程，同年 8 月，由 ARE 召开的居民说明会上，说明了解体工程预计 4 年内完成，之后设立 2 年的观察期，最后委托州政府对永久储存所（参见图片 1）进行管理。工厂彻底停工是在 2010 年。

照片 1 永久储存所（2003 年 8 月，村田久 摄影）

2003 年 7 月，ARE 公司向 PARC 支付了 50 万林吉特（约 1 650 万日元）作为捐款。这不是赔偿金，而是带有给予贡献地方色彩的捐款。PARC 将其捐给了吉隆坡华裔居民奖学金委员会，作为居民奖学基金。

至此可以说，ARE 事件第一幕落下了。但并不是说问题都解决了。PARC 的要求是，因为这是日本所建工厂排出的危险物质，所以希望日本将其带走。而且，对于智障儿童同污染的因果关系尚未明确。只能说是，居民们在要求工厂关闭与撤出方面取得了胜利。

4 进一步推进救助的条件是什么呢？

4.1 推进司法救助的条件

20 世纪 90 年代末，在本章中述及的韩国环境法律中心、环境诉讼中心、中国 CLAPV、日本环境会议和全国公害律师团联络会议

（公害律联）等之间，不断进行交流。特别是最近，开展了有深度的环境法理论技术方面的讨论[25]。作为这方面的一环，2003 年 9 月 13—15 日，在第 22 届日本环境会议滋贺大会上，以"公害受害现状与救助"为题设立了专项研讨会，有 3 个国家的律师和研究者们参加，来自日本的公害药害受害者们也参加了，而且还做了报告[26]。在专项研讨会的最后，担任共同主席的中岛晃律师，针对推进公害环境诉讼的条件提出了以下 6 点，也得到了参会人员的认可。6 个条件分别是：①与审判斗争的受害者；②与受害者们一起不屈不挠战斗的律师团体；③给予斗争以合作的专家团体；④从物质方面和精神方面支援受害者的团体；⑤寻求受害救助的、微观的和宏观的舆论力量；⑥能够真正倾听受害者心声的法院和审判官[27]。

如本章所述那样，韩国正在将以上 6 个条件逐个落实到位。但是，在中国还存在很多困难，受害者和支援受害者的律师团与专家们正处于不断推进解决受害救助行动的阶段。

4.2　寻求对受害者的救助帮助

在博帕尔市，由 1995 年设立的"三布哈复那信托"（Sambhavna Trust）开设了诊所，给生存者提供免费的诊疗与体检，同时进行调研工作。诊所的经费来自学生、劳动者、教员、艺术家等全球各行业人士的捐赠[28]。

在布吉默拉村，正在开展的活动有：村民的抗议行动、同法院的斗争、对受到健康损害儿童的医药支援活动等，在怡保市高等法院作出受害者胜诉的判决后，成立了"布吉默拉村医药援助基金委员会"。在日本，当时三菱化成的工人村田和子，从 1990 年开始进行现场考察走访，从 1992 年开始举行为医药援助捐款活动。1993 年 1 月，设立了"日本·布吉默拉村医药援助基金委员会"，在最近 1～2 年，募集到 50 万日元的援助资金，较多年份可以募集到 90 万日元[29]。

在博帕尔市和布吉默拉村，仍然没有彻底救助受害者的措施，应该说还存在很大问题。例如，就算是对公害受害者的司法救助得到了推进、给予了金钱补偿，但对于人们不可逆转的健康损害来说，这些事件并没有结束。所以还得寻求类似"三布哈复那信托"、"日本·布吉默拉村医药援助基金委员会"等的继续支援。

（责任执笔：除本理史，村松昭夫，朴泰炫，大塚健司，相川泰，谷洋一；合作执笔：金惠珍，王灿发，许可祝，张长建，樱井次郎，村田和子，村田久）

〔注〕

1）　《亚洲环境情况报告》第 1 卷（1997/98）第 I 部第 3 章及第 4 卷第 II 部第 5 章"韩国"和"印度"部分。

2）　淡路剛久「日本における环境紛争处理の歴史と現状」日本环境会議编『环境紛争处理日中国際ワークショヅプ報告書　2001 年 9 月 15—18 日　中国·北京』日本环境会議，2002年，pp.22-28。

3）　加权等效连续感知噪声水平（Weighted Equivalent Continuous Perceived Noise Level），是衡量飞机"吵闹"程度的 1 项指标。

4）　推进公害诉讼的 1 个主要障碍是，如何提高专项基金用以支付诉讼费和律师费，这是日本和其他国家的 1 个共同问题。现在世界各国为此的律师费等大部分是由律师无偿奉献所支撑的。在韩国，如果大韩律师协会承认某个案件是 1 项公益诉讼（公益性质的诉讼），原告可以从律师协会得到 150 万～200 万韩元的援助。在法院的诉讼援助制度下，利用印花税票费，可以延缓交费期限。但是对于鉴定费用，因为没有这方面的援助制度，所以必须由污染受害者支付。

5）　2001 年 8 月，2 222 名原告提出第二次梅香里诉讼，要求 440 亿韩元的损失赔偿.

6）　欲了解有关"温山病事件"和江原道工业型煤厂污染造成的疾病等更多的相关公害案例，请参看《亚洲环境情况报告》第 1 卷（1997/98）的 PP.35-37，pp.80-82 和 p.90。

7）　一审判决是在 1988 年 12 月 29 日，釜山地方法院蔚山分院；二审判决是在 1990 年 7 月 13 日，釜山上诉法院；最高法院的判决是在 1991 年 7 月 26 日。

8）　首先，分析慢性支气管炎的发病率（千分数，‰），（下列数据的顺序是：太仁洞发病率、全国发病率、太仁洞患者同全国的比率）：5～9 岁的儿童：88.0，8.1，10.9 倍；10～14 岁的儿童：59.3，4.4，13.5 倍；15～19 岁的青少年：74.4，2.3，32.3。其次，支气管哮喘的发病率，5～9 岁的儿童：20.0，16.0，1.3 倍；10～14 岁的儿童：14.8，7.3，2.0 倍；15～19 岁的青少年：8.3，4.1，2.0 倍。

9）　关于中国的动向，详情参考中国环境问题研究会编『中国环境ハンドブック 2005—2006年版』蒼蒼社，2004 年，pp.149-192。

10）　王灿发「中国环境侵权救助的发展进程」『第 2 回环境被害救济日中国際ワークショップ（熊本）予稿集』2004 年，别刷（中国语）。

11）蔡守秋『环境政策法律问题研究』武汉大学出版社，1999 年，p.158（中国语）。

12）贵州省环境保护局，赵永康编『环境纠纷案例』中国环境科学出版社，1989 年，pp.195-196（中国语）。

13）刘燕生『官厅水系水源保护　北京市自然保护史话』中国环境科学出版社，1995 年，pp.1-18（中国语）。

14）参考各年度《中国环境统计年鉴》（中国语）。

15）大塚健司「中国の环境政策实施过程における监督检查体制の形成とその展开——政府，人民代表大会，マスメデイアの協调」『アジア経済』Vol.43，No.10，2002 年，pp.26-57. 同「中国の环境政策实施过程における情报公开と公衆参加——工业汚染源规制をめぐる公衆监督の役割」寺尾忠能・大塚健司编『アジアにおける环境政策と社会变动——产业化，民主化，グローバル化』アジア経済研究所，2005 年，pp.135-168。

16）李恒远，「环境保护离不开法官律师的广範参与」『环境法律实务研習班教程资料集（第三期）』2003 年 11 月，pp.15-21（中国语）。

17）由 CLAPV 的副主任许可祝提供（2005 年 3 月 25 日）。

18）以下的案例主要根据 2004 年 3 月在熊本・水俣举行的《第 2 届关于救助环境被害（处理环境纷争）中日国际研讨会》（由熊本学园大学，日本环境会议，CLAPV 等共同主办），张长建等做的报告和之后通过电子邮件报告的情况。

19）『环境保护文件选编 2002』下卷，2003 年，p.701. CCTV.com 健康频道〈http://www.cctv.com/health/20030814/100714.shtml〉（中国语）。

20）「国家国家环境保护总局通报 2003 年度环境违法案件落实情况」国家环境保护总局网站（政务信息・新闻发布）〈http://www.zhb.gov.cn/eic/649094490434306048/20040225/1046294.shtml〉（中国语）。

21）关于博帕尔事件，参考《亚洲环境情况报告》第 2 卷（2000/2001）第 II 部第 3 章 pp.172-174；关于布吉默拉村の ARE 事件，参考《亚洲环境情况报告》第 1 卷（1997/1998）第 II 部第 4 章马来西亚篇 3-2 节 pp.115-117。

22）Amnesty International，Clouds of Injustice: Bhopal Disaster 20 Years On，Amnesty International Publications，2004，pp. 26，56，66（http://www.bhopal.net/amnesty/amnestybhopalreport.pdf#search='7%20May%202004%20Bhopal）viewed on 6 April 2005；"Court Relief for Bhopal Victims，" BBC News，19 July 2004（http://news.bbc.co.uk/2/hi/south_asia/3906691.stm），viewed on 6 April 2005. 本文中的「控诉裁判所」是，根据上述的第 1 个文献，（p.56）"a Appeals Court" 不是联邦巡回区的上诉法院（the Court of Appeals for the Federal Circuit），而是全国 12 个巡回区的普通上诉法院。

23）Shrivastava，Paul，"Long-term Recovery from Bhopal Crisis". in James K. Mitchell，ed.，The Long Road to Recovery: Community Response to Industrial Disaster，United Nations University Press，1996，pp.130-132（平野由紀子訳『七つの巨大事故—復興への长い道のり』創芸出版，1999 年，pp.129-131）。

24）村田和子「マレーシア・ブキメラ村 ARE 工場の解体工事が始まります」『北九州かわ

ら版』2003 年 10 月号，pp.5-9. 村田和子・村田久「三菱化成（現・三菱化学）の公害輸出 マレーシア・ブキメラ村の現状」『北九州かわら版』2003 年 12 月号別冊．同「ARE 工場の現状とブキメラ住民」『北九州かわら版』2005 年 2 月号別冊，pp.2-3. 村田久「三菱化成の公害輸出を問う」『北九州かわら版』2005 年 7 月号，pp.5-9。

25）村松昭夫「インド環境調査ツアーに参加して」『公害弁連ニュース』No.127，2000 年，pp.23-24. 前掲『環境紛争処理日中国際ワークショップ報告書 2001 年 9 月 15 日～18 日 中国・北京』．韓国緑色連合環境訴訟センター・日本全国公害弁護団連絡会議・日本環境法律家連盟『公害環境問題日韓交流大会特集号 2002 年 8 月 23 日乃至 25 日』．前掲『第 2 回環境被害救済日中国際ワークショップ（熊本）予稿集』．『第 3 回環境紛争処理中日（韓）国際ワークショップ報告レジユメ』（華東政法学院・上海市法学会主催，日本環境会議・中国政法大学公害被害者法律援助センター共催，国際交流基金の助成により上海にて 2005 年 11 月 26 日～27 日に開かれた第 3 回環境被害救済（環境紛争処理）日中国際ワークショップの予稿集）．寺西俊一監修，東アジア環境情報発伝所編『環境共同体としての日中韓』集英社新書，2006 年，pp.200-203. 『第 2 回日韓公害・環境問題交流シンポジウム報告集 2005 年 8 月 25 日～28 日 於ソウル』全国公害弁護団連絡会議・日本環境法律家連盟，2006 年。

26）『第 22 回日本環境会議・滋賀大会　環境再生と持続可能な社会—Sustainable Society—を目指して』（予稿集）2003 年，pp.139-202。

27）村松昭夫「公害被害の実態と救済——第 3 分科会」『環境と公害』Vol.33，No.3，2004 年，p.55。

28）M.P.ドウイベデイ「ボパール農薬工場のガス漏洩事件——ガスの環境汚染による健康障害の証拠」『環境と公害』Vol.30，No.1，2000 年，pp.28-29. Sambhavna Trust, The Bhopal Gas Tragedy 1984-?，Bhopal：Bhopal People's Health and Documentation Clinic，1998。

29）村田久「健康被害を受けた子供たちの現況」『北九州かわら版』2001 年 1 月号別冊，pp.8-11.「ARE 問題年表」『北九州かわら版』2005 年 2 月号別冊，p.1。

专栏　韩国的骨痛病报道

2004 年 6 月 3 日，韩国联合通讯社报道了在韩国东南部"庆尚南道固城郡三山面疑似出现大批骨痛病患者"，韩国国内外的新闻媒体争相报道此事。韩国最大的环境 NGO——"环境运动联合会"的市民环境研究所水质环境中心，于该年 5 月为居住在固城郡三山面废弃铜矿附近的 7 名居民做了各项检查，7 人中有 6 人的血液镉浓度在

$2.51 \times 10^{-9} \sim 6.64 \times 10^{-9}$，超过了一般人的基准值 2×10^{-9}。在尿检中，7人尿液中镉浓度在 $3.8 \times 10^{-9} \sim 11.59 \times 10^{-9}$，该数值比起一般人是相当的高。镉蓄积在肾脏里。水质环境中心称，这些疑似骨痛病的患者，有骨头痛、腰痛、关节痛等症状，行动起来非常不便，主要依赖婴儿车等辅助器具行走。而且在废弃铜矿山的排水坑内检测出的镉浓度为 25×10^{-9}，超过饮用水标准的 5 倍，这个坑内的水会流入河川内，进而流入下游农田，将污染农作物。

废弃的铜矿山在 1953 年得到政府支持，由三山第一、SAMUA、SAMUBON 等企业进行开采，到 20 世纪 60 年代中期关闭。现在，三山第一矿山的 2 个坑口还留着选矿厂遗址、工厂建筑物、废渣堆放场（约 75 000 m³）、废石丢弃场等。应"环境运动联合会"的邀请，笔者在 8 月下旬进行了实地调查。在矿坑下部可以看到坑内排水已经把水底的石头由蓝绿变成绿色，含有硫酸铜，pH 值低至 5.9，电导度高达 334 μS/cm，这些坑内排水在未经处理情况下外排到河流（参见照片 2）。废渣堆放场的排水也未经处理外排。

照片 2　从三山第一矿山矿坑旧址流出的坑内排水
（2004 年 8 月，畑明朗 摄）

据韩国环境部的《废金属矿山污染现状详细调查》，2000 年发现三山第一矿山周围的土壤受到污染，土壤中的铜、砷、铅都超过了标准值，镉超过了一点（《亚洲环境情况报告》第 3 卷（2003/2004）第 2 部第 4 章"韩国"）。2004 年 6 月，由官民共同组成调查团，对收获的大米中的镉浓度进行调查，发现其没有超过食品容许标准（0.2×10^{-9}）。

2004 年 12 月 9 日，韩国环境部在官民共同调查团调查结果的基础上，发表了"固城没有骨痛病"的最终结论。也就是说，相比其他地区，三山面居民们血液和尿中的镉浓度较高，而没有出现日本环境省定义的《骨痛病诊断基准》症状为"伴随肾脏障碍的骨质疏松"的患者。据推断，居民们可能只是通过过去坑内废水污染的农作物和饮用水而暴露在镉污染中。政府还继续从在该地区生活 20 年以上的居民中追踪过度暴露在镉污染中的证据，并继续追踪有骨质疏松症状居民的健康状况。

如上分析，关于确认固城郡三山面居民镉污染事件，否定了是骨痛病。但是，韩国废弃的金属矿山多达 900 座，其中 200 座以上的废弃矿山均存在问题。笔者在 8 月下旬调查了庆尚南道陕川郡凤山金矿周边，检出了超过食品容许标准 0.2×10^{-6} 的受镉污染的大米（镉浓度 $0.3 \times 10^{-6} \sim 0.4 \times 10^{-6}$），有腰痛、关节痛、神经痛、骨折等骨头方面疾病的患者，年长的女性居多，很多疑似镉肾症、骨痛病。因此，非常有必要对韩国全部废弃金属矿山周边进行详细调查。

（责任执笔：畑明朗）

第 3 章

迫在眉睫的电子垃圾合理处理

来自世界各地的电子垃圾的拆解地——广东省贵屿镇

（2004 年 11 月，小岛道一摄）

地图 1　俄罗斯远东地区的行政区域和生态系统（图略）

1　何谓电子垃圾

所谓电子垃圾（e-waste），是家电、计算机、手机等废旧电子电器产品废弃物的总称。该术语一般被用于指组装的电子电器产品，但有时也包括荧光灯、干电池、电杆变压器、集成电路板等部件和生产电子电器产品时产生的不合格品等，所以电子垃圾的定义并不是那么清楚。《报废电子电气设备指令》（WEEE：Waste Electrical and Electronic Equipment。2003 年 2 月 13 日欧盟议会及理事会通过了两项指令，即《电子电气设备中限制使用某些有害物质（RoHS）指令》（第 2002/95/EC 号）和《报废电子电气设备（WEEE）指令》（第 2002/96/EC 号）。这两项指令对电子电器产品制造与回收提出了更高的环保要求，客观上形成了又一个"贸易壁垒"，在工业界曾引起强烈反响。——译者注。）要求欧盟各国制定电子垃圾循环法，涵盖如下品种：①大型家电产品，②小型家电产品，③信息技术（IT：information technology）产品，④消费类器械，⑤照明设备，⑥电动工具，⑦玩具，⑧医疗器械，⑨监控装置，⑩自动售货机。制造过程中产生的不合格品、废料等（工厂产生的电子垃圾）同废旧电子电器产品具有相同性质，不少再循环企业既处理使用过的旧产品，同时也处理制造过程中的不合格品，但是，本章把讨论焦点集中在废旧电子产品垃圾上（post-consumer e-waste，使用过的电子垃圾）。

在生产电子电器产品时，使用了各种各样物质。例如，假定 1 台台式电脑平均重 10 kg，1 台笔记本电脑平均重 2 kg，以此推断电脑中所含的金属和化学物质用量。在日本，铜的用量格外多，每年约 17 万 t，主要用于充电电池。其次是铅，约 6 万 t，用途是阴极射线管（CRT）、印刷线路板和充电电池。印刷线路板和充电电池中也都含有金属镍和锑。现阶段，镉和汞的用量较少。相反，液晶显示屏在增加，液晶材料中含有酯类、联苯类、石油烃类（PHC：petroleum hydrocarbons）、苯基嘧啶类（phenylpyrimidines）等各种化学物质。

日本家庭废弃的音像器材和电脑中的主板数量，可与电视机的线路板相匹敌。主板上所安装的电子部件，多数是电阻和电容，含有钽、钯、铂、银等稀有金属[1]。此外，日本手机保有量超过6 000万部，平均使用年限为2年。手机废弃量高达每天7万部。据NTT Docomo（DO Communications Over Mobile Network）公司的报告，每千克手机芯片中的主要金属含量是：金0.25 g、银1.9 g、铜120 g、钯0.18 g。

由于铅和氧化铍等金属（化合物）在废弃处置和循环过程中会被释放到环境中，所以很可能对生态系统和人类健康产生影响。据有关报道称，氧化铍会引起急性或慢性疾患[2]。把各类物质加以分选，使其在再循环利用时不造成环境污染，这是需要一定费用的。为了合理进行再循环利用，需要不断减少电子电器产品中的危险物质，并对不得不使用的物质进行妥善管理。

在亚洲，日本、韩国和中国台湾等国家（地区）都在努力将电子垃圾的再循环法制化。即使在尚未法制化的地区，一些企业也已开始行动，自主地致力于回收再循环项目。另一方面，在亚洲也有些废物再循环造成污染的案例，需要对其进行妥善管理。

本章首先将概要介绍亚洲电子垃圾的处理现状，讨论今后的发展方向。在第2节，概观亚洲电子电器产品的生产、消费、废弃状况。第3节简要介绍电子垃圾的再循环技术，并指出在再循环过程中产生的污染问题。第4节概要介绍亚洲回收与再循环电子垃圾的对策，并指出制度建设中应当注意的事项。第5节讨论二手物品和电子垃圾的国际交易。

2　电子电器产品的生产、消费和废弃

亚洲正在成为世界上电子电器产品的一大生产基地。据日本电子情报技术产业协会估算，亚洲每年生产电视机1.0319亿台、电脑1.5114亿台、手机4.6569亿部（见表1）。尽管这一推测数据并未

覆盖所有的生产国家，但同其他地区相比，亚洲的产量无疑非常巨大。全世界超过 90% 的电脑在亚洲生产，而硬盘驱动器（HDD：Hard Disk Drive）则全部在亚洲生产。

同时，亚洲也是巨大的电子产品消费市场。CRT 电视机（阴极射线管电视机）在亚洲的消费量占全世界的 40% 左右。此外，亚洲的手机消费也超过全世界的 40%（见表 2）。

表 1 2004 年主要电子产品的生产状况　　　　单位：千台

国家（地区）	彩色电视	个人电脑	手机
日本	5 295	4 280	50 440
中国	55 385	119 890	194 550
中国台湾	775	16 070	28 700
韩国	7 950	6 700	163 500
新加坡	60	860	9 600
马来西亚	13 550	1 690	17 000
泰国	11 880	70	0
印度尼西亚	5 220	0	0
菲律宾	340	1 580	1 900
其他亚洲国家（地区）	2 740	—	—
北美（包括墨西哥）	20 540	3 600	34 600
南美	4 020	80	36 500
欧洲（包括东欧）	20 030	4 790	103 600
合计	147 785	159 610	640 390
亚洲合计	103 195	151 140	465 690

资料来源：电子情报技术产业协会，《世界主要电子产品的生产状况（2003—2005）》，2005 年。

表 2　2004 年主要电子产品的需求量　　　　单位：千台

	CRT 彩色电视	移动电话（包括车载电话和手机）
日本	5 754	45 590
中国	29 000	107 493
中国台湾	960	9 784
韩国	1 700	17 000
新加坡	190	1 500
马来西亚	630	5 873
泰国	1 580	10 461
印度尼西亚	2 850	12 345
菲律宾	950	14 027
印度	7 400	25 773
越南	1 200	—
中近东	（6 国）4 050	（3 国）16 165
北美（美国、加拿大）	26 500	67 685
中南美	（5 国）10 299	（6 国）44 120
西欧	（17 国）24 770	（15 国）124 091
中东欧	（5 国）10 405	（6 国）48 604
非洲	（3 国）1 960	（3 国）8 822
大洋洲	（2 国）1 220	（澳大利亚）6 840
合计	（51 国）131 418	（46 国）566 533
亚洲合计	（11 国）52 214	（10 国）250 206

资料来源：电子情报技术产业协会，《全球 AV 主要产品需求量预测——2009 年前的展望》，2005 年 2 月；
电子情报技术产业协会，《全球移动电话需求量预测——2006 年前的展望》，2004 年 1 月。

　　在亚洲，生产据点也发生了迁移。曾经是家电产品一大生产基地的日本，家电的进口比率在增加。随着日资企业向海外拓展，在中国和东南亚生产的产品再输入到日本。2000 年度，电视机在日本国内销售量的 96% 为"进口品"[3]。

　　但是，亚洲的电子电器产品的普及率并不是很高。据估计，2004 年亚洲人均手机拥有率为 21.5%，远低于北美的 57.6% 和西欧的

87.5%。由表 3 可知，各国（地区）的家用电器产品如空调等的普及率在农村地区非常低。

表 3　家庭耐久消费品的普及率

	日本（2004 年）				中国（2003 年）		中国台湾（2004 年）	泰国（2000 年）		马来西亚（2000 年）
	普及率/%		每百户拥有量/台		每百户拥有量/台		普及率/%	普及率/%		普及率/%
	城市	农村	城市	农村	城市	农村	全地区	城市	非城市	全国
电冰箱	98.0	98.9	116.7	142.3	88.73	15.89	—	84.2	66.6	75.7
洗衣机	96.2	98.8	100.8	115.8	94.41	34.27	96.6	46.1	18.7	62.1
空调	81.9	76.8	200.1	204.1	61.79	3.45	84.5	24.1	3.5	16.2
吸尘器	97.4	98.9	129.9	148.9	—	—	—	—	—	—
收音机	73.4	74.3	110.9	119.9	—	—	—	85.1	72.6	79.2
黑白电视	—	—	—	—		42.8	—			
彩色电视	95.5	97.9	179.4	233.7	130.5	67.8	99.5	94.3	88.7	84.8
手机	77.9	82.5	141.3	177.4	90.07	23.68	—			27.1
电脑	61.7	62.8	86.3	87.6	27.81	—	58.7			13.6

资料来源：根据各国（地区）统计编制。

　　除了日本、韩国等普及率较高的国家外，可以说亚洲其他国家或地区的电子产品的普及率还不高，电子产品的购买力正在迅速扩大。20 世纪 60 年代，电视机、电冰箱和洗衣机在日本迅速普及，现在在亚洲也出现了同样的趋势。

　　同时，在收入较高地区，新旧产品的更替等导致大量"废旧"家电产生。这些废旧家电，一部分作为二手家电出口。日本在《家电循环利用法》实施后，由企业直接向消费者回收二手家电出口的情况开始增多。出口形态有 3 种：①作为二手电器出口，在出口目的地也作为二手品利用；②作为二手电器出口，但在出口目的地被拆解，回收利用部件；③作为废料出口，作为材料和资源再利用。

进口国家（地区）包括中国（香港）、东南亚（菲律宾、越南、柬埔寨等）、南亚（巴基斯坦、印度等）、中近东（黎巴嫩）、朝鲜、俄罗斯等地。二手家电多数流向东南亚[4]。在韩国，生产企业将回收的旧产品拿到二手市场销售，或作为二手物品出口。

关于电子电器产品的使用寿命或从生产到废弃的年限的调查较少。试看日本和泰国进行的调查，因调查方法和地区的不同，结果差异较大（见表 4）。泰国的电视机使用寿命比日本长，空调使用寿命比日本短。因为在泰国，空调是常年运转的，使用寿命可能会缩短。

表4　泰国与日本的电子电器产品使用寿命比较　　　　单位：年

种类	电器电子产品的使用寿命			
	泰国		日本	
	2003 年的调查	2002 年 METI [1]	2002 年 内阁府 [2]	1998 年 东京都 [3]
电视机	18.6	12.5	10.23	13.95
电冰箱	15.1	13.5	11.48	14.58
洗衣机	11.9	11.2	9.03	11.95
空调室内单元	9.24	13.8	—	13.71
空调室外单元	8.85		12.55	15.2
办公电脑	7（问卷调查结果）	5～6 [4]		
一般家用电脑		8.9 [4]		
CRT（显示器）	9.27	—		

注：1. 在电子电器产品回收现场，按不同种类各调查 2 000 台/种废弃产品的结果；
2. 对前来购物的 5 000 名消费者进行了问询调查；
3. 为分析调查，东京都通过预测回收的电子电器产品的生产时间，估算其使用寿命；
4. 由电子信息技术产业协会（2003 年）提供。此外，关于日本一般家庭的电脑，如果包含弃用后仍囤积的时期到废弃需要 9～18 年；
5. 多数电脑是在销售店组装的，没有系列号，废弃后找不到生产日期。
出处：日本贸易振兴机构，《泰国循环制度引进合作项目报告书》（2004）；电子信息技术产业协会，《关于 IT 电器回收、处理、再循环的调查报告书》（2003）等。

关于电子电器产品的废弃量，可以采用基于官方再循环制度统计的回收量，但没有准确统计废弃、再利用、再循环的量。在日本，关于电视机、电冰箱、电脑等，由经济产业省委托研究机构和业界团体等，对二手产品的流通量和废弃量等进行估算，在一定程度上查明了物质流。例如，据"电子信息技术产业协会"的估算，2003年有 476 万台废旧电脑，过程中囤积 59 万台，以再使用目的出口 76 万台，作为废料出口 81 万台，最终处置 31 万台[5]。这些数据都不过是推算，因此还需要完善利用贸易统计方式对二手物品进行编码统计等。

3　电子垃圾的再使用与再循环技术

3.1　电子垃圾的再使用与再循环技术

电子垃圾的处理技术，因各种产品所含物质和组分的不同，处理工艺差异很大。总的说可分为拆解和分选零部件与材料、检查部件并再利用、无法再利用的部件通过提炼等过程进行原料再循环。

在拆解和分选零部件与材料过程中，需要妥善管理可能对于环境造成负面影响的扩散性物质。回收空调和电冰箱的氟利昂等制冷剂时就需要注意。如果采取省钱的方式拆解空调和电冰箱，制冷剂就可能逸散到大气中。若制冷剂是氟利昂，将会破坏臭氧层，即便是替代氟利昂类制冷剂，也会导致全球变暖。此外，现在被禁用的多氯联苯（PCB），在以前的家电产品和变压器中都有使用。为了防止该类物质混进可再生资源而扩大污染，需要妥善加以分离和处理。

零部件的再使用可以节约生产部件时消耗的能源。在日本，生产企业自身正在积极地再利用复印机的零部件。这样不仅可以减轻环境负荷，而且能够降低成本。但是，像这种由生产企业自发进行零部件再利用的事例，在其他电子电器产品中并不多见。在日本，许多复印机都是租赁的，租赁结束后生产企业进行回收。此外，同期销售的产品在 3～5 年租赁结束后同时进行回收，所以在新产品设计时就会从便于回收再利用零部件出发考虑。而其他家电产品，使用年限比复印机长，而且废弃时间也长短不一，所以即使能够回收，也难以直接再利用其零部件。

照片 1　在菲律宾宿务（Cebu）正在拆解洗衣机的儿童

（2006 年 1 月，小岛道一　摄）

照片 2　菲律宾马尼拉郊外的电脑拆解厂

（2004 年 6 月，小岛道一　摄）

但是，在劳动力成本低的国家，生产企业之外的二手物品修理企业不需要保证产品质量，所以在修理时，除了复印机之外，也回收再利用电视机、录像机等其他家电产品的零部件。不仅修理在本国的二手市场获得的电器产品，而且有时也进口其他国家的废旧家电，如电视机、电脑、录放机、收录机等，修理后出售。如果电视机的播放方式不同，就更换线路板。

无法再利用的零部件和在拆解厂分选出来的零部件，被送到原料再循环企业。如果是阴极射线管电视机，玻璃一般被送往清洗玻璃的工厂，在清除玻璃表面的金属等物质后，送到玻璃厂，再用作阴极射线管玻璃；线路板，被送到金属回收工厂，回收金、银、铜等金属；塑料外壳，为了便于搬运，先行破碎后再作为塑料原料利用。一些企业正在尝试回收本企业产品的废塑料，将其再生用于新产品。夏普公司（Sharp Corporation）开发了一种新技术，利用回收来的洗衣机水槽生产新水槽，并在 2001 年将其实用化。三菱电机公司（Mitsubishi Electric Corporation）将电冰箱蔬菜盒的废塑料作为室内空调室外机的装饰板部件加以利用。此外，旭硝子（Asahi Glass）等公司将从废空调和电冰箱提取氟利昂，生产成氟树脂。

3.2　处理不当的再循环事例

2002 年，"巴塞尔行动网"（BAN，Basel Action Network）和"硅谷防治有毒物质联盟"（SVTC，Silicon Valley Toxics Coalition）发表了题为《危险物质出口——向亚洲出口高科技垃圾》（Exporting Harm：The High-Tech Trashing of Asia）的一篇报告，报告中指出了一些问题，如发达国家出口到中国、印度、巴基斯坦等国家的电子垃圾的处理残渣被非法倾倒、为回收金属而使用的酸未经处理就直接排放。

该报告特别介绍了贵屿镇，它位于中国广东省汕头市潮阳区，人口 13.2 万人左右 [6]。该镇以前以农业为主，自 20 世纪 90 年代下半期开始，逐渐发展成了云集国内（城市）和海外的电子垃圾再循环据点。据说，外来务工人员有 3～4 万人，每年处理 100 万 t 左右

的电子垃圾 [7]，但没有准确的统计数据，实际上也有报告称，从事电子垃圾再循环的务工人员超过 10 万人 [8]。2000 年以后，中国政府禁止进口二手家电，所以现在从日本、美国和欧洲等地带入的电子垃圾，几乎都应该是属于走私品 [9]。由于采用的再循环方法非常简单，即通过手工作业进行简单的分选、拆解、露天燃烧电线绝缘塑料、焚烧或强酸处理印刷线路板等，就会污染大气、水和土壤，甚至会危害人体健康。

除了贵屿镇以外，在中国沿海地区的广东省和浙江省等地也有电子垃圾处理不当的再循环报告。主要是一些乡镇企业或是更小规模的私营企业、个体企业等，由于没有采取防止环境污染措施，因电子垃圾不当处理引起的环境污染在不断蔓延。

而且，中国尚未制定处理印刷线路板等电子垃圾的标准。因此，像氟利昂等破坏臭氧层物质，未被回收、处理直接就被排放到大气中。危险废物的处理处置设施也不充足，即使在一部分设施配套的大城市，因为处理电子垃圾的费用很高，国内企业不轻易利用它们。现状是处理起来相对困难的、危险的固体废物，几乎往往都被混入生活垃圾中填埋处理。印度情况也同中国一样，有报道称，在德里和钦奈（Chennai）的再循环正在造成环境污染 [10]。

在中国香港，"绿色和平组织"等环境保护团体指出，土壤中含有的铅和溴代阻燃剂已经远远超过环境标准 [11]。据绿色和平组织 2005 年 2 月进行的调查，在新界区有 91 个工厂堆放着个人电脑显示器、电视机、线路板等电子垃圾，总量超过 2 000 t。除了在香港废弃的电子产品外，从海外进口的也很多。在大规模的电子垃圾集散地基隆街，每天都有卡车运送电子垃圾过来。据购买这些电子垃圾的出口企业称，大多数电子垃圾最终被运往中国广东省的南海、广州、汕头等地，或经由香港流入印度和巴基斯坦。说是"出口"，其实很多应该说是走私。据说，在拆解获取有价值的物质时，或在处理残渣时，都会造成污染。

4 电子垃圾的回收与再循环

4.1 废品回收企业进行回收

在马来西亚的槟榔屿（Penang），位于自由贸易区内的大型半导体企业和 OEM 生产企业（Original Equipment Manufacturer，原始设备制造商，指一家厂家根据另一家厂商的要求，为其生产产品和配件，亦称为定牌生产或授权贴牌生产，简称 OEM 制造商——译者注）。产生的不合格品和家庭废弃的电子产品等，再循环企业会将其买走。当地生产厂商会与再循环企业签订契约，要求其把买来的电子垃圾作为废料处理，不能作为二手货贩卖。另外，也有些再循环企业从其他国家进口电子垃圾，通过手工作业拆解，从中取出可利用的零部件，或在马来西亚国内再次销售，或出口到中国和印度尼西亚 [12]。

在吉隆坡近郊的双溪伯西（新街场，Sungai Besi）和双溪武洛（Sungai Buloh）布满了合法的、非法的从事处理电子垃圾、旧电脑等的中小规模 IT 器材再循环企业。这些再循环企业，将电子垃圾加工回收后出口，或在自己公司内部进行中间处理，将资源回收利用。一台旧电脑售价 4 林吉特（120 日元左右，1 林吉特=约 30 日元），1 台 CRT 显示器 15 林吉特（450 日元左右）[13]。

在泰国进行的调查发现，电视机的再循环率很低。原因在于，在泰国含铅的阴极射线管很难作为再生玻璃再循环利用。因此，回收企业在把废电视机破碎后以每吨 250 铢（baht，1 铢=约 3 日元）的价格委托其他企业处理，但是具体在哪里处理、如何处理都不得而知。在泰国正规登记的处置场填埋处置一般固体废物，每吨需要花费 350 铢左右，由此可知受委托企业极可能是进行不当处理，而非正规的再循环企业极可能造成环境污染。

在日本，消费者都必须负担电子产品废弃时的再循环费用，但实际上很多电子垃圾都是免费回收来的。回收的物品多数都被出口到国外。

4.2 生产企业自主回收

在欧美社会的强大压力下，IT 企业被要求做到，对制造过程中的环境污染、一般电子垃圾的不当处理或资源回收阶段造成的环境污染、以再循环名义向发展中国家出口电子垃圾（实际上是污染输出）等，都要承担社会责任，并彻底贯彻环境管理 [14]。在这种压力下，大型 IT 产品制造商不仅在欧洲各国，在亚洲也开始自主回收报废产品，并通过本公司的主页或《报告书》公开相关信息。但是，相比于欧美国家，在收入较低的亚洲，报废的电子垃圾产生量要少得多，这类行为实际上变成了呼吁企业环境活动的手段。

惠普公司（HP: Hewlett-Packard Company）在世界各地不仅回收自己的产品，也回收其他公司的，如电脑、传真机、打印机等报废的电子产品，之后委托处理公司进行处理。受托公司被称作"惠普全球伙伴（HP Planet Partners）"。东南亚地区（文莱、马来西亚、泰国、印度尼西亚、菲律宾、越南、新加坡）的"惠普全球伙伴"是伟城工业有限公司（Citiraya Industrial Co., Ltd）。惠普公司在回收时向用户收取处理费用，之后在新加坡的工厂进行处理 [15]。

诺基亚公司（Nokia）与马来西亚环境局共同合作，对包括本公司产品在内的报废产品进行回收。

日本理光公司（Ricoh），把在泰国和中国香港回收的报废墨盒送往中国深圳的工厂拆解零部件并回收再利用，利用再循环的部件生产的墨盒在香港销售 [16]。

戴尔公司（Dell）自 2004 年 2 月开始，同槟榔屿州政府共同开展了个人电脑再循环计划，免费回收家庭、办公室用的废弃个人电脑 [17]。戴尔公司将回收的个人电脑送往菲律宾的 HMR 环境循环公司（HMR Envirocycle）进行拆解。拆解下来的线路板和 CRT 玻璃碎料，出口到韩国进行再循环利用。

富士施乐公司（Fuji Xerox）在泰国建设了 1 家工厂，负责回收再利用从亚太地区的 9 个国家（地区）（韩国、中国香港、菲律宾、印度尼西亚、马来西亚、新西兰、澳大利亚、新加坡、泰国）回收的复印机和打印机，可以将回收品重量的 99.6%资源再循环利用。据该公司称，把综合再循环工厂设在泰国的背景原因在于：①泰国有不少工厂拥有与日本同等水平的再循环技术；②泰国政府的援助；③亚太地区的物流便利性。

4.3 再循环的法制化

在亚洲，日本、韩国和中国台湾都制定了电子垃圾循环法，力求实现制度化。而且，中国也面向制度化公布了《关于防止电子电器产品废弃物产生和再利用法（草案）》，正在广泛征求意见，同时选取试点，开始构建回收和再循环的制度体系。

➢ 日本

日本为了实现固体废物的恰当处理和资源有效利用，在《家电再循环法》和《资源有效利用促进法》的框架下，推进电子垃圾的再循环。《家电再循环法》自 2001 年 4 月起实施，该法规定，对于家用空调、电视机、电冰箱、洗衣机这 4 类家电产品，零售企业必须回收，生产企业等（生产企业、进口企业）必须进行再商品化（再循环），消费者（排放者）在丢弃这 4 种家电时要支付收集、搬运和再循环费用。

在生产企业对回收的报废家电产品进行商品化（再循环）时，必须达到规定的再循环率（50%～60%），而且必须回收家用空调和电冰箱内原有的氟利昂。政府的作用是提供再循环的必要信息，对提出不适当请求的企业给予纠正劝告、命令、处罚等。

保障该制度切实发挥作用的一项措施是建立"转移联单（Manifest）制度"，以确保报废家电可以恰当地从消费者到零售企业再转移到生产企业。通过该项制度，消费者也能够确认报废家电是否确实进行了再循环利用。

电脑未被包含在家电 4 种类中，但自 2001 年 4 月，基于《资源有效利用促进法》的规定，生产企业有义务对报废的电脑进行回收和再资源化。而且，自 2003 年 10 月，生产企业开始对家用电脑进行回收和再资源化。基于《家电再循环法》，2004 年家电回收量为：

电视机 378 万台、空调 181 万台、电冰箱和冷藏柜 280 万台、洗衣机 281 万台。电脑的回收量，包括台式电脑、笔记本电脑、CRT 显示器装置、液晶显示器装置在内，家庭用 22 万台，企业用 64 万台。

➢ **韩国**

韩国 1992 年制定了《资源节约与回收利用促进法》，通过对该法的反复修改，推进了构筑同 "3R"（Reduce、Reuse、Recycle）相关的制度体系。同电子电器废物密切相关的制度有：①"产品负担金制度"，要求生产者负担削减难处理物质的义务，并承担处理费用；②"押金制度"，以押金基金的形式方便回收；③"生产者责任制度"，由生产者负责进行再循环利用。

根据自 2003 年开始实施的"生产者责任制度"，对于主要的家电产品（电视机、电冰箱、空调、洗衣机、电脑）、荧光灯（2004 年开始）、视频设备和手机（2005 年开始）、打印机、复印机、传真机（预计 2006 年开始）等，在换购时如果消费者有要求，生产者有义务免费回收旧产品。而且，对于回收的报废家电产品，厂商必须达到环境部规定的再资源化率（55%～80%）。之后，根据修订后的法律，自 2005 年开始，生产者必须完成依据该年度发货量的相应回收量（按再循环义务率确定）作为回收再利用义务量。如果生产者没有完成此项规定目标，政府可以把再循环附加税加重到再循环费用的 30%。"生产者责任制度"实施后的实际业绩参见表 5。

表 5 韩国实施"生产者责任制度"后的家电再循环义务量与业绩　　单位：10^3t

再循环义务量/业绩	电视机	电冰箱	空调	洗衣机	个人电脑	
					显示器	主机
2003 年度义务量/台	8 481	19 100	600	13 700	1 300	1 300
2003 年业绩/台	10 370	24 334	846	18 983	2 124	1 210
2004 年度义务量/台	9 728	26 155	687	15 362	2 338	1 854
2004 年业绩/台	10 241	29 690	1 248	19 276	2 199	1 804
2005 年度再循环义务率/%	11.80	14.10	3.60	21.20	8.50	8.50

资料来源：根据韩国环境部资料编制。

> ➤　**中国**

2004 年 9 月，中国国家发展和改革委员会（以下简称国家发改委）颁布了《废旧家电与电子产品回收处理管理条例》（征求意见稿），广泛征求意见。此前，2004 年 1 月，国家发改委把浙江省和山东省的青岛市指定为"废旧家电与电子产品回收处理试点地区"，试验性地构筑回收与再循环体系。各种企业已开始进行针对废旧电子电器和生产过失等产生的电子垃圾的再循环。

但是，试点项目没有取得可观的业绩。例如，在国家发改委于 2003 年指定为废旧家电再循环示范城市的浙江省杭州市，2005 年 2 月，废旧家电回收利用中心在市内设立了 3 个回收据点，但在 2 个月时间里只收集到废旧家电 28 台[19]。2004 年 9 月 25 日，南京金泽金属材料有限公司，开设了中国最早的电子垃圾加工处理中心。但实际上，因为需要处理的电子垃圾不多，该中心一直处于开店休业状态[20]。该中心代理摩托罗拉公司回收报废手机，在全国 151 个城市 230 个场所设置了回收箱，但是没有回收到手机主机，只回收到一些充电器和废旧电池。该处理中心的处理能力为 3 000 t/a，但现在回收量只有几吨，未能建立起再循环的大流程。

具有讽刺意味的是，在非正常部门甚至违法的再生资源处理中心贵屿镇（参考第 3 节），即使在政府强化进口限制后，仍可以从国内外收集到电子垃圾。为了能走上恰当地回收再循环电子垃圾的轨道，需要讨论究竟应该建立什么样的制度。

> ➤　**中国台湾**

中国台湾，1997 年的"废弃物清理法"经修订以后，加快了再循环的制度化。2002 年，制定了"资源回收再利用法"。支撑再循环机制的中坚力量是"基金管理制度"，在该机制下，企业事先向基金管理委员会缴付再循环费用，再循环主体（消费者、一次成品库（stockyard，包括零售企业、地方政府、储藏所、二手品销售）、二次成品库、再循环工厂）进行循环利用（回收、保管、解体）后，由基金管理委员会予以返还费用。再循环利用的电子电器物品包括干电池、电视机、电冰箱、洗衣机、空调、笔记本电脑、电脑部件以及附属器材（主板、软驱、箱体、电源线、显示器、打印机）和荧光灯等。押金额和返还额，根据回收量等因素而变化。从实际的回收量（见表6）可知，回收量的变化幅度相当大。

表6　中国台湾地区基金管理委员会制度下的电子垃圾回收量

年份	家电/台				信息技术器材（计算机）/台				照明
	电视机	洗衣机	电冰箱	空调	笔记本电脑	主板	显示器	打印机	荧光灯/kg
1998	164 610	106 241	134 322	11 240	458	45 015	93 055	—	—
1999	502 415	280 167	334 459	38 229	1 090	207 885	277 000	—	—
2000	425 111	285 588	188 728	86 121	1 828	497 054	447 636	—	—
2001	798 786	329 464	531 588	188 919	1 662	579 065	582 683	84 536	—
2002	515 844	261 098	333 307	189 986	2 866	686 985	805 235	206 251	523 500
2003	473 564	263 324	318 942	227 383	2 507	680 568	646 771	490 037	7 891 706
2004	410 175	282 751	327 460	264 957	10 460	823 000	536 173	560 421	4 363 711
2005	505 584	334 668	358 607	264 839	2 002	1 028 910	335 622	640 382	4 675 873

资料来源：台湾地区"环境保护署资源回收基金会"（http://recycle.epa.gov.tw/result/result.htm）。

➢ 努力构建制度

关于电子垃圾的再循环，日本首先尝试构建为了适用"扩大生产者责任原则"的制度。关于赋予生产者责任的方法，各国不尽相同。关于生产者以什么样的形式承担责任最有利于削减在回收废物原料和再循环过程中的污染，对此需要进行比较分析。

鉴于中国等发展中国家市场的实际状况，可知在发展中国家实行"扩大生产者责任"的难度。原因有如下几点：第一，大部分计算机等是由小型零售商组装而成的，因此不可忽视无商标商品的数量。缺乏官方统计数据，据估计，此类商品在马来西亚超过 60%。而且，在市场上有很多仿造品，实际上没有特定的生产厂家。第二，在发达国家适用的"扩大生产者责任"，对进口产品采取由进口企业替代生产企业承担责任的形式，而在发展中国家，有些地区走私猖獗，无法确定进口企业。第三，二手商品在修理和改造后进入市场流通，需要考虑原生产企业应承担多大程度责任的问题。第四，由于引起环境污染的电子垃圾回收再利用作业在经济上是合算的，在具有竞争力的情况下，即使生产者开始其回收计划，但回收量也是很有限的。

从已经构筑再循环制度的日本等国来看，随着电子垃圾作为二手物品出口的不断增加，因此需要研讨应该采用怎样的国际再循环机制。作为电子垃圾出口，即使在海外是再循环的情况，也应该思考需要怎样的管理制度。欧盟的《报废的电子电气设备指令》（WEEE）和美国加利福尼亚州的《电子垃圾再循环法》[21]，制定了出口目的地再循环公司应遵守的环境标准，在 IT 产品最大的消费地欧美国家，强化了对电子垃圾处理的规定限制，也正在影响亚洲的再循环产业。电子垃圾不仅停留在亚洲，在全世界都在流通。因此，在全球电子垃圾流通结构中，应该抓住亚洲的电子垃圾再循环。

4.4　电子垃圾的倒卖出口和不当再循环

通过生产企业的自主行动或是政府的再循环制度回收的电子垃圾，还有一些被倒卖或被不当再循环利用的事例。

日本的《家电再循环法》制度要求消费者承担家电再循环费用，报废家电由家电批发商等回收，并运送到特定的工厂进行拆解和再循环。但是，在 2004 年 2 月发生了一个事件，家电批发商委托的搬运企业，把已经支付家电再循环费用的报废家电作为二手家电非法出口了。本来，为了杜绝这类问题的发生，已经建立了家电《再循环票据制度》（recycling ticket system），但是没有进行充分检查。后来，对 30 户家电批发商进行调查发现，在 2001 年 4 月到 2003 年年末期间，未能确认家电再循环票据移交的高达 7.8 万台，相当于发券数的 0.5%。

2005 年 1 月，伟城（Citiraya）公司非法出口电子垃圾事件曝光。

该公司受惠普等大型企业委托，应该在全面防止环境污染发生的条件下回收电子垃圾中的贵金属。但是，该企业的部分员工同客户企业的职员合谋，不在自家公司处理回收来的电子垃圾，而是将其倒卖到中国台湾的黑市，从而非法获利[22]。由此导致一些大型企业解除了同伟城公司的合同。

现在，在新加坡和马来西亚，取代伟城公司而正在兴起的电子垃圾再循环企业有：从伟城公司派生而成的希世环保（Cimelia Resource Recovery）[23]、新加坡的国内大型固体废物管理企业——胜科工业有限公司（SembCorp Industries）[24]、总部设在美国佛罗里达的 TOG（新加坡）公司、伟翔公司（TES-AMM）。伟城公司的事件说明，倒卖出口等行为会使企业丧失信誉，给公司业务带来严重损失。

5 废旧电子电器产品的贸易

5.1 贸易限制

近年来，随着越境再循环的不断增加，各国都在努力制定应对这种情况的规定与限制。

《控制危险废物越境转移及其处置巴塞尔公约》（简称《巴塞尔公约》）规定，限制使用"在 A 表中所列的蓄电池和其他电池（执笔者注：指铅蓄电池及含有铅、镉、汞等的电池）、汞开关、具有阴极射线管或其他活化玻璃以及多氯联苯电容器的物品，或被具有附录 III 记载的任一特性的附录 I 中的成分（如镉、汞、铅、聚氯乙烯）所污染的电机部件或电子部件的废弃物或其碎片。"根据《巴塞尔公约》，如果得到事前知情同意，即使属于规定限制对象，也可以进行贸易。再使用或修理后再利用的物品不属于《巴塞尔公约》的限制对象，可以自由地进行国际贸易。但是，一些国家，为了控制电子垃圾在再循环过程中造成的污染，采取了一定措施，或是禁止进口电子垃圾，或是为了扶持国内产业而限制进口废旧电子电器产品。

中国限制进口二手电子电器产品，禁止进口一般的二手家电产

品 [25]。对于其他二手机械和电机产品的进口，为了确保质量和安全，要基于《进口旧机电产品检验监督程序规定》（2004 年 10 月 1 日起实施），进行如下 4 项手续：①提交进口申请；②装船前进行事前检查；③本地检查（入港检查）；④对使用过程进行监督管理。2000年和 2002 年，中国颁布《关于进口废旧电子电器产品的规定》，禁止进口废旧电子产品，包括破碎品在内。

2003 年 9 月，泰国工业部工程局（DIW：Department of Industrial Works）颁布了《限制旧家电进口的规定》。其背景是，因 2000 年中国限制旧家电进口，泰国政府担心发达国家的废家电出口失去去向转而流入本国。同中国的限制规定相对应，泰国限制对象包括家电、家电零件等 29 个品种。泰国限制规定的特点是，在目的是销售和再使用时，禁止进口自生产日期超过 3 年的二手电子电器设备；在目的是分选和再循环时，只有满足一定条件的方可进口，如具有经济价值的、在 DIW 登记的工厂能够处理的、是从《巴塞尔公约》加盟国进口的等。出于对二手家电的进口限制，企业申请进口时必须提交包装货单、保证进口产品自生产日期 3 年以内的资料及其他相关文件。而且，因为 DIW 频繁进行现场检查，最终优胜劣汰 [26]。据DIW 的资料显示，2004 年 2 月—2005 年 5 月，以再使用为目的进口的品种和数量为：电脑 77.6 万台、汽车空调 7.1 万台、复印机 6.4万台、录放机 8 000 台，此外还进口了零部件可以再利用或需要修理的电脑 265 万台。

菲律宾要求在进口二手家电等时履行事前知情同意程序。2003年，进口企业获得许可，可以从韩国和日本进口电视机和空调等，在 2004 年获得从韩国进口 1 428 台二手电视机的许可。

5.2　恰当地再循环过程中所需的电子垃圾贸易管理

如上节所述，在生产企业自主进行的电子垃圾回收再循环行动中，有不少进行废旧家电国际贸易的事例。这是因为，对于各种产品所用的各种物质，恰当的再循环企业不一定布局在回收产品的地区。此外，拆解后的再生资源也被进行国际贸易。

在日本的电视机再循环中，出口清洗后的玻璃碎料。阴极射线管及其管玻璃的生产企业正在加快向其他亚洲国家转移，这是因为在日本国内，含铅的射线管玻璃的再生利用地受到限制。2004 年 5月，日本政府巩固了将清洗后的玻璃碎料看作《巴塞尔公约》限制对象之外物质的方针，而且正在同泰国和马来西亚政府进行谈判，考虑有很多日资射线管企业在泰国和马来西亚，他们也把清洗后玻璃碎料变成《巴塞尔公约》限制对象外的物质。为了消除接受国有关部门对于"污染"的担心，谈判花费了不少时间，但作为《巴塞尔公约》限制外物质，清洗后的玻璃碎料出口还是得到了许可，日本在 2005 年 5 月和 2005 年 10 月，分别开始向泰国和马来西亚出口了清洗后玻璃碎料。

2005 年 11 月，在东京举行的第 2 届"防止危险废物非法进出口亚洲网"研讨会上，各国介绍了如何辨别旧电子电器产品和废电子电器产品，交流了经验，交换了意见。在亚洲，各国正开始合作，为防止以旧品名目进行电子垃圾贸易而导致不恰当再循环问题而共同努力。

6　力求恰当的管理

在构筑电子垃圾再循环体系方面，出现了一种倾向，即在没有充分掌握实际情况时，就引进"扩大再生产责任"等原则，以试图构建制度。如何建立旧货修理企业？旧货市场规模应该多大？这些实际情况都需要了解掌握，随之变动，才能建立恰当的制度。此外，还需要掌握包括旧货在内的电子垃圾国际流通的实际情况。在掌握实际情况的前提下，同时在吸取各国构建恰当制度经验的情况下，努力去构筑恰当的制度。

要恰当地进行电子垃圾再循环，不仅需要拆解企业，还需要铁、铜等金属回收企业、塑料再循环企业、玻璃工厂等各种各样的再循环企业构成的网络。从现在的国际分工状况和再循环企业的发展状况来考虑，依靠一个国家是不可能循环利用所有物品的。亚洲国家和地区需要能够进行电子垃圾贸易的制度，使电子垃圾贸易实现适当的国际再循环利用，同时也要防止电子垃圾的越境转移，造成不恰当的回收利用。

（责任执笔：吉田文和，小岛道一，青木裕子，

吉田绫，佐佐木创，郑成尤）

〔注〕

1)　中丸陽一ほか「家電製品に含まれる電子基板類の廃棄量の推定」廃棄物学会『第 12 回廃棄物学会研究発表会講演資料集』2001 年。

2)　酒井伸一「情報通信機器の素材とリサイクルに関する一考察」『第 11 回廃棄物学会発表会講演論文集』2000 年。

3)　冰箱 32%、洗衣机 20%、空调 13%（经济产业部构造审议会环境部废弃物循环委员会《面向建立高度化的循环型经济体系》2002 年）。

4)　経済産業省商務情報政策局『循環型社会の円滑な物流確保に資する交通体系整備方策調査報告書』2002 年。

5)　電子情報技術産業協会『IT 機器の回収・処理・リサイクルに関する調査報告書』2005 年.

6)　"镇"是位于末端的行政区划单位之一，规模比"市"小。

7)　南方周末，2004 年 6 月 3 日.〈http://news.sina.com.cn/c/2004-06-03/11283382537.shtml 〉2005 年 1 月。

8)　中山大学人類学科，グリーンピース『汕頭貴嶼の電子廃棄物解体の人類学的調査』2003 年（中国语）。

9)　发现有从日本、美国、欧洲等发达国家走私进来的电子垃圾（依据笔者 2004 年 11 月末进行的实地调查）。

10)　Toxics Link，E-waste in Chennai：Time is Running Out，2004.

11)　2005 年 4 月，香港特别行政区环境保护署发布了电子垃圾再循环工厂的土壤样品分析结果，根据分析结果，得出"在不影响健康的范围内"的结论。

12)　SERI，Economic Briefing to the Penang State Government，Vol.5，Issue 9，September 2003，p.10.

13)　JICA『マレーシア国固形廃棄物減量化計画調査 事前調査報告書』「添付資料 7 訪問記録」案件公示前の事前調査内部資料，2004 年 5 月，p.47。

14)　ISIS Asset Management，The ICT Sector：The Management of Social and Environmental Issues in Supply and Disposal Chains，January 2004.

15)　HP URL，"Planet Partner" Accessed 12 Oct，2004).〈http://www.hp.com/hpinfo/globalcitizenship/environment/recycle/〉.

16)　リコー『环境経営報告書 2003』2003 年，p.62.

17）DELL，Sustainable Newsletter，April，2004 〈http://www.dell.com/downloads/global/corporate/environ/April_2004.pdf 〉．

18）http://www.fujixerox.co.jp/release/2004/1207_recycling_system.html。

19）中央電視台「東方時空」：廃家電回収，困難に陥る（2005 年 3 月アクセス）〈http://news.sina.com.cn/c/2005-03-11/16196063218.shtml〉。

20）NNA ニュース，2004 年 12 月 15 日。

21）http://www.ciwmb.ca.gov/electronics/Act2003/。

22）在 2005 年 1 月 24 日，新加坡证券交易所停止买卖伟城公司的证券。停止的理由是，怀疑该公司的职员有贿赂嫌疑，正在接受相关部门的调查。嫌疑消息一经传出，前首席执行官（CEO）就离开新加坡，去向不明。同年 3 月 1 日，伟城公司对外公布更换领导，任命担任惠普新加坡顾问为现任 CEO，试图重新建立业务。但是，在 2005 年 6 月 22 日，因向海外市场倒卖电子垃圾事件，该公司和客户企业的员工被逮捕的消息传出，重建业务的希望破灭。被逮捕的人有，作为客户企业的 ST（亚太地区）公司、希捷科技有限公司、美国 3M 公司、超微半导体公司（Advanced Micro Devices，Inc.，简称 AMD）大型欧美 IT 企业的员工们。（因倒卖废弃物零件，逮捕了欧美企业干部 4 人）NNA，2005 年 6 月 24 日。http://news.goo.ne.jp/news/nna/kokusai/20050624spd002A.html，2005nian，2005 年 6 月 22 日。http://au.biz.yahoo.com//050623/18/50is.html（同时链接 2005 年 6 月）。

23）http://cimeliaglobal.com/emailer.html。

24）根据 2004 年 12 月，对日系 E 公司的询问式调查，该公司以再利用的目的从日本进口旧电脑和零部件到泰国。

25）《禁止进口货物名录（第 5 次）》（请参考日语版环境省主页）http://www.env.go.jp/recycle/yugai/china_law.html。

26）根据 2004 年 12 月向日本系统的 E 公司访问调查从日本出口到泰国以再利用为目的二手电脑及其附属设备情况。

第Ⅱ部　各国（地区）篇

第1章

新加坡

从政府主导型环境政策的转变

设置在路边的用于收集可再生资源的垃圾箱。分为易拉罐、塑料瓶、纸3种
（2004年12月，青木裕子摄）

新加坡的国土和交通网（图略）

1 前言

新加坡位于马来半岛南端，面积 699 km²，相当于日本的淡路岛，人口 424 万人（2004 年数据），是一个很小的城市国家。新加坡的环境问题同其国土面积狭窄等地理自然条件、高度发达的经济水平以及人口、住宅、交通、医疗保健、传染病等社会状况息息相关。作为一个城市国家，新加坡的自然环境在高速开发过程中几乎消失殆尽，普通国民对环境问题的关心则集中于随着经济发展而充实的城市公共设施方面。

新加坡不仅在经济方面堪称东南亚国家中的"优等生"，在环境方面，从脱离马来西亚独立时期开始，就实行独立的环境政策。新加坡政府一直公开表示自己是在环境建设方面取得成功的国家 [1]，还提出了"绿色城市"、"花园城市"等象征性的政府标语。

而且，新加坡还是东南亚国家中最早制定公害对策、治理污染的国家。例如，20 世纪 60 年代后期，光化学烟雾成为新加坡严重的社会问题，为此，新加坡政府于 1970 年 4 月设立了直属于总统府的"污染防治署"（APU：Anti-Pollution Unit），负责解决大气污染问题，并最早开始着手大气污染的相关立法，在 1972 年设立了东南亚最初的环境部。1987 年，新加坡成功治理了曾经受到严重污染、在国际上广受批评的新加坡河 [2]。1992 年，在里约热内卢召开的联合国环境与发展会议上，新加坡驻联合国大使许通美发挥了高超的外交才能，受到广泛关注。其后，新加坡还援助了越南的河流污染治理工程，强调通过国际合作处理印度尼西亚森林火灾产生的烟雾问题，也是在东盟（ASEAN，东南亚国家联盟）内部积极推行环境政策的国家之一。

同时，新加坡从脱离马来西亚独立后，就以自己特有的理念和政策，应对本国的环境问题。从 1959 年李光耀上台执政起至今，新加坡一直维持着政府主导的环境管理体制。独立以来，始终被作为重点关注的环境问题共包括 3 个方面：医疗保健、污染防治和社会公共设施建设。

新加坡的政府主导型环境政策，其背景同该国独特的国情有关。新加坡脱离马来西亚独立后，政治与经济都面临着不稳定因素，加之国土面积狭窄，自然资源匮乏，人口众多，又必须在短时期内实现经济发展。也就是说，国家的当务之急是"有效利用狭小的国土，保证国民的工作场所和生活住宅，实现社会和经济的稳定"[3]。由于国土狭小，一旦发生污染就会危及全国，引发混乱，对政治、经济和社会的稳定造成致命威胁。为此，新加坡政府将前述 3 方面的问题作为环境对策重点，由政府主导，实行相关措施。总之，既要保护环境，又要维持绝对集权的政府体制，新加坡政府就在这两个任务之间寻求平衡，实施其环境政策。

在过去 30 多年中，新加坡的自然环境发生了巨大变化。通过填海新增了 6 000 hm^2 的土地，相当于国土面积的 10%；海岸线从原来的 140 km 增加到 300 km；过去像贫民窟一样的房屋，约有 90% 都被改造成为公共住宅。新加坡还增建了许多蓄水池，建成了工业园区，铺设了将近 2 000 km 的公路与高速公路；有一半国土是所谓的"人工环境"，植树 500 万棵，建成 1 800 hm^2 的公园和休闲设施供公众利用[4]。

这种都市型环境的开发得以有效实现，有以下 5 方面原因[5]：①新加坡是个狭小的城市国家，开发计划易于立案、管理、实施；②人口较少，通过教育与培训培养出了高素质的专门人才；③高速经济发展保证了公共设施和住宅建设的充足财源；④新加坡政治稳定，能吸引国内外的投资；⑤腐败问题很少，透明的法律制度为政策实施提供了支持。

总体而言，新加坡迄今为止的环境政策特点是，以政府主导的环境管理和以控制为中心的污染对策。而有关政策得以实施是基于法律的彻底的管理控制。为了有效实施控制污染对策，新加坡采取了表面看来不民主的、甚至可以称之为惩罚性的方法。众所周知，新加坡对日常生活中一些微不足道的违法行为，也会采取严厉的惩罚措施[6]，例如在路上乱扔垃圾者会被罚以打扫公园等劳动，意在使其他人引以为戒。当然，这种严厉的惩罚制度是新加坡整个法律和行政制度的共同特征 7)。

不过，近来由于重视对污染的控制，过分强调"防治污染优于自然保护"、"直接控制优于间接控制"、"政府指导型模式优于参与型模式"等环境管理方式，随之而来的是社会问题变得越来越突出。国民的注意力都放在强调效率和遵规守纪上，反而妨碍了国民自主性的保护环境意识的形成。

以 1998 年新加坡与马来西亚修订的《供水条约》为契机，在国内忧心忡忡的气氛中，新加坡的环境行政与政策开始发生很大变化。除了传统的行政方式和以控制为主的环境政策外，新加坡还引入了协议制度，加强了居民参与和教育启蒙等对策。这些都反映出从前的效率优先和控制为主的一边倒理念正在逐渐发生变化。

下面将概述新加坡环境问题内容的变化，并从环境问题的变化和环境政策与行政模式的变化两方面入手，在了解新加坡能够成功实行有效的环境行政原因的基础上，探讨其今后将如何维持这种模式、并如何进行发展。在内容安排上，将按照"环境问题的特征与认识的变化"、"从效率优先的环境政策与环境行政开始的转变"、"关于环境行政民主化的若干思考"这几个专题逐个进行讨论。

2 环境问题的特征与认识的变化

2.1 环境问题的特征

20 世纪初期，新加坡面临人口过度密集和贫民窟条件恶化的状况，受到国际社会的批评，甚至得到了"世界上最原始的城市"的恶名 8)。对此，刚刚脱离马来西亚独立的新加坡，首先将解决医疗卫生和住宅供给问题作为重点国策。作为初期的政策目标，前总统李光耀及其领导的人民行动党（PAP：People's Action Party）着力解决公共卫生问题，拆除贫民窟，建设 HDB（Housing Development Board）住宅（"住宅开发局"面向国民分配的集体住宅），消灭疟疾和霍乱等传染病，修建墓地和排水处理系统。其后，在经济高速发展过程中出现了大气污染和水污染问题，防治污染势在必行。20世纪60年代末以光化学烟雾问题为代表的大气污染问题和70年代到80年代的河水污染问题、养猪场周围的恶臭问题、固体废物处理问题、油轮航行中的海洋油污染问题等都随着经济发展而出现了。

随着目前环境问题呈现多样化趋势，普通国民的关注点也在发生变化。除了迄今为止的污染防治和卫生保健以外，人们更加追求生活基础设施的舒适，所关注的问题越来越广泛。建造更加舒适的HDB住宅，通过国际合作应对邻国印度尼西亚森林大火所产生的烟雾，保护仅存的自然环境，保存历史文化遗产和古迹，解决SARS问题，乃至全球变暖、臭氧层破坏等全球环境问题，都是人们所关注的。另外，"环境厅"（NEA）于2003年更名为"环境水资源部"（MEWR），这也表明，确保安全的水资源已经作为国家的紧急课题进入了人们的视线。

2.2 环境污染现状

以下将根据新加坡政府正式公布的数据所显示的环境状况，逐一概述大气污染、水污染和固体废物问题。

◎ 大气污染现状

新加坡的空气质量相当好，不但达到了世界卫生组织（WHO）和美国环境保护局（USEPA）所制定的PSI环境标准[9]，而且几乎每年都能达到同美国主要城市相当的水平。而且，硫氧化物、氮氧化物、悬浮颗粒物的浓度多年来几乎没有什么变化。1994—2002年，空气中的硫氧化物年平均浓度约为 $20\ \mu g/m^3$，没有明显变化。若分别比较市中心、工业区、郊外3处的浓度，则可以看到硫氧化物浓度从高到低依次是工业区、市中心、郊外，但如果同USEPA的环境标准值 $80\ \mu g/m^3$ 相比，这些数值都是低于标准值的。同样地，一氧化碳的浓度也没有明显的变化，年平均约为 $8\ \mu g/m^3$，也低于USEPA

的 10 μg/m³ 的标准值。此外，二氧化氮的浓度每年都在 30 μg/m³ 左右，符合 USPEA 基准值 100 μg/m³ 以下的标准。但是，2000 年以来，市中心的二氧化氮污染趋势比较明显，严重程度甚至超过了工业区。悬浮颗粒物浓度虽然呈现出下降的倾向，但在 1994 年和 1997 年，由于受到印度尼西亚森林火灾烟雾的影响，大气污染状况有所恶化。虽然人们曾担心火灾烟雾造成的跨国污染有可能演变为新加坡与印度尼西亚之间的国际赔偿纠纷，但 2002 年新加坡等东盟国家在马来西亚的哥打京那巴鲁签署了地区环境条约——《东盟越境烟霾协议》（*ASEAN Agreement on Transboundary Haze Pollution*），并于 2003 年正式生效。这也是东盟第一个地区环境条约。

从 1991 年 1 月起，新加坡开始推行无铅汽油，到 1998 年完全停止使用含铅汽油。这使得空气中的铅浓度由 1980 年的 0.8 μg/m³ 降至 1992 年至今（2004 年）的 0.1 μg/m³ 以下。但是，仍然有一些工业行业将铅排放到大气中。

新加坡将大气污染源分为 3 类：工厂、石油精炼厂、电力公司等固定污染源，交通运输汽车等移动污染源和野外焚烧固体废物、跨国污染等其他污染源。1999 年，新加坡全面禁止在野外焚烧垃圾。与大气污染相关的投诉，2004 年有 790 件，其中提起诉讼的有 100 件。不过，从 2001 年起，政府强化了对车辆的管制，规定对所有机动车都适用欧洲 II 的排放标准。根据 2002 年公布的《环境年报》，新加坡在 1998 年就完成了石油无铅化，1999 年则实现了柴油发动机中的硫分削减（从 0.3% 降低到 0.05%）。

根据《新加坡绿色计划 2012》（*SGP2012: Singapore Green Plan 2012*）设定的控制大气污染长期目标，一年中有 85% 的天数达到 PSI 指标（污染标准值）"良好日"的标准，并在此基础上将其余 15% 的天数提升到"普通日"的水平 [10]。为此，要以天然气替代 60% 的电力，将天然气的使用扩大到除了公共汽车和出租车之外的其他公共交通工具上，而且还要把公共交通变成比私家车更有吸引力的交通方式。

◎　水污染现状

新加坡每天要消耗 3 亿加仑的水（2002 年数据），预计到 2012 年每天还要增加 1 亿加仑。水是新加坡的生命线，《新加坡绿色计划 2012》（*SGP2012*）中指出："确保水资源供应是新加坡面临的切实挑战"。[11] 迄今为止，新加坡用水的一半都依靠从马来西亚进口。但今后将以 2011 年与马来西亚更新《水供应协定》为契机（第一次签订水协定是在 1961 年），增加水资源的国内供给，对用水进行管理，确保水质，以技术革新和教育作为工作重点。目前，新加坡向企业和家庭强调节水，通过管理输水管道，设置装置严格排查漏水。在 SGP2012 计划的 10 年期间，新加坡要将全国可回收利用雨水的区域从国土面积的 50% 扩大到 67%，将通过脱盐处理、再生水利用等非传统方法使供应的水量增加到总供水量的 25%，并为进一步达到国际水质标准目标而努力。例如，政府计划从 2007 年到 2008 年在滨海的入口处修建水坝，以建造新的蓄水池。

此外，新加坡从 2003 年起开始深度净化污水，生产被称为"新水（*NEWater*）"的再生水；从 2005 年起，开始依靠民间力量发展脱盐处理工程。政府原本希望这种深度净化水能"为新加坡人民提供持续的水供给"[12]，但一般国民对这种水仍有较强的抵触感，其作为饮用水的普及程度还不到 1%，计划将来到 2011 年增加到 2.5%。目前暂时采取的是在蓄水池中保存并加以利用的方法。另外，为通过脱盐处理确保水供应，2005 年新加坡建成了第一座具有 13.6 万 m^3/d 处理能力的工厂，到 2010 年预计每天要向小工业企业供应 25 万 m^3 的水，占新加坡总需水量的 15%[13]。

新加坡主要的水污染源是来自家庭和工厂的废水，但郊外有一些商业性农场也是污染源。家庭废水中含有有机污染物，而工厂的工业废水中则含有化学物质。新加坡的河流分管理水路和非管理水路两种。其中，管理水路是指为提纯饮用而取水的水道。新加坡下水道普及率高达 97%，工厂和家庭的废水基本上都通过属于管理水路的下水道排出。在水质管理方面，MEWR（环境水资源部）的工作重点包括如下 3 点：①将污染源对策作为重点，完善下水道系统与固体废物管理体系；②工厂在向下水道排水前要依据法定标准，预先进行废水处理；③禁止在取水地区附近大量使用或储藏化学物质。

容易导致水污染的工厂通常都建在工业区内，但轻工业或污染影响较小的企业有时也会污染水源地。环境署（NEA）污染防治科（PCD）强化了对工业废水的管制，规定排出大量强酸性废水的工厂有义务安装酸碱度监测装置和有自动闭锁装置的设备。2004 年，PCD 对 859 个工业废水样本进行抽样检查，结果是其中只有 6%低于标准。2001—2004 年，同水污染相关的投诉约有 100 件，其中每年约有 30 件的当事者被处以行政处罚 [14]。

此外，公共事业厅（PUB：Public Utilities Board）计划以 70 亿美元的预算新建大规模的地下水净化系统——"深层隧道式排水处理系统"（DTSS：Deep Tunnel Sewerage System）。该系统利用地面的自然倾斜，以全长 2 879 km 的下水道连接 133 处泵站，再通过全长 80 km 的地下下水道，将家庭和工厂的废水输送到位于东部和西部的集中污水处理厂（再生利用厂，WRP：Water Reclamation Plant），通过该工程设施进行生化净化处理，其中一部分将排入大海。预计该系统每年能处理 4.89 亿 m^3 的污水 [15]，由于能够在地下进行污水处理，将能使地上 990 hm^2 的土地得到有效利用。

◎ **固体废物处理现状**

对于新加坡这样面积狭小的国家而言，固体废物处理是一个严重问题。1970 年，新加坡的固体废物排出量平均每天为 1 260 t，而 2001 年则增长了约 5 倍，达到 7 676 t。从 2002 年以来，固体废物的排出量逐年减少，但 2004 年仍有 6 783 t，其中家庭垃圾 3 856 t，工业固体废物 2 927 t，家庭垃圾的数量已经超过了工业固体废物。目前，有 4 家处理厂在对垃圾进行焚烧处理，每年焚烧产生的 280 t 灰烬被填埋在实马高岛。建筑废料作为普通垃圾处理。所有排出固体废物的相关各方都要承担责任，违反规定者将受到严厉处罚 [16]。

通过推进再循环，有可能减少需要焚烧和填埋的垃圾数量。截至 2004 年，新加坡有 48% 的固体废物被再生处理 [17]。但是，这只限于工厂和商业部门的固体废物，其余的垃圾仍要进行焚烧处理，或被填埋在实马高岛。虽然家庭、工厂、公共场所和离岛等地每天都进行垃圾回收，但《SGP2012 计划》未来要实现垃圾减量化，将再循环率由目前的 44% 提高到 60%，延长实马高岛的填埋寿命，停止所有的填埋处理（zero-landfill），削减垃圾焚烧场的数量，将增设垃圾焚烧炉的时间间隔由目前的 5～7 年延长至 10～15 年，并中止新建焚烧炉的计划 [18]。

同再循环相关，新加坡于 2001 年成立 "固体废物管理与再循环协会"（WMRAS: The Waste Management and Recycling Association of Singapore）。在新加坡西部的大士（Tuas）建成了占地 19 hm^2 的生态再循环园，将工厂废弃的塑料、纸张、玻璃、木材当作再循环对象。截至 2005 年，已经有 400 名固体废物回收与再循环产业的从业者在此注册。此外，2001 年，面向普通消费者的《国家再循环计划》（*NRP: National Recycling Programme*）实施，人们开始回收纸张、塑料、易拉罐、旧服装、玻璃瓶等。道路两侧设置了分别回收 3 种再循环资源的专用垃圾桶。NEA 在 NRP 计划的基础上，为强化家庭垃圾分类回收，从 2002 年起建立了《服务质量（QOS: Quality of Service）标准与许可制度》，在全国 22 个地区各设置 1 名负责人，负有监督执行 QOS 标准的义务。另外，各个家庭对再循环行动的参与度从 2002 年的 33% 上升到 2004 年的 54%（相当于每 1.8 户中就有 1 户参与）。NEA 计划到 2005 年将再循环参与度进一步提升到 60%。

2.3　对环境问题认识的变化

近年来，对于新加坡在环境问题上的自信和认识开始动摇。在 2002 年发表的《新加坡国家环境长期计划》（*SGP2012*）中，开篇即以 "危机临近"（A Looming Doom）为题，指出国家未来的危机将来自环境方面。在 682 km^2 的狭小国土上（截至 2005 年为 699 km^2），既无水资源，也无矿产、能源的新加坡，如何才能为 400 多万人口提供饮用水？如何确保工业和家庭用水？如何保证子孙后代的资源来源？该计划将环境危机视为国家生死存亡的危机，向国民指出了上述问题的严峻性。当时的背景之一是马来西亚通知了新加坡，迄今一直向新加坡提供的廉价水将于 2011 年终止，届时将要提价 1 000 倍以上 [19]。

给新加坡造成更大打击的，是在《新闻周刊》杂志 2000 年年底刊载的世界经济委员会的《环境可持续性指数》（ESI: Environmental Sustainability Index）报告中，新加坡名列世界 122 个国家中最差的 10 个国家之一。虽然新加坡抗议说本国排序应是第 65 位，但其所处环境状况绝不乐观，新加坡自己也表示，"我们的生存系于可持续发展的可能性" [20]。另外，2002—2003 年新加坡发生的 SARS 问题，也使其检疫体制受到国际上的批评，损害了迄今为止新加坡在投资环境方面的良好口碑。而且，2003 年 9 月，马来西亚突然就作为新加坡固体废物处理场所在地的德光岛和大士岛的填埋处置方式向国际海洋法院提起仲裁申请，要求立即停止在此两岛的垃圾填埋处置。有人担心，同邻国马来西亚的此类环境冲突有可能造成两国关系出现裂痕 [21]。

3　重视效率的环境政策与环境行政的转变

迄今为止，新加坡都是以强力而有效的方式实施环境政策。环境政策同其他政策相结合，并给予环境政策以高度的优先性。在环境行政方面也是如此，不仅处理快速及时，而且相关措施能在强有力的行政权力下得到有效实行。早期防治污染的执行机构"污染防治署"在环境部成立后仍然保留，并直属于首相。尤其是公害防治局，长期行使着强有力的管制权。本节将就新加坡环境政策与环境行政高效的强制措施及其方向转变进行探讨。

3.1　环境政策

◎　《新加坡绿色计划 2012》

目前新加坡的环境政策被汇编于《新加坡绿色计划 2012》（SGP2012）。如上所述，该计划明确了到 2012 年为止的 10 年间，新加坡的国家中期环境政策。SGP2012 开篇就对新加坡环境的黯淡前景表示担忧，并将"向忍耐的新加坡转变"（Towards an Enduring Singapore）作为未来的规划。提出应该停止垃圾填埋处置、促进再生利用、减少生活垃圾和工业固体废物的产生、减少新建焚烧炉等长期措施。而且还倡导同自然相协调，尝试引入电动汽车，设置 2 000 万美元的"环境可持续创新基金"（Innovation for Environmental Sustainability Fund），以支持在新加坡注册的企业进行技术革新。另外，SGP2012 还提出要使用低污染、高效能的能源，普及太阳能、水循环和使用清洁能源的交通工具。

除了防治污染以外，自然保护、国际合作、公共卫生等课题也被提上日程，政策方面已在发生变化。仅在自然保护方面，SGP2012 就指出"在保护本国自然资源的同时追求经济发展，其难度要远远大于维持世界资本市场"[22]。为此提出了许多措施，如尽可能保留自然保护区、从生物多样性角度确认现有的动植物、更新相关信息、新建公园及其配套交通设施、设置国家生物多样性联络中心等。

◎　支持环境政策的各种辅助政策：土地利用政策

在考察新加坡以往的环境政策中可以看到，政府从国家建设的起步阶段开始，就将充实社会公共设施作为政策重点。如 1963 年，时任新加坡总理的李光耀以"建设清洁的绿色城市"（Clean and Green City）为口号发起了植树运动，1968 年还将此列入政府目标。新加坡的环境政策是包括人口政策、土地利用规划、交通政策、公共住宅政策、卫生保健政策等在内的各种相关政策的综合。可以说，各种政策的配套实施对于有效实现污染对策和减轻环境负荷是卓有成效的。尤其引人注目的应当是，土地利用计划、交通政策和公共住宅政策这 3 项。要对新加坡的环境政策做出整体评估，有必要了解这些相关辅助政策所起到的作用。以下将以被认为对防治污染贡献最大的《土地利用规划》为中心进行探讨。

新加坡实行的是一套缜密的土地利用规划。毫不夸张地说，所有的经济活动和社会生活都是在周密详细的《土地利用规划》基础上开展的。同时，在《土地利用规划》之外还有保障其实施的土地强制征用制度。值得一提的是，新加坡的环境评估是由政府酌情实施的，在法律制度上并无明确规定。但是，应当可以毫不夸张地说，效果并不亚于环境评估制度的环境管理机制，是靠新加坡政府主导的《土地利用规划》来保障的。

具体而言，《土地利用规划》是由国土开发部实施的，由 2 个规划构成。其一是作为基本规划的《构想规划》，该规划最初制定于 1958 年，后于 1971 年和 1991 年进行了修订。最新版本则是面向 2010—2030 年的 2001 年版。这个新规划是在预想未来 40～50 年后人口规模达到 550 万、土地通过海洋填埋计划增加 15 km² 的基础上制定的。在 699 km² 的狭小国土上，为吸纳新增人口并实现经济增长，该规划对住宅用地、工业用地、娱乐设施用地、公共设施用地、水源地和军事用地的整体配置进行了研究。其二是，为将《构想规划》具体化，制定了详细的配套《实施规划》，其最新版本是 2003 年版。《实施规划》作为中期规划，规划期为未来 10～15 年，每 5 年修订一次，迄今已经修订了 7 次，进行了一些改动[23]。1993—1998 年，历时 5 年时间，新加坡全面修订了 1985 年版的《实施规划》，制定了由 55 个《开发指导计划》（DGP：Development Guide Plans）构成的新版本规划，列出了按土地用途分类的 31 个详细区划和开发使用土地的预算[24]。

◎ **支持环境政策的各种辅助政策：其他政策**

试看《土地利用规划》之外的其他政策，过去人口政策的代表性内容是独生子女政策，但在 1987 年，新人口政策对此进行了修改。

可以说通过限制人口能够大大降低环境负荷。对于综合性的环境政策而言，限制人口是一个无法回避的课题。

在交通对策方面，新加坡采取了限制登记车辆数目（目前登记的车辆约有 70 万辆）、提高汽车价格、进行分地区、分时段的限行、对乘车人数做出规定等一系列政策。最近，为了缓解交通拥堵状况，新加坡开始使用被称为"电子式道路通行收费系统"（ERP）的自动收费系统，在通往市中心的普通道路上，根据地点和时间段收取不同金额的费用，从驾驶者自己的银行账户中自动扣除。这种系统对缓解交通拥堵和改善环境条件作出了贡献。相反，地铁（MRT）、出租车等公共交通工具的费用则不断下调，这也是在环境方面将经济手段和强制手段相结合的一个范例。

在公共住宅政策方面，1960 年，新加坡在国家开发部（Ministry of National Development）之下设置了住宅开发局（HDB），负责实施住宅的大量供给[25]。1960—2002 年，新加坡已为大约 96 万户家庭提供了住宅，解决了 84% 新加坡人的居住问题。除从 1964 年起实行的"住宅保有制度"和通过"中央公积金"（CPF）实现的"住宅融资制度"，新加坡最近还开始实行换购住宅、单身者住宅、工作室式公寓购入制度等相关政策。普通国民的关注点则转向居住环境质量的改善，只要得到 75% 住户的同意，整座公寓就可以适用由政府财政补助的《主要改善计划》。另外，还可以根据居民委员会的意见适用《暂时性改善计划》来优化周边环境，高层公寓则可以适用《电梯改善计划》。

在公共卫生政策方面，以 NEA（环境卫生厅）为中心实施了相关的环境政策，如通过实行许可制度和监督管理来确保食品外卖的卫生和安全，清除病原体携带媒介，管理垃圾清扫，实行棚屋建造许可制度，并对棚户街进行改造，保证公共卫生间的清洁，以及规划管理火葬场、殡仪馆和墓地等。最近，新加坡以"没有垃圾的新加坡"为口号，发起了"不乱扔垃圾运动"。此外，还把近 17 000 家食品外卖店铺的卫生状况按 A～E 评为 5 个等级，规定了若干等级提高即可得到奖励。为改善餐饮店卫生间的条件，新加坡还推行

《400 万美元卫生间改善计划》，为每一家改造卫生间的餐饮店提供 5 000 美元的补助。此外，还有应对登革热、SARS 等传染病的专门对策。

3.2 环境行政

从 20 世纪 60 年代中期开始，新加坡在实现工业化进程中出现了光化学烟雾问题。为防治大气污染，1970 年 4 月，新加坡采纳了 WHO 顾问克利里（G. Cleary）设置环境行政机构的建议，成立了直属于总理府的"污染防治署"（APU），开始实施大气污染防治政策。APU 每年刊行《年报》，报告大气污染状况、调控结果及 APU 的活动情况。随着大气污染防治政策的施行，新加坡的环境行政也相应开展起来。1971 年，新加坡制定了《大气污染法》，1972 年又制定了《大气排放污染物标准》。1972 年 9 月，新加坡成立了亚洲第一个环境部。同时，到 1986 年，APU 还是总理府的直属机关，并没有被并入环境部。后来 APU 被纳入环境部系统，新加坡的环境行政才最终实现了一元化。

目前，环境部在环境厅（NEA）成立后更名为"环境水资源部"（MEWR），机构也进行了大幅度的改革。MEWR 与 NEA 同公共事务厅（PUB）这两个法定机构合作，对新加坡有限的资源进行不断的创新管理，通过民间团体、政府和公民三方充满活力的通力合作，应对新加坡环境可持续发展面临的挑战 [26]。下面主要介绍环境水资源部和环境厅的功能与职责。

◎ **环境水资源部**

环境水资源部（MEWR：Ministry of the Environment and Water Resources）的任务是"为新加坡全体国民提供并维护清洁健康的环境与水源" [27]。该部表示，迄今为止新加坡实现了清洁绿色的生活环境，而今后目标是从短期维持良好环境向实现长期的环境可持续性发展转变。MEWR 由以下 7 个部门组成：水调查局、信息传播技术局、国际关系局、规划局、战略政策局、企业开发局和三方联络局。

主要部门的职责是：水调查局，下设水、填海造地和水产业管理处，主要任务是制定有关水、废水、地下水的战略环境政策，保证充足而可靠的水源，并保护新加坡的生活环境。另外，还研究分析同保证清洁水源相关的环境政策，以备向政府提供政策建议。国际关系局，负责加强新加坡同国际机构或其他国家的国际合作，研究参加重要国际活动的相关事宜或政府对多边环境条约的应对措施。规划局，负责 MEWR 的相关企业在规划阶段的管理援助，并寻求组织方面的改进。战略政策局，负责针对清洁空气、土地、公共卫生等相关环境问题制定战略性政策，研究分析加强新加坡生活环境保护的方法和其他环境政策问题，同相关机构联合，对应该采取的规划提出政策建议。还负责提供足够的继续教育机会，以培养应对新加坡环境问题的挑战精神和进取精神。企业开发局，下设人事行政处、设施装备处、财务处，其中人事行政处负责与 MEWR 人力资源政策相关的能力开发与研修，并负责职员的培训、任用、研修和福利等事务。三方联络局负责政府同企业间的交流及一般教育战略等的决策与实施，并同 NEA、PUB 等部门合作，强化对新加坡的环境和水资源的共有意识，提升环境产业的能力，支持其发展。

◎　**国家环境厅**

国家环境厅（NEA：National Environmental Agency）是旨在强化环境行政而于 2002 年 7 月 1 日成立的机构。NEA 作为 MEWR 的下属机构，其预算由 MEWR 的补助金提供[28]，但其自身在预算的制定与运用方面有很大的自主权，是一个独立性很高的法定机构（Statutory Board）。从整体看，环境厅在被称为"控制污染的执行部队"的环境保护局（EPD：Environmental Protection Division）中，是由公共卫生部门和交通部的气象部门整编而成的[29]。EPD（环境保护局）下设固体废物管理处、资源保护处、规划开发处和污染防治处（PCD：Pollution Control Department）。特别是，污染防治处（PCD）负责污染防治领域的执法，能够行使强有力的取缔权限。环境保护局（EPD）除了监控环境污染，实施防治污染的相关计划，还拥有管理 4 个垃圾焚烧设施的运行及垃圾填海事务的权限。此外，EPD 还负责保护能源资源、保证垃圾填埋场所、加强再循环和减少固体废物等。

目前，国家环境厅（NEA）由部长任命的会长、副会长，以及 5～12 名委员构成。NEA 的职责由 2002 年的《NEA 设置法》第 11 条 23 款所规定。不过，该法第 12 条还规定，NEA 为达成其职责，也可以拥有该法所规定的其他权限。这就意味着 NEA 具有十分强大和广泛的权限，这些权限具体包括 13 项内容 [30]。例如，第 1 项规定，NEA 在环境卫生、环境保护、资源保护、减少垃圾、再生利用、固体废物回收处理等事务上，具有制定并执行战略、方法、标准以及其他条件的权力。第 2 项和和其他各项也同样给予其非常广泛的权力。包括：认证、证明、检查的相关权力；获取新加坡国内外气象、卫生方面的信息并进行协助、合作的权力；收集、分析、积累、发行、普及气象、环境卫生方面的统计信息的权力；规定与环境卫生相关的研修条件的权力；设置气象观测所等机构的权力；在部长批准的情况下建立公司、合作关系、合作企业，并作为股东加入公司的权力；在必要场合为履行职能而签订契约或支出费用的权力；加入由与 NEA 同类的团体组成的国际组织的权力；通过合法的渠道接受捐赠的权力；发行许可证、收取费用的权力；以及其他履行职能所必需的权力。

此外，国家环境厅（NEA）的公务员及其雇员均被公认具有相当大的权力。NEA 公务员在认为有人违反法规时，有权要求其出示身份证件（据第 42 条第 1 款）。NEA 公务员和雇员在执法时，有权要求任何对象无偿提供信息或资料，在进行调查时，还有权书面要求有关人员到场。若 NEA 公务员和雇员在执行上述公务时遭到拒绝、攻击、妨害，或有关人员故意拖延、提供虚假情报，拒不配合 NEA 公务员或雇员在执行公务时提出的合法要求，有关责任人将被处以 1 万美元以下罚金或半年以下劳役，或者两罚并处。

但是，国家环境厅（NEA）在其主页上也指出："仅靠 NEA 是无法承担起所有职责的。我们要与社会、工商业、公职部门的同仁们一起，维护全体国民热爱和珍惜的清洁健全的生活环境。"[31]

3.3　环境政策与环境行政的变化：以《SGP2012 行动计划：2004—2006》为中心

最近，新加坡的环境政策与环境行政正在发生实质性的变化。正如我们所看到的那样，新加坡正在实施新的环境政策。其背景是跨国污染、确保水供应、固体废物与再循环等一系列以前没有的新问题出现。这些环境问题使自身资源匮乏的新加坡感到严重的危机，从而使其重新思考了可持续发展问题。为应对国家所面临的挑战，新加坡制订了《SGP2012 行动计划：2004—2006》，并在各个领域分别成立了"行动计划委员会"，制订了 6 个领域的《行动计划》。在各委员会的《报告书》的基础上汇编而成的《SGP2012 行动计划：2004—2006》（The Singapore Green Plan 2012 Action Programmes 2004—2006）（以下简称《SGP2012 计划》）已经制定完成。以下将参照该《SGP2012 计划》的内容，分析各个领域内环境政策的新变化[32]。

首先，水污染领域是最大的关注点，为它设定了 4 个主要目标：①增加水供应；②管理用水需求；③确保水质；④开展技术革新和教育。其中，目标①，在饮用水和非饮用水两方面，依靠本国的蓄水池、来自马来西亚柔佛的进口水、经过脱盐处理的水、净化过的"新水"等来源，以增加供应；目标②，尽可能有效地活用工业用水、并在家庭排水计划下节约家庭用水；目标③，同企业合作，避免对下水道的污染，通过法令确保水源清洁，并对水质进行监控；目标④，掌握增加水量和保证水质的国际先进技术与知识，并使普通国民认识到水源保持的重要性。为实现《SGP2012 计划》，必须依靠众多机构的共同努力，必须注重"普通国民、民间机构和公职部门" 3 方形成的协作关系。通过这样的协作关系，就有可能形成多方面的行动渠道。具体而言，公职部门中的公共事业厅（PUB）、都市再开发厅（URA）、裕廊镇管理局（JTC）、经济开发厅（EDB）、国立公园委员会（Nparks）、MOE（教育部）；民间机构方面的新加坡制造业联盟（SMa）、新加坡环境·健全职业·安全企业协会（SAFFco）、新加坡酒店协会（SHA），以及来自普通国民方面的新加坡环境审议会（SEC）与水道监管协会（WWS）等，都是参与到三方合作中的行为主体。

"水污染委员会"在为增进理解而制定的《报告书》中，还确认了从"职能、教育、三方协作、技术革新"等多个侧面入手的行动计划，指出这对于实现《SGP2012 计划》是十分必要的。而且，在实施行动计划时，有必要让各个机构都参加讨论，并由调整委员会给出反馈意见。另外，关于技术革新与教育的必要性，《报告书》指出，有必要弥补技术本身同普通国民的理解意识间的差距。尤其是要提高普通国民的相关意识，使他们理解清洁水供应的意义。实际上，这本身就是所要达成的目标。举例说，普通国民的意识，是能够影响到水源附近地区的污染防治或禁止乱扔垃圾运动效果的。

其次，在大气污染方面，设定了清洁空气、社会参与、技术革新 3 个主要目标。"大气问题行动计划委员会"认为，新加坡的空气质量已经达到了国际标准，不需要实行大规模的空气质量改善计划。不过，鉴于大气污染问题大多数都是在消耗石油能源的过程中产生的，委员会探讨了通过财政手段、自发行动计划、教育等方式使环保手段多样化的方案。另外，还要实现家用、商用设施节能化（电冰箱、空调），削减工业部门和交通部门的二氧化碳排放量。尤其是要在家用、商用设施节能化方面，加强对普通国民关于节约能源、清洁能源的环境教育。此外，也有意见认为，有必要在交通方面开展面向普通国民和消费者的环境教育，推动环保型交通工具的发展。

在固体废物处理方面，主要的目标包括：①实时垃圾减量化；②促成积极参与垃圾减量化和再循环行动的社会文化；③建成固体废物回收和再循环的基础设施；④培养再循环产业人才；⑤推动再循环制品的市场开发。在《SGP2012 计划》中开篇就提出，应以垃圾减量化和再循环为目标，促成积极参与相关行动的社会文化。另外，该计划也提出了建设可持续回收和再循环固体废物的基础设施、提升固体废物管理相关企业的能力和水平、在垃圾的产生过程和包装过程中减少固体废物等意见。负责该方面的委员会指出，新加坡应当建设对环境负责任的社会，使固体废物再循环成为社会日常生活的一部分，国民、政府、民间机构三方应以更加积极的姿态参与实施《SGP2012 计划》，奖励指导和实施《SGP2012 计划》的行为。此外，还有必要继续三方参与者的协议制度，在设定目标时留有若干余地；目标设定和事后总结工作都可以交给三方参与者。在委员会制定的 2004—2006 年《50 个行动计划》中，大部分都已决定要由三方参与者共同努力去实施。

自然保护方面的主要目标包括：①尽可能保留自然环境；②通过生物多样性调查对现有动植物的相关信息进行确认调查；③保证新建公园和辅助道路的建设；④设立国家生物多样性联络中心。同其他委员会一样，信息行动计划委员会也表示，为了达成上述目标，要遵循三方共同行动的方针，奖励环保方面的环境教育和能够提高环境可持续性的最佳实践。

公共卫生方面的主要目标包括：①改善人们的卫生习惯和有关行为，使全体新加坡人都有 "Singapore's OK" 的意识；②监控传染病；③设立传染病管理网点。在这一领域，也强调要同其他领域一样，开展关于环境卫生、传染病防治的普及教育，在强化三方参与者共同的环境意识的同时，强化在环境卫生方面的三方协作。

综上所述，新加坡的环境政策和环境行政确实发生了很大变化。不仅环境水资源部（MEWR）和国家环境厅（NEA）进行了行政改组，更重要的是，除了以往的政府主导下的命令控制模式外，还通过新设 "普通国民、民间机构和公职部门" 三方合作联络处等措施，加强了对三方协作的重视，还强化了环境教育的重要性及对环境教育的参与。

4　结语

新加坡对环境问题的认识和环境政策、环境行政都发生了很大变化，但问题是，应当如何理解这些变化呢？与迄今为止 "政府主导、命令控制一边倒、自上而下" 的方式相比，环境管理增加了 "经济手段、参与型方式、教育启蒙方式"等各种新的方法。税金制、上述的三方参与机制、协议制、生态标志、节能标志、环境教育等方法均已出现。从这些变化来看，环境管理方法已经不单单是变得更加多样化，而是已经发生了质的变化。

例如，通过同企业签订协议的方式，新加坡在 2001 年修订了《大气污染标准》。该标准是根据企业的技术水准和适用标准的时间先后等指标、通过同企业的协商而确定的。这种方式在从前"命令控制一边倒"的时代是无法想象的。目前，许多领域都在采用这种协议制。此外，从 1999 年起，新加坡引入了"环境管理员制度"（ECO：Environmental Control Officer），向广大国民开放了参与的大门。政府也通过三方参与机制扩大普通国民的参与，并开展环境教育、启蒙活动，支持非政府组织的活动。这些改变都可以被看作是一种象征，标志着新加坡的环境政策正在一点一点发生着质的变化，这些变化虽然是缓慢的，但应当可以看作是燎原的星火。

关于环境管理方式发生变化的背景原因，总结如下：第一，固体废物、再循环、节水与确保水质等一系列新问题的出现，环境问题也变得更加多样化，伴随着这样的状况，以往命令控制型一边倒的环境行政方式表现出了力不从心的一面，而且也无法促进自觉的环境意识的高涨。尤其是对于保证水质、固体废物再循环等现代环境问题，如果不能得到社会大众的理解，环境行政就无法奏效。第二，新加坡普通国民的意识发生了变化。国民开始意识到环境问题是与自己息息相关的重要课题，并开始认识到，单单扩充人工环境是不够的，相反，仅存的自然环境和历史遗产更加值得珍惜 33)。例如，新加坡主要的非政府环境组织之一——"自然协会"（Nature Society）虽然通常被看作是有政府背景的组织，但即使是这样的组织开展的启蒙活动，也能够使普通国民对环境的认识和关注度逐渐发生变化。第三，新加坡的领导层和公务员面临阶段性的新老更替，在这样的背景下，有很多人认为，仅靠一部分政府领导层的理解是无法解决环境问题的。这也应当看作是上述变化的原因之一。

MEWR 部长 Yacob Ibrahim 在 2005 年 7 月的一次演讲中，开篇

就指出，要保证新加坡水资源的可持续性，以下 3 个方面很重要[34]：第一是确立统一的水管理方法，第二是技术支持，第三是全体国民参与水管理。关于前两方面，他的说明与本文已经提及的内容相似；而关于第三个方面，部长特别加以说明，他指出，在三方参与协作的模式中，仅靠政府和水管理公司是无法维持水管理工作的，有必要让国民参与进来，具体则有如下几方面原因：

第一，水资源保护需要国民的合作，需要每个家庭都节约用水。2002 年，新加坡平均每人每天消耗 165 L 水，而 2004 年减少到了 162 L，未来希望能减少到 160 L。第二，通过环境教育，希望所有国民都能理解新加坡水资源有限的现状。第三，新加坡的水源距离住宅区很近，希望国民能在亲近水的同时，注意不污染水源。在这位部长的演讲中，强调普通国民的参与和环境教育的意义，包括节水举措、环境教育、参与防治水污染的行动，都是合作的义务。关于政府与民间机构的参与，在"新水"的生产与海水脱盐处理产业方面，提升民间水处理企业的技术被列为国家援助内容。

最后，关于上述变化是否可以被看作新加坡环境行政开明民主化的萌芽或转折点，我们想提出几个疑问。第一，变化的契机。如前所述，新加坡环境问题内容的变化和新加坡与邻国的环境纠纷是变化的契机。但是，这是否表示国民的参与机制已经伴随着新加坡国民内生的意识变化而形成，我们认为仍有疑问。所谓的国民参与机制（例如在保证水质方面的三方协作机制）虽然理论上规定普通国民可以参加，但事实上的参加者仅限于 2 个特定的机构，根本不能被称为自由的参加机制。这不禁使人怀疑目前的体制仍然是政府主导体制，居民参与、协议制、NGO 活动等都是由政府安排的。尤其是对环境教育必要性的强调，更是无法摆脱政府教育民众的色彩。但是，从新加坡的国情来看，另一种理解似乎也是可以成立的，在这个教育水平参差不齐、环境价值观大相径庭的国家中，环境教育确实是构筑对环境的共识的一个途径。

第二，1999 年，《环境污染防治法》这一基本法律的制定奠定了环境管理方面的法律体系框架，但这部环境基本法并没有引入参与制度。该法律明确扩大了现有保护对象的范围，在环保内容方面也做出了较大的变动。但是，问题在于，该法律并没有引入环境影响评估制度。在现行制度下，虽然完全可能由政府根据需要决定实施环境评估，但并没有相应的法律制度规定。在比较先进的国家中，这种环境评估制度通常都会包括关于居民的参与方式和程序的透明性的规定。而新加坡并没有引入这种开放性的制度，这不能不使人感到它缺乏接受先进国家的民主环境行政模式的意愿。正如前面所提到的《NEA 设置法》授予 NEA 的强大权限一样，该基本法也具有很强的控制型法律制度的特征。

第三，是否要发展环境领域的参与制度仍然是一个问题。也就是说，如果要引入参与制度，环境行政就会发生质变，成为民主化的机制。而在新加坡，欧美式的民主参与制度很难被国民所认可。在这一点上，目前以三方参与机制为代表的参与制度虽然可以被看作向未来的民主环境行政踏出的第一步，但未来新加坡环境行政究竟将采取何种方式，还需要在了解新加坡"民主化"的特定含义的基础上，结合新加坡的政治、经济、社会各个方面的变化进行深入的探讨。

（执笔：作本直行）

〔注〕

1) 新加坡环境部发布的年报（相当于环境白皮书）开篇，即在《概观》中称赞了本国的环境行政。例如，"新加坡的空气达到国际标准（world class），并确保了水质的高标准"、"作为防治污染的综合政策，关于一流的固体、液体废物处理基础设施（first-class infrastructure）做了相关规定，而且还拥有综合的公共卫生管理体系"、"新加坡人是世界上少有的每天能享受到垃圾回收处理的国民之一"、"新加坡环境管理取得了怎样的成功呢？截至 2000 年，世界 59 个国家的国际竞争力报告显示，新加坡环境管理的职能部门排名世界第 2 位，执行部门排名世界第 3 位"。此外，在新加坡信息·运输·文化部正式发行的手册《Singapore 2003》中，列举了 2002 年新加坡的国际评价排名：馈赠指数排名世界第 9、亚洲第 1；在国际经济竞争力方面的经济表现、政府效率、经济效率、基础设施等排名世界第 5；最佳经济环境排名世界第 8、亚洲第 1；警察、司法制度排名世界第 1；亚洲生活环境排名第 1。（同 p.14）。

2) 新加坡河的治理计划称为《清洁河流计划》，从 1977 年开始实施，为期 10 年，斥资 2 亿美元。目前新加坡河可以看到垂钓者，两岸建起了新的观光场所，面貌一新。

3）　VictorSavage，"Singapore's Garden City：Translating EnvironmentalPossibilism，" in OoiGiok
　　　Link and Kenson Kwok，eds.，City and the State：Singapore's Built Environment Revisited，
　　　The Institute of Policy Studies，1997，p. 188. 在该书中一直使用"build environment"一词。

4）　Sim Loo Lee，"Planning the Build Environment for Now and the 21st Century，" City and the
　　　State：Singapore's Built Environment Revisited，p.25.

5）　新加坡对乱扔垃圾、吸烟、吃口香糖、违反交通规则、携带毒品等行为都会处以严罚。

6）　若当事人不承认违法行为的时候，环境部下属的国家环境厅（NEA）将把案件送交法院。
　　　车辆违反排放标准时，若当场接受处罚，则只需在 14 日内缴纳 150 美元；但如果案件被
　　　送交法院，罚金就会涨到 1 000～2 000 美元。同样地，工厂若造成大气污染，应在 14 日
　　　内缴纳 2 000 美元；但送交法院后就要缴纳 3 000～5 000 美元。据说，所有案件通常都会
　　　在 1～3 个月的短时间内解决，由于行政方通常都有确凿的证据，嫌疑人几乎没有否认的
　　　可能性。（笔者在新加坡 NEA 的采访，2003 年 9 月）。

7）　新加坡的 PSI 标准是按照 WHO 的空气质量标准和 USEPA 的主要空气质量标准的方法，
　　　在国内 14 个测定点对 5 种空气污染物（悬浮颗粒物 PM_{10}、二氧化硫、臭氧、一氧化碳、
　　　二氧化氮）进行测定，将其数值按对人体健康的影响分为 5 级，并按一年中所占天数的比
　　　例表示。报告显示，2004 年，新加坡空气质量"良好"的天数比例占 88%，"普通"天数
　　　占 12%（State of Environment 2005 Report，Singapore，p.12）。但是，由于 PM_{10}（10 μm
　　　以下的悬浮颗粒物）会引起哮喘等问题，新加坡将 USEPA 的 PM2.5（2.5 μm 以下的颗粒
　　　物）设为标准，计划从 2006 年 10 月 1 日起采用强化后的标准，对登记的车辆适用欧洲 IV
　　　标准。此外，新加坡还实行"绿色车辆减税政策"，引导人们购买清洁能源的车辆替代柴
　　　油机车。

8）　截至 2002 年，PSI 值都比较低，其中，在过去的 12 年来，数值最高的是 2001 年，年间空
　　　气质量"良好"的天数占 83%，"普通"的天数占 17%。但 2003 年和 2004 年的数值都有
　　　所改善，良好和普通天数所占的比例，2003 年分别为 93%和 17%，2004 年为 88%和 12%。

9）　The Singapore Green Plan 2012，p. 12.

10）　The Singapore Green Plan 2012，p. 13.

11）　在新加坡环境水资源部发行的《2005 年新加坡环境状况报告书》（State of Environment
　　　2005 Report Singapore）中，介绍了确保水资源的"四大水龙头战略"（Four Taps Strategy）：
　　　① 依据与马来西亚的协议进口淡水；② 到 2011 年，通过扩大再生水"新水"的生产，
　　　提供非饮用水 55mg/d（单位：100 万加仑/日），饮用水 10mg/d；③ 到 2011 年使 2/3 国土
　　　普及贮水池；④进行海水脱盐（2005 年脱盐水生产量为 30mg/d）。

12）　Environmental Protection Division Annual Report 2004，2005，p. 22.

13）　工程的第一阶段预算 36.5 亿美元，计划到 2008 年完成。

14）　新加坡于 1987 年开始制定计划，2001 年实现了管理手续的电脑化。固体废物被分为 12
　　　种，相关责任人的义务如下：废物排放者对运输从业人员负有将废物的正确信息输入电脑
　　　的义务，而接受废物的运输从业人员负有在电脑上查明处理方法后将废物运送到相应处置

场的义务。20 世纪 80 年代初曾发生过运输从业人员逃避责任，未搞清废物性质就将其填埋在私有土地上的事件，为此，所有与废物处置相关的人员都被追究法律责任。基于这个教训，后来采用了废物排放者、运输者和私有土地所有者等全部当事人都同样具有废物处置相关责任的制度。（笔者在新加坡 NEA 的访谈，2003 年 9 月）

15）Environmental Protection Division Annual Report 2004，2005，p. 40.

16）The Singapore Green Plan 2012，p. 4.

17）新加坡同 2003 年 10 月新任的马来西亚首相重新开始关于水供应的谈判（2004 年 2 月 14 日《读卖新闻》）。新加坡与马来西亚两国间的问题并不仅限于水方面的纠纷，还有横跨两国间柔佛海峡的桥梁的重建问题、新加坡军队在马来西亚上空进行军事演习的问题、新加坡向马来西亚短期劳动者支付养老金的问题，等等。两国间签订了 2 个通称为《柔佛水协定》的条约，分别签订于 1961 年 9 月 1 日（8 600 万 mg/d，2011 年到期）和 1962 年 9 月 29 日（2.5 亿 mg/d，2061 年到期）。《亚洲环境情况报告 2003—2004》pp.282-286 中记载了谈判的具体情况。另外还可参见 Lee Poh Onn，，The Water Issue Between Singgapore and Malaysia: No solution in Sight？"，Economics and Finance，No. 1，Institute of Southeast Asia Studies（ISEAS），2003.

18）The Singapore Green Plan 2012，p. 6.

19）The Sunday Times，September 7，2003.

20）The Singapore Green Plan 2012，p. 23.

21）The Planning Act 2003.

22）关于土地用途有十分详细的规定，类型包括：住宅、有店铺的住宅、商店、宾馆、商务停车场、医疗保健场所、学校、宗教场所、集会场所、空地、公园、海滨、体育娱乐场所、水源地、道路、交通设施、公共设施、墓地、农业用地、飞机场等。作为保护对象的历史遗迹、公园等也都有各自的划分，开发各种土地都要按照相应的收费原则和使用规则进行。

23）根据 HDB Annual Report2002-2003（House & Development Board），从历年情况看，1960 年居住在 HDB 公寓的人口比例为 9%，其后，20 世纪 70 年代增加到 35%，80 年代为 67%，90 年代为 87%，2003 年前后为 84%（pp.44，92）。参见 HDB 发行的 Statistics and Charts（2004 年，p. 92 以下），http://www.hdb.gov.sg/isoa03p.nsf/ImageView/AR0304C20/$file/stats.pdf，2005 年 9 月 1 日。

24）http://app.mewr.gov.sg/home.asp？id=M1，2005 年 9 月 1 日。

25）新加坡环境水资源部主页，http://app.env.gov.sg/view.asp？id=SAS796，2005 年 9 月 1 日。

26）除了环境保护部，还有公共卫生部、气象服务部、新加坡环境研究所、企业服务部、人力资源部。

27）参见 2002 年 National Agency Act 第 11 条以下。该法第 12 条规定："The Agency shall have power to do anything for the purpose of discharging its functions under this Act…"。另外，根据在 NEA 进行的访谈，NEA 全体职员共 3 000 人，其中污染防治局就有 130 人，此外按日计酬的雇员（DIE: Daily Income Employee）1 306 人，按月计酬的雇员（MIE：Monthly Income Employee）1 946 人（截至 2003 年 9 月）。

28）参见 NEA 主页 http://app.nea.gov.sg/，2005 年 9 月 1 日。

29）Ministry of the Environment and Water Resources，"Report of the SGP2012 Action Programme Committee on Clean Water，"以及其他资料，http://app.mewr.gov.sg/home.asp？id=M1，2005 年 9 月 1 日。

30）Giok-Ling Ooi，"The Role of the State in Nature Conservation in Singapore，" Society and Natural Resources，vol. 15，2002，pp. 455-460.据古迹保护委员会（Preservation of Mounuments Board）调查，新加坡被指定为保护对象的古迹共有 47 处，包括清真寺、寺庙、教会、市政厅、最高法院等。

31）MEWR News Release：34/2005（11 July 2005），Opening Speech by Yacob Ibrahim，Minister for the Environment and Water Resources，at the 1st IWA-ASPIRE Conference.<http://app.mewr.gov.sg/view.asp？cid=126&id=SAS471>，2005 年 9 月 1 日。

第 2 章

孟加拉国

愈演愈烈的环境问题与 NGO 的发展

迄今依然存在的贫民窟（前）与新兴住宅区（后）

（2005 年 8 月，三宅博之摄）

孟加拉国地图（图略）

1　前言

　　孟加拉国给人的印象是，因全球变暖引起海平面上升和洪水而四处遭灾，贫困落后，此外还面临着许多严峻的环境问题，而现在正在努力探索解决办法。

　　对日本而言，孟加拉国是其援助的主要对象国家之一，但对其了解程度仅停留在知道孟加拉国国名的基础上，几乎没有有关详细论述孟加拉国环境问题的日文资料。因此，人们对于该国受全球变暖的影响、洪涝灾害和贫困等问题之外的环境问题，自然知之更少 [1]。本章主要概要介绍孟加拉国环境与发展现状及其行业特点，同时通过具体事例，提出解决这些问题的方向。

2　自然特征与自然灾害

　　孟加拉国位于南亚东端，南临孟加拉湾（Bangal Bay），西、北与印度毗连，东与缅甸为邻。国土面积为 14.4 万 km^2（约为日本北海道面积的 2 倍），其中一大半为三大河流流域的冲积低地和低海拔的洪积平地，其余为海拔 200～500 m 的丘陵，分布在邻接缅甸的东南部国境地区。三大河流指，以中国西藏为水源地的贾木纳河（the Jamuna River（Brahmaputra，布拉马普特拉河）），源流位于喜马拉雅山脉南侧斜面的恒河（the Ganges River）和以东北侧国境地区为水源的梅克纳河（the Meghna River）。冲积低地的地形特点是，在沿河两岸由泛滥堆积物形成的自然堤防和漫滩（back marsh），前者分布着村落和旱地，后者多为水田。进入雨季，河流水位上涨，漫滩开始被水淹没，在雨季高峰期，仅能看到部分自然堤防还露出水面的光景 [2]。在面向孟加拉湾的东南部，有登记为世界遗产的全球面积最大的红树林，它作为孟加拉虎的栖息地而名扬海外。

　　孟加拉国属于热带季风气候，6—9 月降雨量很多，特别是在东北部的锡莱特（Sylhet）和邻接东南部海岸的观光城市科尔斯巴扎尔（Cox's Bazar），6—7 月的月降雨量高达 1 000 mm。夏季最高为 34℃，最低为 21℃，11—2 月的冬季分别为 29℃和 11℃[3]。

孟加拉国的土地利用形式以农田最多，占 63.2%，其次为森林（包括社会林业地区），占 19.8%，居住地区占 16.0%，其他形式占 1.0%。因此，在生产和生活中，如何有效地利用水和土地，一直是被问及的问题。但是，频繁发生的自然灾害经常给人们的日常生活和作为主产业的农业以毁灭性打击。在自然灾害中，特别令人恐惧的就是旋风和洪水。

比利时的天主教鲁汶大学（Catholic University of Leuven）灾害流行病学研究所的《报告》显示，在 20 世纪以后，全球因台风、飓风、旋风等灾害死亡人数最多的前 10 位事件中，孟加拉国占 4 件，第 1 位是 1970 年死亡人数高达 30 万人的灾难，第 2 位是 1991 年死亡 13.9 万人和第 4 位在 1942 年也多达 6.1 万人遇难[4]。旋风造成的灾害，多因涨潮引起。因此，孟加拉国为了将灾害控制在最小范围而采取了一系列减灾防灾对策，其中包括：在海岸地区种植兼具防风林和防潮林的造林工程、建设避难所、改善台风预警系统和进行避难训练等。但不幸的是，据说 1991 年旋风来袭时，避难人数仅有 20%[5]。

另外，洪灾的特点是，死亡人数不多，但会造成农作物、房屋、家具、家畜等财产的巨大损失。自 1971 年独立后，发生的大规模洪灾事件有：1987 年 7—8 月，灌水面积高达国土面积的 40%左右；翌年 1988 年 8 月和 9 月，洪水淹没了 60%的国土。据说，这些洪水是 50～100 年一遇。1998 年，孟加拉国的灌水面积更大，达国土面积的 2/3，哀鸿遍野。

3 生物多样性与世界自然遗产孙德尔本斯（Sundarbans）

3.1 生物多样性的危机

孟加拉国属于热带季风气候，水源丰沛，森林繁茂。充沛的水

源为丰富的生物多样性提供了保障。孟加拉国也以丰富的生物多样
性而著称，但像其他发展中国家一样，近年来因过度开发而使生物
多样性陷入危机。

下面介绍孟加拉国的生物多样性。孟加拉国的植物种类有 5 000
多种，其中包括后文将详述的世界上面积最大的红树林，水稻种类
超过 1 000 种。目前有 33 种植物属于珍稀物种或濒危物种。此外，
鸟类多达 350 种，其中 27 种属于濒危物种。至今确认的动物物种中，
两栖类动物 19 种、爬虫类 124 种、哺乳动物类 125 种。鱼类方面，
孟加拉国拥有世界上屈指可数的内水（淡水）渔场，淡水鱼种类多
达 260 种，但因在过去的 30 年间，不断引入淡水鱼的外来种，特有
的土著淡水鱼正濒临灭绝。在海域方面，孟加拉国的最南端有圣马
丁岛（St. Martin's Island），那里有孟加拉国唯一的珊瑚礁（在对岸
的代格纳夫（Teknaf）也存在一些），栖息着鳍鱼类 149 种，此外还
有 49 种虾、蟹、海豚和其他海洋物种 [6]。

但是，如上所述，孟加拉国近年来在森林和水生态系统两方面
的生物多样性都出现了问题。如森林消失和退化的原因可列举如下：
①因农业和人居对森林的侵占；②吉大港山区（the Chittagong Hill
Tract）的原住民有农业烧荒的习俗；③无选择性地采伐森林及其林
业管理人员同木材销售企业之间非法勾结造成树木减少；④过分掠
夺药用植物、竹子、甘蔗等特定资源；⑤在孙德尔本斯因恒河水量
减少导致盐碱化；⑥虾养殖地的不断增加造成对科尔斯巴扎尔森林
和代格纳夫红树林的破坏等。

另外，关于水生态系统生物多样性的危机问题，首先应该指出
的是，以防洪为目的的筑堤、排水系统，以及湿地向农田的转换等
因人类对自然的各种干涉活动，导致湿地面积萎缩、大量鱼类和鸟
类的迁徙路线消失以及鱼类产卵场所在多数水体中减少。其原因包
括：①占用湿地无计划地建设道路和房屋；②因旱季水量减少在海
岸地区引起盐害化增加；③生活垃圾、工业固体废物和农业使用的
化学物质造成污染并蔓延；④对水鸟的狩猎、捕捉和干扰其繁殖；
⑤任意颁发渔类管理和鱼类保护的法律资质证书 [7]。

下面，以世界自然遗产孙德尔本斯为例，介绍环境破坏现状及其亟须的对策。

3.2 世界上面积最大的红树林："世界自然遗产"孙德尔本斯

关于近年来由于过度开发导致生物多样性危机业已阐述，特别是被称为"生物宝库"的森林的消失是尤为严重的问题。孟加拉国的森林面积仅限于中部的森林保护区、东部丘陵和西南部沿海地区。下面介绍一下广泛分布在孟加拉国西南部，于 1997 年被联合国教科文组织（UNESCO）登记为"世界自然遗产"的孙德尔本斯红树林相关问题。

孙德尔本斯红树林是世界上面积最大的红树林。"孙德尔本斯"的孟加拉语意思是"美丽的森林"。虽说词源不很清楚，但据说它源自名为"美丽"的树种繁茂昌盛的意思，抑或是由"海洋森林"派生出来的含义。孙德尔本斯的森林面积为 6 017 km^2，其中 4 143 km^2 为陆地，1 874 km^2 为水域 [8]。这片森林的面积占孟加拉国森林总面积的 51%，所以对于孟加拉国的森林保护来说，该地区的重要性是不言而喻的。

照片 1 孙德尔本斯的红树林（2002 年 12 月，三宅博之 摄）

真正开始开发孙德尔本斯，是在 1757 年东印度公司（the East India Company）从当时的孟加拉太守手中夺取了印度东部地区（孟加拉地区、比哈尔邦、奥里萨邦地区）的统治权以后。莫里森副总督和霍奇副总督分别于 1811—1814 年和 1829—1831 年对孙德尔本斯进行了调查。其间，在 1828 年印度殖民地政府宣布，整个孙德尔本斯区域都属于政府资产，开始进行开发和租借。到 1872 年，2 815 km^2 的土地被填埋，在 1904 年开拓土地面积达到了 5 219 km^2。其背景原因在于，1865 年以后，以扩大农田和居住为目的，把土地直接出卖给个人 [9)]。

同时，孙德尔本斯自殖民地时代起就成了英国人的狩猎场所，孟加拉虎（孟加拉语称 "博罗米尔"，意思是 Mr. Big）的数量急剧减少。现在，幸存的孟加拉虎仅有 300～350 头，鳄鱼数量也同样减少到仅剩下 200 条左右。实际上，以前居民们在希布夏河从事捕鱼作业时需要注意鳄鱼和老虎的袭击，但现在，该河已经变成露出沙洲的浅水河，见不到鳄鱼的踪影了。除了老虎和鳄鱼外，其他哺乳类动物、爬虫类、鸟类和鱼类的数量也都在显著减少。

照片 2　孙德尔本斯的生态旅游（2002 年 12 月，三宅博之　摄）

导致这种结果的主要原因如下：首要原因是，通过采伐森林和填埋湿地进行住宅开发与造田、狩猎、拦截自然河流进行养虾等。其次是，在印度境内的恒河上建造了法拉卡水坝（Farakka Dam），在旱季，河水就不怎么向下游流动了，结果是，随着河水（淡水）减少而来的是海水（盐水）增加，从而改变了生态系统。同时，生态系统的平衡破坏也同环境控制的暧昧不清有关。例如，根据林业局的制度规定，渔民在孙德尔本斯地区进行捕鱼作业时，每年要向林业局申请许可证。林业局每年向 6 万多艘船发放捕鱼许可证，这样每年可收缴手续费 1 000 万塔卡（1 塔卡近 2 日元），由此可见该部门根本不考虑鱼类减少，而只沉迷于收入增加。而且，尽管税费是依据每条船的捕鱼量来确定的，但有关人员并不采取正确的计量方法，而只靠目测确定。若有渔民对目测确定的税额不满时，有关官员就会故意拖延检查，对渔民而言终究是不利的。因此，渔民们为了尽可能对自己有利，出现了向有关人员行贿的势头，这种行为同鱼类数量的减少有很大关系。

孙德尔本斯已被登录为世界遗产，同自然保护一样，孟加拉国政府也将其视作观光资源。对于观光资源较为匮乏的孟加拉国来说，孙德尔本斯将来极有可能作为观光资源，到那时，政府将面临的课题是如何控制其开发的程度、如何实现自然环境保护与观光的双赢 10)。

4　经济发展同城市化与人口增长

大多数的环境破坏都同人类的开发行为有关。在 20 世纪 80 年代后半期之前，尚未出现环境与发展相协调的可持续发展思潮。之后，渐渐地变成实施开发计划必须基于可持续发展思想。但是，孟加拉国是典型的人口增长仍然居高不下的低收入国家，尽管经济取得了快速发展，GDP 增长速率为 5%～6%，但该国的环境同时也在不断恶化，贫富差距在进一步扩大。下面，概要介绍该国迄今的经济状况及其发展过程中的城市化情况。

在 1947 年前英国统治印度的时代，孟加拉国的主要产业是以黄麻和水稻为主的农业。之后，直到 1971 年为止的东巴基斯坦时代，黄麻工业、皮革制造业、纤维工业等主要工业发展起来了，但均被西巴基斯坦资本垄断。农业主要是黄麻栽培和种稻 [11]。在 1971 年孟加拉国独立之后，新生政权下不得不重建因资本流向西巴基斯坦和独立战争等原因而疲惫的经济。

那时引入的发展战略是以印度的《5 年计划》为样板。即将黄麻、纤维、精糖工业、保险、银行以及对外贸易、航空、运河、内河交通、西巴基斯坦资本残留的大部分资产统统划入国营或国有化，表现出强烈的计划经济特点。因政变政权交替，当权政府接受了时任世界银行行长麦纳马拉·罗伯特（Robert McNamara）的建议，决定设立出口加工区，改变发展战略，逐渐将重点放在国内外的民间资本上。20 世纪 90 年代，孟加拉国引入了国际货币基金（IMF）提出的结构调整政策（增加税收、开源节流、放宽限制和重视市场经济）。此后，尽管孟加拉国继承了民营化的路线，但为了确保对政权的支持，还是没有削减补助金，国营企业的民营化改革也进行得不彻底 [12]。

在经济战略这样转变的过程中，孟加拉国人口在 20 世纪 50 年代后迅速增加。据 2001 年的人口普查（人口统计），人口达 1.23 亿人，人口密度为 836 人/km²，除新加坡等城市国家外，位居世界第一。76% 的人口居住在农村地区，城市人口的比例比东南亚国家和印度等其他发展中国家相对较少，但随着城市圈以缝纫业为主的各种产业的迅速发展，从农村向城市移动的人口大幅度增加。虽说产业活动欣欣向荣，但就业状况仍不稳定，贫困线以下的人口至今仍高达 40% 左右。因此，在达卡约有一半人居住在贫民区（类似贫民窟的居住区）。这里值得关注的问题是，被称为"拉人力车"的混乱行业和缝纫厂工人恶劣的劳动条件，工人们整天从事体力劳动但仍处于贫困阶层这种扭曲的工资体系。

像这种人口过剩与贫困等问题，在同环境的关系中很容易导致"开放资源的悲剧" [13]。努努尔·阿劳姆曾向笔者介绍了如下事例。

"在 1989 年 11 月，我花费了 8~11 个小时的时间，去了远方一个叫乌珀及拉（Upojira）的小镇。发现村里的房屋都聚集在被水包围着的一些小高地上。每年，大量的房屋、甚至整个村落都被洪水所吞没。在我停留期间，我亲眼目睹了房屋是如何被侵蚀的。一天早晨，在我对几个坐在小船上的村民采访时，看到一位老妇人正在已经受到侵蚀的小丘陵斜坡上拔草。我问她干什么用，她回答说，拔下的草拿回家给 2 头山羊作饲料。我遂问她是否知道从斜坡上拔草会加快丘陵侵蚀时，她惊讶地说，'这是为什么呢？这里不属于任何人的财产。为了山羊，必须寻找饲料。没有饲料，羊就死了。'这种现象绝非异常，是极为普遍的现象。"[14]。

这种开放资源的悲剧是个典型事例，它提出了究竟该如何分配有限资源这一问题。

在孟加拉国的大城市，人口正在迅猛增加。以主要的 4 大城市圈为例，达卡城市圈从 1991 年的 684 万人增加到 2001 年的 991 万人，吉大港（Chittagong）城市圈由 1991 年的 235 万人增加到 2001 年的 320 万人，库尔纳（Khulna）城市圈由 1991 年的 100 万人增加到 2001 年的 123 万人，拉杰沙希（Rajshahi）城市圈由 1991 年的 54 万人增加到 2001 年的 65 万人[15]。特别是前 2 个城市圈的人口增长十分迅猛。人口的这种迅猛增长正在引发下面章节将述及的各种严重的城市问题。

5　环境政策的变迁与制度方面存在的问题

5.1　相关立法与行政机关能力建设的滞后

孟加拉国的环境法律法规，包括直接与间接的以及暂行规定，共计 185 项[16]。基本法规是在 1947 年以前英国殖民地时代制定的。以 1972 年 "联合国斯德哥尔摩人类环境会议" 为开端，环境问题于 20 世纪 70 年代后受到全世界的关注，孟加拉国也于 1971 年独立后逐渐开始制定环境保护对策。制定的或修订的法律法规有：1974 年

制定的《孟加拉国野生动物保护法》（*Bangladesh Wildlife Act*）、1977
年制定的《环境污染防治法》（*Environment Pollution Control
Ordinance 1977*）、1979 年制定的《工厂规则》（*Factory Rules*）、1982
年制定的《鱼类保护法》（*Protection and Conservation of Fish
Ordinance*）、1983 年制定的《农药取缔法》（*Agricultural Pesticides
Ordinance*）和《机动车法》（*Motor Vehicles Ordinance*）、1989 年的
《孟加拉国环境保护法》（*Bangladesh Environment Prevention
Ordinance*）和 1990 年的《森林法》（*Forest Act 1990*）。

　　自 1992 年"里约峰会"（联合国环境与发展大会）以后，不像
以前的单项法规，孟加拉国开始制定纳入整个环境体系的综合性政
策与法规。1992 年颁布了《环境政策》（*Environmental Policy 1992*）
和《环境行动计划》（*Environmental Action Plan*）。前者被认为是纲
领性政策，它由目的、15 个领域的环境政策、法律框架和制度调整
组成，特别是论述了实施环境影响评价的依据和理由。后者作为前
者的具体计划，确定了 17 个领域的行动计划，同时指定了相关负责
部门。此外，还决定每 5 年编制 1 部《环境白皮书》，这也是相当重
要的决定。

　　1995 年，在联合国环境规划署（UNEP）的全面合作下，孟加
拉国制定了《国家环境管理行动计划》（*NEMAP：National Environment
Management Action Plan*）。该计划的目的是，明确各行动主体各自的
必要行动，认识同孟加拉国有关的重要环境问题，遏制环境恶化的
程度，改善环境，保护生物多样性，促进可持续发展，改善人们的
生活质量[18]。以按照不同制度、不同领域、不同地区和长期任务 4
个领域为研究对象，通过举办行政、非政府组织和有关居民为中心
的居民参与型研讨会，讨论各地环境问题和对策等。

　　同年，孟加拉国制定了《孟加拉国环境保护法》（*Bangladesh
Environment Conservation Act*，1995）以替代 1989 年的《环境保护
法》。新法由 21 条组成，覆盖了环境保护的基本领域。包括：环境
的定义（第 2 条）、环境局的设置（第 3 条）与职责（第 4 条）、指
定生态系统危机地区（第 5 条）、机动车尾气规定（第 6 条）、现场

检查权（第 10 条）、请求赔偿权（第 15 条 A）与罚则（第 15 条），而且还特别记载了禁止使用塑料袋（第 6 条 A）和伴随环境影响评价颁发《环境条件适用证明书》（第 12 条）等重要事项。而且在 2000 年和 2001 年，又对该法进行了部分修订。1997 年，为了补充 1995 年的《环境保护法》，制定了《孟加拉国环境保护规定》。该规定明确了大气、水、噪声、恶臭等问题的环境标准。该规定也在 2002 年和 2003 年进行了部分修订。2000 年，孟加拉国开始了《环境判决法》（*Environment Court Act*，2000）的制定工作。这是一部针对环境污染裁决而专门制定的单项法。在全国共设置 6 个环境法庭，具有现场准入和调查等权利。

孟加拉国环境法律体系就这样地逐渐完善起来，这并不意味着在解决环境问题方面已经充分发挥了约束力，也不能确保各项政策均被充分执行。也就是说，还存在着一些应该改进的问题，如个别事项的遗漏、没有记载响应的控制方法、在条文上有可能扩大解释、缺乏行政指导的余地等 [19]。

下面，从环境行政角度做一介绍。行政主管机构是环境林业部。1989 年，孟加拉国设置了环境林业部，同年还设立了由 173 名职员组成的环境局。环境局总部设在首都达卡，并在吉大港、库尔纳和拉杰沙希设置分局。但是，在环境局成立 6 年之后，即 1995 年，作为《国家环境管理行动计划》（NEMAP）的课题中，指出了存在的一些不足，如环境林业部没有支撑自身工作的功能强大的厅局，缺乏基础数据，缺乏能够恰当从事环境影响评价的技术人员、设施和器材，缺乏信息管理系统，缺乏定期培训计划等 [20]。同时，该部的职员人数也没有达到其编制要求。而且，本应负责环境法规实施的责任主管部门自身竟也存在这样的问题。

另外，既然政策是在地方层面上，即末端水平上实施，那么，为了有效地实施相关政策，需要构筑在末端行政水平上发挥必要作用的体制。日本的政策从中央政府决定到末端的执行，采用"中央省厅—市县厅（政令指定城市）—市町村的相关部门"的自上而下方式。但是，孟加拉国的情况因地方行政改革的滞后而不同。以农村开发行政为例，尽管孟加拉国中央部、局的数量超过 20 个，但从中央到省（District）再到郡（Subdistrict），行政资源逐渐缩减，到位于最基层的行政村（Union，现在的人口规模约 3 万人）与普及服务有关的人员还不到 20 人，这只有日本的 1/10 的水平[21]。在这种状况下，为了实现环境友好型的发展，必须优先建立形成其根基的行政机关（包括地方行政改革）和完善的法律体系。

5.2 制度上的问题：以电力供给为例

支撑孟加拉国近年来 GDP 快速增长的重要条件是基础设施建设，如电力、天然气、供水和污水处理等。孟加拉国在输电系统损耗和制度上存在很多问题，导致消费者对供给方产生不满和不信任情绪。下面，以供电为例说明问题的复杂程度。

孟加拉国的电力供需平衡不稳定，处于供不应求的状态。在达卡，达卡供电局（DESA：Dhaka Electric Supply Authority）向达卡城市圈约 49 万户供电，国有达卡供电公司（DESCO：Dhaka Electric Supply Company）为达卡市的米路普路地区 9.3 万户提供供电服务，其他地区的电力供应由孟加拉国电力开发部管辖。

根据对达卡、吉大港、库尔纳、拉杰沙希 4 大城市公益服务调查可知，居民对供电服务"满意"的回答比例分别为：库尔纳 12%、达卡 8%、拉杰沙希和吉大港分别只有 2%[22]。"不满意"的事项可分为：电线连接家庭用户时产生的问题、电力供给相关问题、对于申述的处理问题等。

电线连接家庭用户时产生的问题详见表 1。同"需要支付布线员的额外费用"、"需要多次访问（电力局）办公室反映情况"、"电表安装迟缓"等问题有关。也就是说，当电线进户时，通常都被推迟，为了能够即时布线，用户不得不反复去电力局办公室"拜托"，或者不得不给布线员工"支付额外费用"。在达卡地区，一半以上的用户都表示有"支付布线员额外的费用"，在吉大港、拉杰沙希、库尔纳也属于常见现象。关于额外付费问题，通过在库尔纳贫民区居民举办的焦点团体讨论（Focus Group Discussion）得知，每户居民为电表、部件的安装需额外支付 1 200 塔卡，有时贿赂供电办公室也需 3 000 塔卡。此外，还需要给架线接线工人额外支付 300～400 塔卡 [23]。

表 1　电线进户时产生的问题　　　　　　单位：%

	支付布线员额外的费用	多次访问办公反映情况	电表安装迟缓	额外支付电表、部件安装费
达卡	56	84	23	20
吉大港	91	72	40	18
拉杰沙希	86	72	49	32
库尔纳	70	25	12	19

出处：World Bank，Proshika & Survey and Research System，*Bangladesh：Urban Service Delivery：A Score Card*，Dhaka，2002，p.88.

　　表 2 所示为与供电有关的问题。因为电力供不应求，所以按照地区进行"计划"停电就是极其普遍的现象了。尽管表 2 中没有列出具体的停电次数，但约 60%的回答者认为，停电是个严重问题。为了应对停电问题，达卡中产阶层以上的居民居住在安装了大型自备发电机的高级公寓，而低收入阶层的家庭只好配备应急手电筒和蜡烛等。

表 2　停电以外的电力供给问题　　　　　　单位：%

	电压不稳	电压低	电流断路器断开	电费过高
达卡	40	30	20	6
吉大港	25	18	14	39
拉杰沙希	40	14	26	10
库尔纳	45	8	16	29

资料来源：同表 1。

　　除了定期停电问题之外，还有"电压不稳"和"电压低"的问题。在日本，尽管不存在同样问题，但白炽灯也会因电压不稳而忽明忽暗。有人指出，电压不稳是日本中上阶层普及的电脑等电器和家电产品发生故障的原因之一。此外，在吉大港约 40%的用户被要求支付高额电费。

　　另外，关于申述不满的问题。各地"贫民区居民和非贫民区居民"申述不满的情况分别为：达卡"0%和 17%"、吉大港"11%和39%"、库尔纳"15%和 25%"、拉杰沙希"无回答和 49%"[24]。

　　上述各种问题本应迅速解决，但现实中却常被推迟。因此，消费者需要多次拜访供电办公室，或向上门服务的电表检查员反复诉苦。在达卡，贫民区居民和非贫民区居民的不满申述全然迥异。尽管 84%的贫民区居民经历过供电服务问题，但没有申述不满。这是因为贫民区居民的社会地位弱小。即他们有时也非法接线（偷电），有时也没有电表号码，所以自己没有申述不满的胆量，假如谁要申述，就会被迫拆除私自连接的电线，此外还常常害怕遭到嫌弃。在拉杰沙希，贫民区居民主要是向查表员诉苦。

　　上述问题摘自调查报告书，但在考虑电力问题时，除了上述问题外，还必须掌握输配电系统的损耗情况。所谓输电系统损耗，是指发电时的电量同家庭和办公室等末端用户用电量之差值，主要原因分为技术性损耗和非技术性损耗。在孟加拉国，这种输电系统损耗特别高，而且非技术性损耗高于技术性电损耗。稳定供电问题并不是大量建设发电站或增加发电量（生产量）就能解决的问题。

　　送电时的放电和漏电相当于技术上的问题。另一方面，非技术问题是在负责检查用电量的查表员同电力用户之间达成的违法行为。通常，为了防止发生违法行为，在安装电表时，都粘贴封条。但是，查表员在安装电表时给用户多余的封条，用户就可以打开电表盖，任意地下调用电量。有一些违法事例，如果电费单是 1 万塔卡，用户给查表员 1 000 塔卡，为的是把电费单变更为 500 塔卡。甚至有查表员自己不查表，而是支付给年轻人 1 000 塔卡，由他们查表，非法做成电费单。而且在拉杰沙希，查表员甚至表都不查，就凭空捏造填写"电费单"。

6 环境NGO（非政府组织）开展的环境保护运动

当行政机关在建立环境保护实施体制上裹足不前时，在20世纪90年代以后，为了遏制环境进一步恶化，环境非政府组织（NGO）纷纷登上舞台，数量不断增加，并切实取得了一定的成果。深受被称为"NGO大国"的邻国印度影响，孟加拉国内的NGO活动也远近扬名，其中的"建筑资源联合团体"（BRAC，Building Resources Across Communities）和"格莱珉银行"（Grameen，为孟加拉乡村银行——译者注）在世界上名声显赫，现在NGO已涉足印刷业、大学经营，利用手机的通信业等。环境NGO在规模上虽比不上这些领域的NGO，但在环境领域逐渐拥有一定的影响力。下面，首先描述孟加拉环境NGO的一般特点，然后介绍其具体事例。

环境NGO的特点之一是，在财政和组织方面是稳定的。孟加拉国在环境NGO成立前，已经存在大量取得成功的NGO先例。因此，新成立的环境NGO具有后发者优势，即无需从零开始，就可以在某种程度上取得在财政和组织（财政和人力）方面的稳定性。在财政方面，很少有采用像发达国家那样以援助者为主的会员制团体，所以会费不是活动资金的主要部分，活动预算依靠信托基金、赞助费和补助金。从这种意义上来说，也不可否认存在着当外部资金无法保障时而不得不缩小活动规模这种不稳定因素。

在人才方面，孟加拉的公务员职位一般是有限的，对于那些希望从事创造性工作或创新性工作的年轻人来说，在政府工作并没有多少吸引力。虽然也有进入民营企业的，但据说有热情的人才还是选择NGO[26]。日本NGO职员的雇佣条件仍然非常差，而孟加拉NGO员工的收入远远高于公务员，有时同民营企业不相上下。在1992年以后，因为放宽了限制政策，孟加拉的高等教育机构，尤其是私立大学的数量迅速增加，同时到美国、英国、澳大利亚、加拿大等英语国家的留学也迅猛增加。尽管很多年轻的孟加拉人不愿在充满社会和政治不稳定性的孟加拉生活，而希望在可以进一步提高能力、生活富裕的发达国家定居，但在留学国家就业困难时，他们就回到孟加拉国，寻找 NGO 就业。

另一个特点是，环境领域涉及面非常广，活动方式也多种多样，所以每个环境 NGO 都有自己独特的领域和方式，有时也建立网络，总结涉及广泛的环境领域和活动方式。顺便说一下，以资源管理和环境领域为专业方向的环境 NGO 可分为：政策建议与启发活动、利用参与型方式推动计划、政府和市民之间的协调、动员社会力量，提供服务等[27]。

下面，针对环境 NGO 具体如何活动、活动领域、活动地区和规模，介绍 4 家 NGO 的事例。

6.1　孟加拉环境运动

"孟加拉环境运动"（BAPA：Bangladesh Poribesh Andolan），是 2000 年 1 月 14—15 日在达卡举办的"孟加拉国环境国际会议"上决定成立的。会议上的呼吁团体是 1997 年建立的"环境保护誓言"（POROSH：Bangladesh Poribesh Rokha Shopoth）。POROSH 的主要成员是环境与发展研究所、东西方大学（East-West University）和达卡大学城市学中心（University of Dhaka Urban Studies Center）的人员，主要活动有 1997 年 6 月 6 日举办的题为"直面达卡的环境危机——我们的责任"研讨会。在研讨会上主要强调的是，尽管孟加拉国拥有大量的同环境保护有关的学术成就与数据，但其中并没有为了提供实施建议的行动。因此，政府、NGO、研究人员和专家组织应该同市民统一起来，共同来解决达卡市的问题，改善生活环境。

为了将这些想法具体化，举办了上述国际会议。赞同团体有孟加拉国工程技术大学（BUET：Bangladesh University of Engineering and Technology）、孟加拉国环境网（BEN：Bangldesh Environment Network）和环境 NGO 联合会（CEN：Coalition of Environment NGO's）。参会人员达 500 人，包括国内外的研究人员、专家、环境 NGO 员工、政府有关人员等。在环境相关的各个领域，发表了大量的报告，最后，为了使这些成果变成具体的行动，会议最后决定成立"孟加拉环境运动"（BAPA）。

该 NGO 的主要目的是，推动政府制定环境保护必要的法律法规，加快设置法律法规的实施主管部门，提高污染者、使用者、有关人员和受害者对环境污染影响的意识，通过防治环境污染来改善生活质量，推进开展市民社会的环境教育，促进市民进行环境友好型行动，在全国各个管辖区域、省和郡等所有行政区域开设孟加拉环境运动分部。

孟加拉环境运动的主要活动形式有会议、研讨会、示威与抗议行动。例如，在本章后面的专栏中述及的"禁用塑料包装袋运动"、"布里贡噶河污染防治运动"等，孟加拉环境运动都发挥了主要作用。该 NGO 还举办过一些会议，包括 2000 年在达卡最早的关于环境问题的国际会议、2001 年在孙德尔本斯的保护生物多样性会议和 2002 年的关于环境与健康的国际会议[28]。

6.2　孟加拉国高等研究中心

"孟加拉国高等研究中心"（BCAS：Bangladesh Centre for Advanced Studies）创立于 1986 年，主要从事各个领域的研究、调查和培训活动。该中心的观点是，在制定政策、项目、计划和提出建议时，需要有正确的科学知识和信息，同时，具有现场意识的社区人才与智慧也很重要。具体活动如下。首先，在每年 6 月 5 日的"世界环境日"，孟加拉国的政府、NGO、大学和国际机构聚集在一起，举办环境集会、游行活动、海报展示、影像放映、公开出版物、歌咏、演剧，还举行植树等活动。作为有实力的 NGO，孟加拉国高等研究中心积极参加这些活动。该中心的其他具体活动还有报废"两缸三轮机动车"运动、保护湿地和推进环境教育活动。特别是普及环境教育活动，对于在环境领域行动滞后的孟加拉国来说非常重要。

接下来介绍孟加拉国的环境教育事业。首先，1999 年 5 月—2000 年 9 月，孟加拉国高等研究中心为提高城乡非正规学校儿童的环境意识，编制了供教师用的《环境教育指导书》，并以此为基础开展培训活动（资金来源为美国农业开发计划国家研究所的《孟加拉国农

村企业与农村开发计划》）。对小学 3 年级到 5 年级的非正规学校的
教师（达卡的 7 所学校共 22 名教师、孟加拉国高等研究中心的"湿
地资源培训研修中心"附近的 7 所学校共 28 名教师），利用孟加拉
语版的《环境教育指导书》进行培训。

该次培训不同于以往的笔记和讨论（chalk and talk）形式，采用
的是体验型学习方法。培训结束后，受训教师要在本校确认《环境
教育指导书》的效果，进行检查。同时，基于已经积累的成果，对
《环境教育指导书》进行修改完善。当教师们再次参加研讨会时，就
有机会通过讨论，共同探讨教育方法 [29]。除了培训活动之外，孟加
拉国高等研究中心还在达卡北面的朗布尔（Rangpur）省举办了环境
教育展，展出包括水污染、大气污染、砷污染、全球变暖、生物多
样性等环境课题的展板或照片，还举办了各种集会，超过 50 个学校
的教师、学生和市民等参加了这些活动 [30]。

6.3 孟加拉国环境律师协会

孟加拉国环境律师协会（BELA：Bangladesh Environmental
Lawyers Association）成立的宗旨如下。在孟加拉国，由于过度的开
发和经济导向型政策，在生态系统方面造成了无法想象的负面影响。
而且人们处于极端困苦的状况之下，面临着比以前更为严重的贫困。
为了保护环境，孟加拉国于 1989 年设置了环境林业部，1992 年制定
了全国环境政策，1995 年颁布了《孟加拉国环境保护法》。此外，还
制定了 185 项与环境保护有关的单项法规。但是，一半以上的单项
法规都是在殖民地时代制定的，对今天的环境保护和资源保护这些
新概念的解释全然无效。因此，需要依据现状修改法律制度，为了
能恰当地实施诸法以保护环境，还需要开展各种"建议活动"，同时
需要采取各种手段，提高主要行动主体的环境保护意识。

基于这种认识，年轻的法律专家们组建了孟加拉国环境律师协
会。成立之际，他们提出了 10 条具体目的。其中，主要目的有 3 条：
①研究同环境与生态系统直接或间接相关的政策、计划、法令、条
例、判例、制度和传统规范，重新构建合适的法律体系；②努力保

护环境与生态系统，为政府、NGO、协会、社区、传统团体和其他专家团体提供法律援助和服务；③进一步为因环境与生态系统恶化而遭受损失，并且希望得到救助的个人提供法律援助。

实际开展的主要活动有，研究文献（例如，研究成果有《孟加拉国森林法令与习俗（英文版）》《环境：政党的作用（孟加拉语版）》以及《孟加拉国环境律师协会会刊》的刊行）、举办培训和研讨会、编印宣传材料、组织展览等，以提高公众的环境保护意识，参与公共福利相关的诉讼，提出政策建议和收集文献资料等[31]。

6.4　关注废物组织（Waste Concern）

前面介绍的 3 个 NGO 都是中等规模的，而"关注废物组织"（Waste Concern）在员工数量和活动领域方面都是有限的小规模 NGO。1995 年，以之前一直研究固体废物处理与回收和土木工程的 2 名青年为骨干，联合各个领域的 21 名专家，在达卡成立了该 NGO。该团体以达卡当地社区为基础，从各家各户回收有机废物，进行堆肥，这在当时孟加拉国的固体废物处理与回收方面是具有划时代意义的。

"关注废物组织"成立的背景，是 2 名青年骨干对于当时达卡的固体废物处理系统不满意或不信任，热心追求可持续的固体废物处理的可能性。对于他们而言，可持续固体废物处理系统意味着是一个尽量控制运营管理费用、并可以创造大量雇用机会的系统。目前，在达卡有大量的社区组织（CBO，Community-based Organization）和 NGO 从事初级收集作业，即从各户收取回收费用以回收固体废物，并运送到临时保管所（站），而以前居民们需要自己把废物搬运到保管所。但实际上居民们以前并不自己去运送，所以街上到处都是垃圾。尽管达卡市政管理局对道路和侧沟进行清扫，但由于清扫不彻底[32]，造成居民更加强烈的不满情绪。关注废物组织的成员们从充分理解居民的立场出发，同时意欲发挥自己在固体废物管理方面的专业知识，遂成立了该团体。

总之，该团体的目的有 3 个：①推进孟拉加国内的固体废物再循环活动，改善环境；②通过再循环（厨余垃圾堆肥）活动为贫困者（特别是妇女和儿童）创造就业机会；③进行有关固体废物再循环的研究与试验，为改善环境而构筑并加强地区居民、民间企业和行政机关之间的伙伴关系。

至今，实施的项目大致分成如下 5 类：

第 1 类，在中间阶层居住区回收固体废物和生产堆肥与销售。即从各家签约户收集有机废物（特别是厨余垃圾），利用从莱昂斯俱乐部（Lions Club）免费借来的空地 [33)] 和政府职员住宅的空地等，有效利用贫民区的妇女和其他劳动力，进行生产堆肥，之后卖给签约的肥料处理流通企业。

第 2 类，在贫民区居民参加型的通过有机废物生产堆肥。6 户为一组，把有机废物放入汽油桶改装的堆肥容器内生产堆肥，然后由关注废物组织从他们手中买走。因为销售价格取决于堆肥质量的高低，所以贫民区的居民有提高堆肥质量的积极性。

第 3 类，从封场之后的最终处置场回收甲烷气项目。这是"清洁发展机制"（CDM：Clean Development Mechanism）的一部分（资金由澳大利亚提供），规模比上述的社区项目大得多。

第 4 类，环境（固体废物）教育项目。为了实现恰当的固体废物管理，该项目为发挥主要主体作用的居民提供了积极参与行政的机会和思考如何将自身生活空间中的生活垃圾处理得当的机会。环境教育不是关注废物组织的专业领域，所以他们同上述的孟加拉国高等研究中心合作，进入学校等开展环境教育活动。

第 5 类，是通过上述实践，进行与可持续固体废物管理相关的调查研究活动。关注废物组织的特点是，尽管规模小，但通过发挥专业知识来取得成果。成立之初，该团体的活动表现出对城市固体废物的批判和挑战，故而未能取得行政部门的许可和认同。但是，在环境政策特别是固体废物管理政策中，"关注废物组织"成了致力于伙伴关系的重要环境 NGO 之一 [34)]。

7　水污染：主要是砷污染

在考察孟加拉国的水污染时，把地表水污染和地下水污染区分开来是相当重要的。地表水污染，其原因和对策与其他发展中国家大致相同。在各种环境法律法规不健全、执法不严、国民危机意识淡薄、污染防治技术落后等状况下以及工业化和城市化迅速发展，随之都出现了一系列环境问题。例如，工厂未经处理即外排的废水、家庭排出的生活污水、农村含有化肥与农药的农业废水、受港湾等船舶排出的油污染的海水和河水等。

另外，在其他发展中国家并不多见、但在孟加拉国受到很大关注的是其固有的砷引起的地下水污染问题。砷现在已被确认为是非常严重的环境问题之一。最早在孟加拉国出现砷污染报道的是 1996 年来自萨德基拉（Satkhira）、巴盖尔哈德（Bagerhat）、库什蒂亚（Kushtia）3 个西南部省份。据政府报告，目前在 64 个省内有 61 个省受到了砷污染，波及人口约占全国人口的 65%[35]。在孟加拉国发现砷污染之前的 1978 年，在其毗邻的印度西孟加拉府（West Bengal）就出现了砷污染报道。当初认为，污染原因是杀虫剂、除草剂、排放工业废水用的金属过滤器等，但位于西孟加拉府加尔各答（Calcutta）的加达乌普大学（Jadavpur University）的研究发现，在 3.5 万 km^2 范围的土地，地下 20～60 m 的泥土中都含有砷，这就否定了当初分析的污染原因。在 20 世纪 70 年代以前，尽管砷污染的问题没有浮出水面，但据说农民为了夏季灌溉农作物而大量汲取地下水，从而诱发了土壤在构成上发生化学变化[36]。

砷污染会引起严重的健康损害，如肾脏、肝脏障碍，呼吸器官疾病，皮肤癌，甚至死亡。也有报道称，出现的症状还有身体出现黑褐色斑点、手掌和足踝以下部分的皮肤增厚、手足生疣等[37]。

尽管如此，并非意味着饮用砷污染的水就一定都会出现上述症状，即使在同一家庭中，也会有人患病而有人不患病。造成这种差异的原因在医学上来说还存在很多未解之谜。由于害怕社会偏见和歧视，患者自身会有忌讳就医的倾向，还有因财力和人力不足导致调查不全面等原因，孟加拉国全国究竟有多少患者尚无法确定。据报道，在已调查的 6 个郡（Thana）的村落，患者比例平均为 0.18%，最高的是霍比甘杰（Habiganj）的村落，高达 0.51%[38]。

为了减轻砷污染，政府的公共卫生工程局（Department of Public Health Engineering）一般采用如下方法[39]：①实施水井水质检查，把没有受到污染的水井涂成绿色，受到污染的水井涂成红色；②提高居民对砷污染的意识；③鉴别砷中毒患者；④寻找并确保替代地下水的饮用水水源。对砷中毒患者的治疗，尽管尚未发现有效方法，但据说如果患者饮用未污染的水和食用营养丰富的物品，就可恢复健康状况。但是，在农村一般想要寻找可替代的饮用水水源或摄取营养丰富的食品是相当困难的[40]。为了清除砷污染和确保安全的饮用水，孟加拉国至今仍在探索各种方法。

如目前看到的情况，砷污染在孟加拉国成为重要的环境和卫生问题之一，但同时也必须重视对于砷中毒患者抱有偏见与歧视等这些社会问题。例如，皮肤上出现黑褐色斑点的一名女性 A（33 岁），被拒绝同周围的人们进行社会交往。一般情况下，有此症状的女性不能结婚，即便是已婚女性，也会被遣返回娘家；若是男性，则被拒绝在村庄就职。例如有青年男性 B，已经接受治疗，饮用安全的水已数月，但手脚上的症状仍未消失。他在砷中毒发病时，父母劝其整日待在屋里，家人也迫使他在自家院内最里面搭建木草屋，与父母分开住。"大家都认为砷中毒症状会传染，为此我吃完饭后必须用开水烫洗碗筷。"他的这番话仅代表了各种社会关系的冰山一角。发病原因业已查明，本来需要以家庭为主的整个社区对砷中毒患者给予精神和身体关怀，但社会偏见和歧视仍然根深蒂固，这进一步表明解决砷污染问题是相当困难的[41]。

8　大气污染：问题发生原因、受害情况及其对策

孟加拉国的大气污染问题主要是砖瓦烧制厂排出的烟尘和大城

市机动车尾气。这些大气污染问题会造成肺尘病、硅肺病、头痛、支气管炎、呕吐以及同肺相关的一系列健康损害。而且，也有报道称大气污染对植物也有影响，特别是会造成水果黑斑病和损伤等。下面，介绍砖瓦烧制厂的烟尘和大城市机动车尾气问题。

8.1　砖瓦烧制厂的烟尘

达卡市内及其近郊的哈扎日巴古（Hazaribagu）、道热效瓦如（Doreshowaru）、北棍巴日（Begunbari）、本括塔伯日（Bonkotabori）这些地方，在旱季（即 10 月—次年 3 月）的大约半年时间里，约有 4 000 家砖瓦烧制厂开工。在雨季，这些工厂因厂区及其周边的原材料补给地被水淹没而无法开工。这些工厂每年消耗煤炭约 200 万 t，而且平均每家工厂每年作为燃料使用木材达 7 500～30 000 kg，据说这也是森林遭到破坏的原因之一（每年森林面积减少 2%）。有报告称，除木材以外被用作燃料的还有废旧轮胎和废塑料。

照片 3　砖瓦厂的烟尘造成大气污染（2006 年 3 月，三宅博之　摄）

需要特别强调的是，砖瓦厂的数量同政府掌握的数量有很大出入，政府认为有 1 万家左右，而实际数量是其 3 倍以上。其原因在于，尽管工厂在开工时是需要登记的，但是行政部门中存在着放纵不登记等违法行为的风潮（串骗和渎职等）[42]。

关于大气污染，特别是关于砖瓦烧制厂排放煤尘的问题，孟加拉国已经颁布了法令，而且法院命令砖瓦烧制厂必须建造超过 120 m 的烟囱，但实际上企业并没有遵守规定，从而导致环境污染不断扩大 [43)]。

应对这种状况的对策，是需要尽快建设具备低污染负荷技术（提高能源利用效率和进行有效的质量管理）的烧制厂。据说，这类技术在中国已有开发，技术水平要求并不很高，维护也简单。其特点是，生产的砖瓦质量高，固体废物产生量少 [44)]。大型住宅建设公司，正在表现出积极利用环境友好型砖瓦的势头。利用砂子、石子和水泥生产的混凝土砖正在占领市场。同时基于法令的取缔行动也在逐渐强化。另外，市场上对于环境负荷低的工厂砖瓦需求量也在不断增加。从这些方面可以探索解决问题的方向。

8.2　机动车尾气

大城市机动车尾气排放问题是比老式砖瓦烧制厂烟尘排放更为严重的大气问题。其原因是，在首都达卡伴随着人口快速增长带来的汽车保有量增加及其造成的交通堵塞问题。特别是从 20 世纪 90 年代开始，孟加拉国全国汽车数量据说年增加率为 10%。而且，在 1997 年，全国汽车保有量的 50%～60% 都集中在首都达卡。到了 1998 年年末，达卡的汽车数量（估计）有 25 万辆，其中自动三轮车（mishuks，排气量比小型汽车低）、踏板摩托车（scooter）、自动天霸三轮车（auto-tempo）和两缸三轮车有 4.5 万辆。同 1996 年机动车总数（据估计）17.5 万辆相比，可见增长速度之快 [45)]。

随着机动车总数的迅速增加，孟加拉国也在逐渐完善相应的道路网和交通信号系统，但在数量上仍显不足。因此造成了交通堵塞和尾气问题。为了减缓这些问题，孟加拉国采取过一些措施，而且至今仍在思考解决对策。

第一个对策是引进环境负荷较小的燃料。即 1997 年孟加拉国转向大量进口含硫量较低的柴油和无铅汽油。制定这项政策的灵感，缘于邻国印度 1996 年在新德里、孟买、加尔各答、钦奈（Chennai）这 4

个大城市和阿格拉（Agra）改用硫含量只有 0.5%～1.0%的柴油[46]。

第二是限制人力车（rickshaw）在主干线上通行。达卡作为"人力车街道"而非常有名，人力车数量达几十万辆，1998 年，达卡的各种车辆的道路占有率分别为人力车 70%、小型出租车 15%、轿车 8%、公共汽车 7%。当初，达卡市政府引进了人力车许可登记制度，但当时执政党伞下的"人力车劳动者联盟"和其他的"人力车所有者协会"等团体同时都可以单独发行另外的登记证，引起了混乱，结果人力车数量几乎没有得到控制[47]。为此，之后规定了人力车可通行的道路，禁止人力车在以前发生堵塞的主干线上通行（卡车只许夜间进入市内）。

第三个方法是拓宽道路、建设新道路和立交桥以及增设信号灯。这需要大量经费，接受了世界银行、亚洲开发银行和其他援助机构的融资，目的是缓解交通压力而不是基础设施建设。但是，同汽车增加数量相比，上述设施设置得还是太少，而且在施工期间的拥堵更加严重。

最后是将两缸三轮车（微型出租车）转换为 CNG（压缩天然气）三轮车。前者以排放大量悬浮颗粒物和硫氧化物等污染物的柴油为燃料，后者以天然气为燃料。CNG 三轮车的开发在印度取得了跨越式发展，达卡也逐渐引进 CNG 三轮汽车，自 2003 年 1 月起全面禁止两缸三轮车在达卡市内通行。据此，有报道称大气污染得到了一些改善，但由于最近家庭轿车和公共汽车的大量增加，大气污染的严重程度又进一步恶化。

9 结语

孟加拉国南部面对孟加拉湾，由于海平面上升，海岸线逐渐后退，很多人认为其原因是全球变暖。同以前相比，孟加拉国的环境确实是在不断恶化。20 世纪 90 年代，全球都在关注环境友好型的可持续发展，但孟加拉国的环境保护法律法规尚不健全。在全球化的呼声下，孟加拉国的激烈竞争导致过度开发，自然环境逐渐破坏。

同时，农村地区由于过度使用农药和从土壤中渗出的砷等污染物，给人体健康造成危害。

另外，尽管因果关系尚不明了，但在城市地区由于工业污染和不完善的污水处理、固体废物处理，导致了肺炎、支气管系统疾患、痢疾、胃肠炎、登革热等患者不断增加。

本章分领域介绍了孟加拉的环境现状，了解到了一些领域的环境问题恶化情况。尽管环境行政无法像发达国家那样充分发挥作用，环境法律系统也不健全，但可以看到，孟加拉国正在竭尽全力地遏制环境恶化。孟加拉国，自20世纪70年代起盛行的NGO发挥了行政所未能发挥的作用。在这一历史背景中，自20世纪90年代，环境NGO纷纷兴起，成为承担环境保护活动的一大主力。正如上述事例所示，环境NGO积极活动，动员环境部门制定禁止使用塑料包装袋的政策，建议达卡市全面引进CNG三轮车。现在，在制定环境计划和起草法令中，政府必定邀请NGO给予合作。在环境NGO中，一些团体具备了培训政府职员的能力。

但是，从全体国民和社区居民数量来看，NGO的影响力还远远不够。孟加拉国大部分的开发是依靠国际合作，尤其是在进行大规模开发时，援助机构和援助国开始按照各自的环境准则推进。因此，今后需要探讨国外的援助机构和援助国政府、国际NGO、孟加拉国中央政府、地方行政机构以及环境NGO之间如何进行合作，把可持续发展的概念渗透到企业和社区中去，提高企业主和地区居民的环境意识。

（执笔：三宅博之）

〔注〕

1)　做不到关注所有的环境问题。最近，笔者以介绍市民环境意识和行动的形式写了一篇关于达卡市的都市问题的论文，详细请参考：三宅博之「バングラデシュ・ダカ市の地域社会における環境共生の可能性——地域社会の社会的諸要素・諸関係に焦点をあてて」出口敦編『アジアの都市共生——21世紀の成長する都市を探求する』九州大学出版会，2005年。

2)　海津正倫「ガンジス川河口にある国——国土と景観」大橋正明・村山真弓編著『バングラデシュを知るための60章』明石書店，2003年，p.43。

3） Khan, Mamunul Hoque, "Bangladesh Environment: The Natural Setting," in Rahman, Atiur, M. Asharaf Ali and Farooque Chowdhury, *People's Report Bangladesh Environment 2001*, Vol.1 Main Report, Unnayan Shamannay & University Press, Dhaka, 2001, p.14.

4） 『朝日新聞』2005 年 9 月 1 日。

5） 内田晴夫「ベンガル湾の強暴な台風——サイクロン」大橋・村山编著，前揭書，p.54。

6） Haque, Mahfuzul, "State of Bio-diversity in Bangladesh," in Chowdhury, Quamrul Islam ed., *Bangladesh-State of Bio-diversity*, Forum of Environmental Journalists of Bangladesh, Dhaka, 2001, pp.5-6.

7） *Ibid.*, pp.6-7.

8） Islam, M. Shafi Noor, *Sustainable Eco-Tourism*, A. H. Development Publishing House, Dhaka, 2003, pp.22-23.

9） Choudhury, Khasuru, Mir Waliuzzaman and Ainun Nishat, *The Bangladesh Sundarbans: A Photoreal Sojourn*, IUCN, Dhaka, 2001, pp.111-112.

10） 在孙德尔本斯，环保观光正在逐步盛行。但是，导游和游客是否能彻底了解环保观光的原理和原则，还是很难说的。下面，介绍一下关于这方面的实际感触。笔者于 2002 年 12 月，同学生们一起到孙德尔本斯旅行。和许多孟加拉国人一起乘坐可住宿的游艇。在这里遇到了陆军军官家属和在加拿大取得学位、现在孟加拉国的大学执教的年轻夫妇。之后下了游艇，在红树林零散活动时，每个组的男性都悠闲地掏出香烟开始抽。因为周围没有烟灰缸，可想而知大家都把烟蒂扔到了地下。笔者看到这些以后，用严厉的口气质问他们："大家都知道这里是孙德尔本斯，是观光资源非常少的孟加拉国在世界上可以引以为豪的世界自然遗产的前提下，还在这里吸烟？你们大家是受过高等教育的人，本来应该以身作则告诉大家环境保护的必要性，现在却在小孩面前做出这种破坏环境的行为？"陆军军官随后表示反省自己的行为，向大家道歉。尽管关于环境危机的意识在中产阶层已经普及，但是该事例说明知识同行为没有直接联系。导游强调"绿色结伴"，同时对这些事情也应该详细地向旅客说明，但却被省略了。与此相反，在以珊瑚礁和热带鱼闻名的夏威夷瓦胡岛（Oahu Island）的恐龙湾（Hanuman Bay），在进入海滨前，使用巨大屏幕，花 5 分钟时间，向所有游客介绍恐龙湾的自然状况，以及为了保护该地自然环境，旅客们应该遵守的规则等。这是人类与自然环境共生的一个尝试。

11） 河合明宣「若い独立国の自立の課題」河合明宣编『発展途上国の開発戦略——南アジアの課題と展望』放送大学教育振興会，1999 年，pp.130-131。

12） 同上論文，pp.136-137。

13） 在生物学家 Hardin 的报告（Hardin, G., "The Tragedy of the Commons," *Science*, No.162, 1968, pp.1243-1248）中，将因过度放牧造成的牧草地退化叫做"公地的悲剧"。但是，社会科学家们对此持批判态度，因为实际上，一般"公地"被社区管理，经过长期的管理是可以持续利用的。而且，Hardin 自己经过 20 年的研究也承认了自己论文中的错误，认为应该称为"无人管理公地的悲剧"，详见（Hardin, G., "Common Failing," *New Scientist*, No.22, 1988.）. 井上主张称为"开放资源的悲剧"（Tragedy of the Open-Access resources）

更为贴切，参见（井上真『コモンズの思想を求めて』岩波書店，2004 年，pp.53-54)。

14）Alam，S. M. Nurul，"Perception of Ecological Problems and its Implications for Bangladesh's Ecological Future，" in Werner，Wolfgang L.（ed）.，*Aspects of Ecological Problems and Environmental* 146　第 II 部　各国・地域编 *Awareness in South Asia*，Manohar，New Delhi，1993，pp.49。

15）根据 1991 年人口普查的数据 Bangladesh Bureau of Statistics（BBS），Government of Bangladesh，*Statistical Pocketbook Bangladesh 1997*，Dhaka，1998，p.4 和 2001 年人口普查的数据，BBS，Government of Bangladesh，*Statistical Pocketbook Bangladesh 2003*，Dhaka，2005，p.4。

16）Hasan，Jesmul，"Environmental laws in Bangladesh：In Search of a Regulatory Framework，" in Chowdhury，Quamrul Islam（ed）.，*Bangladesh-State of Environment Report 2000*，Forum of Environmental Journalists of Bangladesh，Dhaka，2001，p.297.

17）孟加拉国 1993 年以前环境方面的法规和环境行政，请参考，井上秀典「バングラデシュの环境法と行政制度」野村好弘・作本直行编『発展途上国の环境法——東南・南アジア』アジア経済研究所，1994 年。

18）Ministry of Environment and Forest（MoEF），Government of the People's Republic of Bangladesh，*National Environment Management Action Plan*，Vol.II：Main Report，NEMAP Secretariat，Ministry of Environment and Forestry，GOB，Dhaka，p.16.

19）根据 2003 年 7 月 10 日在达卡对 JICA 专家水口正美氏的访问。

20）MoEF，*op.cit.*，pp.58-59.

21）海田能宏「ディストリクト・ウポジラ・ユニオン——地方制度」大橋・村山编著，前揭书，p.155。

22）World Bank，Proshika & Survey and Research System，*Bangladesh：Urban Service Delivery：A Score Card*，Dhaka，2002，p.26.

23）*Ibid.*，p.28.

24）*Ibid.*，p.90.

25）*Ibid.*，p.30.

26）http://www.scdp.org.np/pub/ats/bangladesh.pdf，p.8.

27）*Ibid.*，p.9.長谷川公一『環境運動と新しい公共圏——環境社会学のパースペクティブ』有斐閣，2003 年，p.78）中阐述，环境 NGO 或是环境运动的全球特点，相比于 20 世纪 70 年代前的发达国家或发展中国家的阶级斗争型的工人运动和体制改革运动，环境运动则可以称之为"新社会运动"，具体来说，新的方面有：①承担者……典型的是农民、渔民和地区居民，一般市民、专家级别、高学历的人，而且女性也承担重要的角色；②关注点……相对于工人运动在工厂等生产方面，环境运动是从生活出发的消费方面；③价值取向……批判已有的优先发展经济、大量生产、大量消费、大量废弃的方式，价值取向主要是倾向于生态学、重视生态系统、"强调与自然共生"、"可持续发展社会"等。④行为方式……强调自己的决定、表现、自己限界的激进主义。

28）http://www.bapa.info/.

29）http://www.bcas.net/Divisions/Division_Index.html.

30）Bangladesh Environmental News Letter，Vol.14，No.1，September 2003.

31）BELA's HP（现在メインテナンス中）.

32）清扫道路的频次由道路的宽度决定，道路如果狭窄，清扫频次就少，像这样的信息有时并没有告知居民。

33）因为要建造中层建筑物，免费借地合约在 2005 年被解除。因此，堆肥生产作业被迫中止。参见本章 147 页。

34）关于关注废物组织的理念和开展的活动详细请参考：三宅博之「バングラデシュ・ダカ市の一般廃棄物処理事業の新局面——厨芥類のコンポスト化作業に関する中間層の意識と清掃 NGO『ウェイスト・コンサーン』の活動を中心に」『APC アジア太平洋研究』No.9，2001 年 9 月。

35）Chowdhury，Quamrul Islam，"Drinking Death：Bangladeshis at Risk of Arsenic Poisoning，" in Chowdhury，Q. I. ed.，*Bangladesh: State of Environment Report 2001（hereafter BSER2001）*，Forum of Environmental Journalists of Bangladesh，Dhaka，2002，pp.63-64.

36）*Ibid.*，pp.65-66.

37）*Ibid.*，p.65.

38）Haider, S. Z. and Hossain M. A. eds.，*Proceedings of the National Seminar on Contamination of Groundwater by Arsenic in Bangladesh*，School of Environmental Science and Management，Independent University，Dhaka，2000，p.72. 关于砷问题，，安藤把砷污染看作是带来了"绿色革命"，因为管井户的普及导致地下水位下降，同时砷污染导致健康受害进一步扩大。日本的 NPO 亚洲砷网络为了去除砒霜污染正在采取行动，在乔乔鲁省夏木他村展开调查时，该村村民用手压泵从井里取水，取出的水不直接饮用，而是放入未上釉的陶壶里，放置一段时间后才饮用，用这种方法饮水的村民（特别是女性、贫困层的居民）中，几乎没有发现因砷污染造成的健康损害，这种去除砷污染的方法不是外来的，而是本地的。详情请参考，安藤和雄「農村開発における環境問題と在地の技術——手押しポンプ普及と砒素汚染問題」河合編，前掲書。

39）Muslim，S. M. A.，"Tackling the Arsenic Menace，" *BSER2001*，p.81.

40）Chaudhury，*BSER2001*，p.71.

41）*Ibid*，p.70.

42）Nag，Shaymol Kanti，"Brick Kilns are Polluting the Air，" *Miseries of Millions in Bangladesh*，News Network，Dhaka，2005，p.44.

43）*Bangladesh Environmental News Letter*（published by BCAS），Vol.15，No.1，January-June 2004.

44）*Ibid*.

45）*The Independent*，December 25，1998.

46）*Ibid.*，November 13，1996.

47）*Dhaka Courier*，March 20，1998，p.10.

专栏 解决固体废物处理问题的挑战

如今，不论在哪个发展中国家固体废物管理问题都是越来越严重的问题，孟加拉国的达卡也不例外。达卡面临的问题，包括相对于固体废物预测产生量的回收比例低下（非法倾倒的横行和不彻底的收集等导致公共卫生状况不断恶化，排水沟（路线）流量的减少引起地面灌水）和确保最终处置场的困难等各种问题。自 1982 年左右，达卡开始普及在购物时使用国产塑料包装袋。1983 年，孟加拉国只有 2 家塑料包装袋和聚乙烯生产厂，而到 1990 年年末就陡增到 800 家左右（Shahnaz, Kazi, "Out Goes Polybag in Comes Jute Bag", *BSER2001*, P.29）。

其中，315～320 家都是只有 8～12 名工人的小厂，工人数量合计为 2 520～3 840 人。工厂的初期投资仅需 20 万塔卡，生产 1 枚塑料包装袋的成本为 0.05～0.07 塔卡，销售价格为 0.3～0.35 塔卡/枚。这种高额利润导致塑料袋行业的迅速发展。生产成本更低的极薄的黑色塑料包装袋，耐久性差。

根据 NGO ——"环境与社会发展组织"（Environment and Social Development Organization）的调查，在达卡，每户每天平均使用 6 枚塑料包装袋，其中 4 枚被直接扔掉。结果导致在道路上四处散落着塑料包装袋流入排水沟和下水道。早在 1989 年，该 NGO 就呼吁公众关注聚乙烯购物袋和塑料材料对健康和环境的危害，开展反聚乙烯塑料袋运动，举办集会和学习会，同时努力扩大对政府和决策者的影响。政府于 1993 年 10 月决定，除了在出口加工区，均禁止生产聚乙烯塑料袋，但是该决定最终得以实施是在 2002 年。顺带说明一下，现在，纸制和黄麻制的购物袋等已经取代了塑料包装袋，特别是黄麻制购物袋还复兴了孟加拉国以前的骨干产业黄麻生产加工业。

（执笔：三宅博之）

第 3 章

俄罗斯远东地区

危机中的泰加林生态系统

哈巴罗夫斯克（伯力）的森林火灾旧址。俄罗斯的森林火灾大部分都是人为造成的。该现场的火灾，也是在采伐树木后，只搬运值钱的粗大原木，其余小径木材和弯曲木材则被遗留现场，由于狩猎人取火等，被丢弃的枯木遇火会引发森林火灾。《森林法》规定不允许在林地丢弃残木，但实际上被砍树木的一半都被丢弃在现场，据说这就是森林火灾容易发生的原因。

（2005 年，佐佐木勝教　摄）

地图 1　俄罗斯远东地区的行政区域和生态系统（图略）

1 前言

俄罗斯远东地区土地辽阔，自西流入拉普捷夫海（Laptev Sea）的勒拿河（Lena River）流域，南接中国东北地区流入的阿穆尔河（Amur River，中国境内称黑龙江。——译者注）的北部与东部地区，北邻北冰洋，东至连接美国阿拉斯加的白令海峡，总面积 660 万 km^2，约为日本国土面积的 18 倍。

该地区的人口在 1991 年曾达到峰值——806 万，之后趋于减少。据 2002 年 10 月俄罗斯联邦国家统计局的资料，俄罗斯远东地区人口为 669 万人，其中 75%居住在城市及其近郊，北部和东部的土地一望无际，渺无人烟。中心城市是符拉迪沃斯托克（海参崴）和哈巴罗夫斯克（伯力），2 市人口都在 60 万人以上。大部分人口属于俄罗斯人，是 17 世纪之后从欧洲俄罗斯（European Russia）移居而来的。原住民（亚洲蒙古系）的人口本来就少，由于被俄罗斯文化所同化，现在几十个少数民族的人口合计也不过 10 万人左右。

这样，同亚洲其他地区相比，人口稀少的远东地区的环境问题与其说是地区问题，不如说是全球问题，特别需要考虑的是该地区通过大气、海洋和气象对于包括日本在内的东亚地区的影响。

该地区的森林具有极大的"碳汇"功能，俄罗斯打算把剩余的"碳汇"出售给日本和其他国家。然而，据说该地区的森林火灾堪比甚或超过印度尼西亚，加上伴随永冻土界限（参见地图 1）北移引起的温室气体甲烷释放，这些同森林碳汇相抵消，剩余碳汇是否真有那么大，还存在疑问。

此外，除了以前开发的金矿外，近年来又在该地区大规模地开发石油和天然气等自然资源。这既对陆地生态系统产生很大不利，也对鄂霍次克海（the Sea of Okhotsk）等海洋生态系统和渔业资源等造成巨大的负面影响。

自冷战时期起，俄罗斯远东地区就建有军事基地。也有报道称，该地区发生过核潜艇核废料向海洋倾倒事故以及位于堪察加海军基地的重油大量流出事故等。但是，由于信息公开依然不充分，无法掌握各类事故对于日本海等海洋的污染情况。

本章的第 2 节概要说明远东地区的自然环境；第 3 节介绍从苏联到俄罗斯的政治体制演变以及随之而来的行政组织和法律体系的变化及其对社会和环境的影响；第 4 节阐述森林和林业问题；第 5 节介绍 17 世纪前同自然共存的原住民因俄罗斯人迁来远东地区定居和开发资源等造成的影响；第 6 节介绍引进西方自然保护思想后引发的自然保护区及其热点；第 7 节介绍森林碳汇问题。

2 俄罗斯远东地区的自然环境

2.1 永冻土与植被：冻原与泰加林

除了阿穆尔河下游以及滨海边疆区和堪察加半岛，俄罗斯远东地区大部分土地均由永冻土覆盖着（滨海边疆区和堪察加半岛的高地也是永冻土）。从北极圈沿岸到东部的楚科奇自治区（Chukotka Autonomous Okrug），到处分布着冻原（tundra）。这里，表土只有在夏季才解冻，苔藓和青草获得新生，成为动物的饲料，但在漫长的冬季，表土一直处于冰封状态，只有零星的像卧松那样的低矮植被还顽强地抗争着（参见地图 1）。

在冻原的南部，分布着被称作"泰加"的森林。靠近冻原的部分，是日本落叶松的疏林地，而随着不断南下，针枞和冷杉松等针叶树变得茂密起来，它们也被称作"北方林"。

再继续南下，在永冻土尚未覆盖的部分，生长着针阔混交林，也被称作"乌苏里泰加针叶林"。这里作为森林资源，市场价值很高，所以森林开发欣欣向荣。结果，在阿穆尔河沿岸和西伯利亚铁路沿线，具有市场价值的树林已经消失殆尽。在苏联时代，俄罗斯开展了日本落叶松的植树造林，但转入市场经济后，国内林产业开始崩溃，植树造林活动也一时中断。根据森林保护的观点，北方林应当进行间伐式森林经营，这样，森林就会通过自然更新而恢复，但由于大规模的乱砍滥伐和森林火灾，永冻土上森林已经成片地消失。这样一来，冻土直接受到日晒，永冻土也就解冻了，被封压的甲烷气体等喷发而出，加快了全球变暖的风险。

2.2　鄂霍次克海：海洋生物与渔业的宝库

因流冰流入北海道而著称的鄂霍次克海（Sea of Okhotsk，太平洋西北部的边缘海，位于千岛群岛和亚洲大陆之间。经过宗谷海峡连通日本海，经千岛群岛各海峡连接太平洋。——译者注），渔业资源丰富。鄂霍次克海是个生物多样性丰富的边缘海，其源头位于阿穆尔河及其流域的森林。阿穆尔河的流域面积位居世界第五，流经中国和西伯利亚的国境后北上，在间宫海峡北侧注入大海。由于间宫海峡的海水较浅，阿穆尔河的淡水没有把大量浮游生物带到日本海，而是环绕库页岛北部后带到了鄂霍次克海。

由于这里是封闭性海域，从浮游生物开始的食物链，诞生出鄂霍次克海多样性的海洋生态系统，也产生流冰（ice floes）这种特异现象。该海域栖息着珍稀哺乳动物灰鲸（gray whale）约 100 头，同时也是大马哈鱼、鳟鱼、鳕鱼、蟹等的丰富渔场。由于流冰输送浮游生物，在北海道鄂霍次克海沿岸，也可以捡拾到大量的扇贝。问题是阿穆尔河流域的森林采伐减少了森林的恩赐，所以鄂霍次克海的生物多样性丰度是否具有持久性令人怀疑。

3　从苏联到俄罗斯

3.1　体制演变及其对环境与社会的影响

从 1992 年前的计划经济转向苏联解体后的市场主义经济后的10 多年来，在欧洲俄罗斯，官僚制度混乱。后来开始实行地方自治制度，资本家兴起，但俄罗斯远东地区可以说依然处于沉睡之中。对于环境和弱势群体的关心，俄罗斯还比不上苏联时代，渎职等违法行为公然盛行，商业和基层官僚几乎不受管理监督。

1997 年,俄罗斯联邦的环境保护部升格为环境保护国家委员会,2000 年又降格为自然资源部的直属机构。在开发资源时，尽管也进行环境影响评价，但并不举行听证会，环境保护对策和渔业补偿均不充分，优先的是开发和创汇。2000 年，林业部成为自然资源部的组成部门，这样，拥有 10 万从业人员的传统部门——林业部也被撤销了。

3.2 环境法规与制度

在环境保护方面,基本法是 2002 年颁布的《联邦环境保护法》。在该法第 1 章中，规定了俄罗斯环境保护的 8 项基本原则。特别是承认环境权、引进可持续发展原则、明确规定对经济利害的考虑以及以自然利用的有偿性作为原则等。这些特点不同于苏联体制下的环境保护法律体系。此外，俄罗斯还制定了关于自然资源和专门领域的法律以及大量的基于这些法律的具有更详细条款的规定。

表 1　与环境有关的主要法律

领域	主要法律法令
基本法	联邦环境保护法（2002 年 1 月 10 日）
大气、噪声、振动	大气环境保护法（1999 年 5 月 4 日）
水	俄罗斯联邦水法典（1995 年 11 月 16 日）
固体废物、再循环	俄罗斯联邦法（关于固体废物控制）（1998 年 6 月 24 日）
自然资源	俄罗斯联邦法（关于地下资源）（1995 年 3 月 3 日）
	俄罗斯联邦法（关于自然保护区）（1995 年 3 月 14 日）
	俄罗斯联邦法（关于动物保护）（1995 年 4 月 24 日）
其他	俄罗斯联邦法（关于生态监察）（1995 年 11 月 30 日）

注：括号内为法律颁布日或最终修订日。
出处：根据东北亚环境信息广场主页 http://www.npec.or.jp/northeast_asia/environmental/page04.html 编制。（FoE Japan 对颁布日等进行了修正）

3.3　俄罗斯远东地区的环境行政组织

俄罗斯的行政体系由 3 层结构组成，即：联邦政府—联邦主体—地区（市或地区）。地方政府的环境保护资金的重要来源是联邦主体和地区的生态基金，把污染物排放收取的排污费作为主要财源的基金。排污费的大致分配比例是联邦政府 10%、联邦主体 30% 和地方 60%。[联邦政府由联邦政府总理、副总理和联邦部长组成。宪法还规定，各联邦主体（共和国、边疆区、州、联邦直辖市、自治州和自治区）的权利和地位平等。俄罗斯联邦主体的地位只有在俄罗斯联邦和俄罗斯联邦主体根据联邦宪法进行相互协商后才能改变。——译者注]

联邦政府、联邦主体以及地区的权限，在很多方面都是重叠的。要了解俄罗斯具体的权限划分状况,需要参照各单项法令(参见图1)。

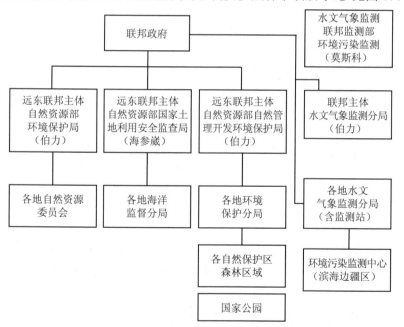

图 1　俄罗斯地方环境行政组织结构

出处: 东北亚环境信息广场主页(http://www.npec.or.jp/northeast_asia/environmental/page04.html)。

4 森林与林业

4.1 森林资源管理与林业企业

在原苏联时代，森林统统归国家所有，由中央集权的森林管理机构进行管理与经营。在计划经济下，林产工业部通过在各州（地方）设置中间管理组织林产企业联合会，把森林利用权（采伐和加工）分配给国营林产企业。联邦森林委员会同林产工业部并行管理林业，下面设置共和国森林局，再下面设置营林署对森林资源管理进行监督。通过 1985 年开始的改革（指 20 世纪 80 年代前苏联的经济及政府机构的调整。——译者注），在地方分权化的进程中，尝试了林业经营和资源管理的一元化，但这引起了违反施工标准的采伐活动的迅速增加，一元化组织遂于 1991 年流产。俄罗斯联邦于 1993 年成立后，政府颁布了《俄罗斯联邦森林基本法》。该法把裁决权限委托给地方政府管辖的"县"（raion），推动了森林利用权分配的分权化和自主核算。然而，该法的制定有些仓促，产生了如下问题：

①含有保护国营企业既得权益的例外条款；

②关于森林资源的所有权问题，规定置于联邦政府和地方政府共同管理之下，但没有明确规定权利（收入）和义务（支出）的分配；

③没有明确规定各机构的责任，导致综合森林管理困难；

④在森林政策方面授予巨大权力的地区，缺少林业行政专家，所以地方分权化和独立核算实际上不能发挥作用。

为弥补上述缺陷，推进了地方分权化和资本主义化，1997 年俄罗斯颁布了《俄罗斯联邦森林法典》，取代了《俄罗斯联邦森林基本法》。《俄罗斯联邦森林法典》的意图只把森林的所有权收归联邦政府，森林利用权的分配和财政负担一律交由地方政府管理。尽管森林资源的保护责任也移交给地方政府，但《俄罗斯联邦森林法典》的保护标准与规定同其他自然资源相关法律不尽一致，难以整合，所以在经济优先的情况下，环境保护考虑还是得不到重视。

4.2　普京政权下的森林行政改革：向中央集权的回归

2000 年诞生的普京政权，于同年 5 月 18 日颁布总统令，进行了大刀阔斧的组织改革。令森林与环境有关人员震惊的是，俄罗斯联邦森林局（Rosleskhoz）和国家环境保护委员会（Goskomekologia）降格并纳入自然资源部。1988 年，国家环境保护委员会创立，独自全面接管从自然保护到污染防治的环境保护行政工作，把监视员网络遍布到自治体水平（municipal level），从环境方面监督森林管理与采伐，但 2000 年由于归并到了自然资源部，监督功能也被取消了。

以哈巴罗夫斯克边疆区（Khabarovsk Krai）为例，哈巴罗夫斯克森林局归并到了远东管区自然资源局，前者的局长变成后者的副局长，原边疆区总部的职员也由 48 人减少了一半。尽管在边疆区对于如何重建营林署和其他机构存在差异，不可一概而论，但无疑对现场水平的森林管理造成影响。营林署，为获取自己的运行资金而从森林保护监督转向林业经营，这是疏于监督采伐、非法采伐的原因之一。

普京政权同普通行政一样，把全俄罗斯分成 7 个管区（district, okrug），其下设置地方层面的组织，把有关自然资源的行政工作全部纳入联邦政府的控制之下。实际上，通过一系列的改革，地方政府完全失去了对于联邦政府机构的指挥权和人事权，这关闭了地方政府监督当地森林管理的官方途经。图 2 所示为森林管理中的环境行政组织。

另一方面，地方政府为确保木材利益，正在稳健地建立包括森林利用权分配等在内的林政框架。因此，地方政府和联邦政府之间的权力之争不断浮出水面。2004 年，俄罗斯杜马（俄罗斯联邦议会实行两院制。议会上院称联邦委员会，下院称国家杜马。国家杜马是俄常设立法机构，主要负责起草和制定国家法律，审议总统对政府总理的任命和决定对总统的信任问题等。国家杜马下设国际事务委员会、安全委员会、国防委员会、立法和司法改革委员会、经济政策委员会、民族事务委员会等20多个委员会。——译者注）针对上述的《俄罗斯联邦森林法典》是否承认森林私有权的问题展开了辩论，政府和林业企业之间暴发了矛盾。

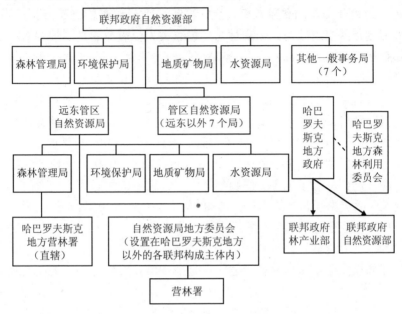

图2　2000年改革后的森林管理行政机构

出处：根据柿泽宏昭，山根正伸编著，《俄罗斯——森林大国的内部实情》编制。

4.3　非法采伐

俄罗斯政府混乱的森林管理体制，降低了森林与林业从业人员的收入和生计费用，有时同倒退的环境保护政策相呼应，导致人们只好进行非法林业活动。向中国的木材出口，随着中国的经济增长而急速增加，2000年以后超过了向日本的出口量，这助长了远东地区非法采伐的肆无忌惮。

世界自然基金会（WWF，World Wide Fund for Nature）提交给2002年"G8峰会"的《报告书》估计，俄罗斯出口的木材中，20%

为非法采伐。所谓非法采伐，指采伐与搬运超过了《采伐许可证》经营范围以外的树木。而实际上，围绕《采伐许可证》的获取，林业企业同权力部门之间秘密地进行着各种违法勾当，《许可证》的天量颁发也是导致森林资源减少的重大原因。有时，企业采伐了许可证经营范围（地区）外的树木，采伐量超过了许可量，或采伐了不允许采伐的贵重树种；而且，企业通过贿赂获取采伐许可证，或者伪造许可证。为了少缴采伐费和关税，企业往往在提交给税务署和海关的资料中，或少报数量，或伪造树种，这些也都属于非法采伐的范畴。表2整理了若干非法采伐的情景。

表2 非法采伐的种类及其原因和背景

种类	内容	原因与背景
盗伐——当地居民小规模的"真正的"盗伐	·当地居民盗伐生活薪材； ·销售目的的无许可证采伐，多数向中国出口	·山村居民的贫困； ·犯罪组织的横行
违反许可条件的采伐 ·许可条件自身有问题的采伐（法令的扩大解释）； ·明显违反许可条件的采伐（违反原来的法令）	·森林管理组织颁发的采伐许可证本身就违反法令或实施细则； ·违反采伐许可条件或实施细则（在采伐现场的违法）	·森林管理组织同林产企业之间的勾结； ·森林管理组织的机制不健全； ·为降低采伐费用而无视许可条件和细则。恶劣时，采伐量超过许可量或故意采伐未得许可的优质树种
以森林管理和保育为名目的非法采伐	以病虫害预防措施、山火受害树木处理等名目，采伐新树甚或采伐禁伐树种	森林管理机构危机的财政状况。为获取维持组织运行的财源，森林管理机构同采伐企业之间的勾结
非法商业贸易	伪造许可证等，输送、出口或无照经营。多数情况同向中国出口有关	多与上述非法采伐有关。把非法采伐树木合法地变成商品贸易。中国商人等为获取出口利润而无照经营

4.4 远东地区森林的多样性

远东地区每公顷（hm²）森林蓄积量，平均为 75m³，远低于东西西伯利亚的 121m³。而在滨海边疆区为 157m³，在库页岛州和哈巴罗夫斯克边疆区接近 120m³。不同树龄的森林面积，成熟林和老龄林的比率，远东地区平均为 45%，滨海边疆区为 42%，库页岛州为 38%。这样低的比率，显然是过度开发森林的结果（摘自《全俄罗斯森林资源信息中心资料》，1998 年）。

关于树种构成，位于南部的滨海边疆区，以蒙古橡树（*Mongolian oak*）和满洲里桦木（*Manchurian ash*）为主的硬质阔叶林的比率高，显示出多样的树种结构。在位于滨海边疆区作为林业生产活动中心的哈巴罗夫斯克地区，仍然以日本落叶松为主，生长着大量的针枞和冷杉。在背面的马加丹州和撒哈共和国（the Sakha Republic），几乎都是日本落叶松，而在库页岛，针枞和冷杉的比率高。

远东地区南部多样的阔叶林延伸的混交林，其生物相在俄罗斯也是最丰富的。即使从世界范围看，该地区也可以说是温带和亚寒带的生物相混交的珍贵的生态系统，作为濒危的阿穆尔虎（东北虎）的栖息地也备受关注。此外，由于朝鲜松、橡树、秦皮等树木品质优良，作为家具材质的价值很高，因此在靠近中国的地区遭到过度采伐。1990 年，俄罗斯政府决定原则上禁止朝鲜松的商业采伐。但是，在"以病虫害防治和防止枯木蔓延"这样的名目下，"卫生采伐"（hygienic logging）与出口从未杜绝，朝鲜松仍然出现在中国的市场。"卫生采伐"虽然在法律上是合法的，但在现场却采伐与搬运健康的树木，进行高价交易，实际就是非法采伐。

4.5 真相未知的俄罗斯森林火灾

1998 年，在哈巴罗夫斯克边疆区和库页岛州发生的森林火灾，是继 1954 年和 1976 年火灾之后的最大规模的火灾。这次火灾发生在 1998 年 5 月中旬，到 10 月下旬才算扑灭。据估计，火灾造成的受害面积超过 300 万 hm²。在受害最严重的哈巴罗夫斯克边疆区，有 1 300 处发生火灾，森林过火面积 220 万 hm^2。这次火灾规模可以同 1997—1998 年的印度尼西亚加里曼丹和亚马逊的大规模森林火灾相匹敌。活立木损失估计超过 1.5 亿万 m^3，经济损失高达 33 亿卢布（相当于数百亿日元）。遭受火灾的木材蓄积量超过哈巴罗夫斯克边疆区 5 年的允许采伐量，这迫使对许可采伐量的下限进行修正。

1998 年的火灾规模异常之大，而在滨海边疆区，每隔几年也烧失数万公顷（hm^2）的森林。在火灾原因中，雷电引起的自然起火不超过 15%，人为原因造成的火灾占 65%。该地区火灾的另一个特点是，生长在过去沼泽地带的森林，火灾一旦移烧到了泥炭层，就很难扑灭，受害范围就会扩大。在营林署等负责森林火灾灭火活动与监督管理机构也无法获得高清晰度的卫星照片，这意味着火灾烧失森林的数量只能是估计范围数值。

俄罗斯也开始致力于森林再生。自 21 世纪初，在哈巴罗夫斯克边疆区的各个地方，营林署负责火灾后的植树造林工作。此外，在滨海边疆区等地，作为"世界自然保护基金俄罗斯"活动的一环，也进行了朝鲜松的植树造林。在哈巴罗夫斯克进行植树的一家日本 NGO，每年输送植树志愿者团体。这类植树活动的规模仅为几百公顷（hm^2），同数万公顷（hm^2）规模的森林破坏速度相比，实际效果如何还是个疑问，但这些活动因能提高人们的环境意识而备受称赞。

5 俄罗斯远东地区的原住民与少数民族

17 世纪，由于沙俄帝国的侵略，以前过着以狩猎和捕鱼为生的自给自足生活方式的原住民被卷入了以皮毛交易为主的商业经济，一部分人同化成了俄罗斯人，一部分被迫迁入偏僻地区，350 年间，被称作原住民的人们变成了仅占人口总数 1.3% 的少数民族。1992 年，俄罗斯总算颁布了总统令，要把"传统的自然利用地区"归还给"北方原住民少数民族"。然而，这道总统令同现有法律相矛盾，所以在森林开发和资源开发现场反复发生各种冲突。

位于哈巴罗夫斯克边疆区和滨海边疆区之间的锡霍特阿林山脉

（the Sikhote-Alin Mountains）拥有丰富的生态系统，是世界自然遗产的候选地。山脉西侧是比金河（the Bikin River），该河流入哈巴罗夫斯克边疆区。由于靠近哈巴罗夫斯克，该河两侧的森林自古以来就被开发，居住于此的少数民族被迫不断迁向河流上游。几年前，居民们结成地区民族合作社，继续维持比金河上游狩猎和捕鱼必要的生态系统，进行可持续性的自然利用。这可以说是上述总统令的成果。推进可持续性自然利用的乌德盖族（the Udege）族长成了俄罗斯北方原住民少数民族联盟的秘书长，代表俄罗斯所有的少数民族，常驻莫斯科，向政府提出各种建议。在"日本经济团体联合会"和"里光株式会社"（Ricoh）的资金援助下，"地球之友日本"（FoE Japan）在比金河上游的 1 个乌德盖族村落红亚尔（Krasnyy-Yar）为守林员与生态旅游建造了山间小屋，还通过其他途径为原住民同自然之间的共存提供援助。

下面介绍滨海边疆区最北部的萨马尔加河（the Samarga River）流域的森林开发和库页岛东北部大陆架的石油开采，以及由此引发的原住民、地方居民和外资企业之间的纠纷。由于俄罗斯政府优先开发的姿态，自然环境和居民的生活环境未必总能得到保护。

6　自然保护区的现状

俄罗斯的保护区类型，分为自然保护区、野生动物保护区和国家公园等。

在自然保护区，为了保护生态系统，禁止一切经济活动。俄罗斯的自然保护区面积达 3 350 万 hm^2，占全国面积的 1.53%。尽管配置了专职护林人员，但由于薪水不高，在各个保护区办事处，违法行为四处横行。例如，位于锡霍特阿林山脉中部东斜坡、远东地区南部的锡霍特保护区，面积为 39 万 hm^2，是俄罗斯最大的保护区，历史最久（于 1935 年指定），但由于没有充分发挥保护区的功能，稀有动物东北虎正濒临灭绝危机。

野生动物保护区，是为了保护生态系统或特定的动植物，在一定时期或长期地限制某些经济活动的地区。到 2001 年，地方政府指定的这类保护区面积达 4 400 万 hm^2，联邦政府指定的达 1 150 万 hm^2。

　　国家公园，既是保护生态系统，又作为环境教育和科学研究等目的进行保护的地区，但在远东地区尚不存在。在哈巴罗夫斯克边疆区的那乃地区，国家公园的指定手续已经完成，但由于没有相应的财政措施，所以也未配置保护监督官员，保护管理活动尚未开展。（2007 年，俄罗斯总理签署法令将俄罗斯远东沿海地区的 8.22 万 hm^2 的林区划作保护区，成立了俄罗斯远东沿海地区的第一个国家公园——"虎的咆哮"（Zov Tigra），接着又成立了远东沿海地区第二个国家公园——"乌德盖的传说"（Udege Legend），该公园拥有 8.86 万 hm^2 的针阔混交林。——译者注）

6.1　热点

　　这里所谓的"热点"（hot spot），是指遭受开发威胁的重要生态系统、需要采取紧急行动的场所。1995 年，国际环境 NGO——"地球之友日本"（现在的 FoE Japan）同"世界自然保护联盟"（IUCN）开始着手制定俄罗斯远东地区生物多样性热点的作业。工作期间，来自远东地区的研究人员、政府有关人员和 NGO 汇聚一堂，展开讨论，最初划定 52 个地点。自 1997 年起在远东 10 个行政区分别召开圆桌会议，对每个地区进行详细研究，1998 年划定了 59 个地点。其中，一半地点都不在现有保护区名录中，这表明，现有的保护区划定制度没有充分发挥其作用，正濒临开发危机。例如，滨海边疆区萨马尔加河流域的萨马尔加林区，面积达 64 万 hm^2，是少数民族乌德盖人生活的地方，也是该地区残存的珍贵的天然混交林，但由于地方政府向大型林产公司发放了采伐许可证，结果在该村引发了两派对峙：一派由男性和中老年人组成，他们反对开发，希望采用传统的狩猎方式维持生计；另一派由女性和年轻人组成，他们希望从企业获取补偿金，赞成基础设施建设，寻求新的就业单位。保护少数民族的森林利用既得权的总统令（如上所述），同想获得采伐权收入的地方政府发放的采伐许可证，究竟哪一方更有效？在法庭上发生了争论，但在 2005 年海参崴地方法院的判决中，采伐许可证一方胜诉。

6.2 库页岛的自然：枯竭的森林资源和虎头海雕的生境

库页岛北纬 50°以南地区，在第二次世界大战结束前曾被日本统治过，被称作"桦太"（Karafuto）。库页岛的面积（76 400 km²）只比日本北海道小 10%左右。桦太的森林资源，对于当时的日本而言非常重要。尽管矿物资源的勘探没怎么进行，但当时日本人大力推进了造纸产业和渔业开发。前王子制纸公司在桦太各处建立了小型造纸厂，采伐并利用附近的针叶树。同北海道一样，库页岛地形平缓，所以在"二战"后日本人退出后，俄罗斯人继续进行森林开发和造纸产业，今天森林资源已经几乎枯竭，只在保护区还残留着珍贵的森林。

库页岛北部，日本人没有进行很多开发，自然资源、森林与渔业资源保留得比较完整，濒危的虎头海雕（*Haliaeetus pelagicus*）得以留下营巢的环境。然而，20 世纪 90 年代开始的库页岛东北海岸大陆架的石油资源开发，开始对自然生态系统造成严重影响。库页岛一期工程（the Sakhalin I Project）的输油管线横跨库页岛北部的中央，伸向西伯利亚大陆和哈巴罗夫斯克方向，而库页岛二期工程（the Sakhalin II Project）的原油与天然气管线，同样从库页岛东北部的大陆架南下 800km 左右，纵贯库页岛东侧的陆地。库页岛东北海岸广袤的湿地和湖泊群，不仅是虎头海雕的营巢地，而且也是飞往日本的珍稀种鹬（Scolopacidae）的营巢地。大陆架则是稀有物种灰鲸和鲻鱼的栖息场所（关于库页岛石油开发，参考专栏）。

如地图 2 所示，归属问题尚未确定的北方四岛也位于库页岛州内，相当大的范围已被指定为自然保护区和野生动物保护区。

地图2 萨哈林州（库页岛）的保护区和生态多样性热点（图略）

7　气候变化问题

　　1997 年缔结的《京都议定书》，于 2004 年 11 月在俄罗斯政府批准后，达到了法定要求，正式生效。由于向市场经济转型后的经济衰退，俄罗斯的温室气体排放量大大低于《京都议定书》要求的减排目标（比 1990 年减排 7%）。《京都议定书》确认的排放量同实际排放量之差，可以作为余额排放，这也被称作"热空气"（hot air）。俄罗斯已在考虑把这些"热空气"出售给日本和其他发达国家。然而，由于美国退出《京都议定书》，所以热空气失去了 1 个潜在的买家。这也被认为是俄罗斯推迟批准《京都议定书》的原因之一。

　　在计划经济下的苏联，公开的数字只不过是计划上的数字，实际情况是不公开的。即使在俄罗斯转入市场经济后，由于地方政府未能充分发挥作用，俄罗斯的统计依然不能令人相信。关于通过森林吸收的二氧化碳量，在采伐许可量和实际采伐量之间存在差异，森林火灾导致的资源烧失量的统计极不正确，所以可信度低。即使在政治和商业上利用俄罗斯提供的二氧化碳吸收量和热空气，这与防止全球气候变化的效果未必真正有多大关系。

　　同时，气候变化给俄罗斯远东地区的环境与经济活动也造成了严重影响。近年来，研究气候变化的科学工作者的一项发现是，存在着世界循环大海流。在太平洋北部的白令海域，表面海流是潜入水面下达数千公里的水流。近几年的调查发现，在白令海的东部和西部，表面温度变动很大，对捕鱼量造成了显著影响。全球变暖的影响，在北冰洋也很明显，在夏季已不可能通过冰上到达北极点。此外，在俄罗斯远东地区内陆，夏季冰雪解冻量大，勒拿河（the Lena River）等许多河流经常发生洪水。这些洪水，在数月期间，把河流中游地区变成湖泊，严重阻碍了经济活动。

8 结语

俄罗斯远东地区，人口密度低，既有珍贵的自然环境，也储藏着大量的自然资源。但是，来自西欧各国货币经济的冲击，导致了原住民族社会的崩溃、森林采伐、石油等资源的开发等。在这些变化过程中，因自然改造、人为森林火灾以及永冻土界北移等原因而使自然环境发生了很大变化。这些变化，既影响了俄罗斯远东地区，而且也关系到气温变暖加快等全球规模的影响，特别是影响到地理上靠近远东地区的日本的气象和海洋环境。因此，有必要经常关注俄罗斯远东地区的环境变化和地区社会的动向，要求俄罗斯方面公开有关的信息。

（责任执笔：冈崎时春）

〔参考文献〕

1） Josh Newell, *The Russian Far East, Second Edition*, Daniel & Danie. McKinleyville, California in association with Friends of the Earth Japan，2004.

2） 野口栄一郎『タイガ・生命あふれる奇跡の森──その破壊』地球の友ジャパン・地球人間環境フォーラム，2000 年。

3） FoE Japan ホームページ〈http://www.foejapan.org〉.

4） FAO，Global Forest Resource Assessment 2000，2001.

5） Lawn Dan，Steiner Rick and Wills Jonathan，*Sakhalin's Oil: Doing It Right*，Sakhalin Environment Watch and the Pacific Environment and Resources Center，Alaska，November 1999（沢野信浩・佐尾和子・佐尾邦久翻訳監修『サハリン石油──正しい対応のために』国際環境 NGO・地球の友ジャパン，2000 年）。

6） Report，*Plundering Russia's Far Eastern Taiga: Illegal Logging Corruption and Trade*，Bureau for Regional Oriental Campaigns，Vladiostok，Russia，Friends of the Earth Japan，Tokyo and Pacific Environment & Resources Center，Oakland，California.

7） 柿澤宏昭・山根正伸編著『ロシア　森林大国の内実』日本林業調査会，2003 年。

8） 北東アジア環境情報広場ホームページ〈http://www.npec.or.jp/northeast_asia/〉。

9） 国連大学での講演会「地球生態系の明日を考える」海洋研究開発機構・地球環境観測研究センター主催，2005 年 8 月 15 日．海洋大循環はこの講演と資料を参考にした。

10) 有关森林吸收二氧化碳量的数据可参考以下文献：Intergovernmental Panel on Climate Change(IPCC), 2000 の報告書にある German Advisory Council on Global Change(WBGU), 1998：The Accounting of Biological Sinks and Sources Under the Kyoto Protocol：A Step Forwards or Backwards for Global Environmental Protection？WBGU, Bremerhaven, Germany, p.75.

11) ジエームス・フォーシス『シベリア先住民の歴史 1581-1990』森本和男訳，彩流社，1998 年。

专栏　库页岛石油与天然气开发

　　库页岛的石油、天然气开发，重点在于确保中、日、韩三国的能源。在转向市场经济的同时，俄罗斯也开始吸引欧洲国家的投资。结果，在苏联时代优先度低的库页岛近海油田开发很快就受到世人关注。

　　在库页岛近海，现已指定了 8 个矿区。其中，最早开始商业生产的是库页岛 II 期（2001 年）项目，其次是库页岛 I 期（2005 年）项目。库页岛 II 期第 1 阶段工程由库页岛能源公司推进，资本来自埃克森-马拉松（Exxon-Marathon）、壳牌、三井、三菱等日、美、欧公司的外国资本。通过生产配额协议，原油按一定比例供给俄罗斯。

　　进行开发的库页岛东北沿岸位于地图 2 中所示的热点 2，在施工现场数公里范围内，有珍稀哺乳动物灰鲸的饵料区和出现在日本北海道的珍稀鸟种虎头海雕的营巢地。由于极其严酷的气象条件和鄂霍次克海长达半年的流冰封闭期，该地区从计划当初就存在油轮事故引起溢油污染的风险。

　　在第 2 阶段，埃克森-马拉松公司退出，变成只剩日、欧资本在推进开发。在海面结冰的冬季的 5 个月里，油轮无法运输开采出来的原油。为了全年都可以开采石油，需要铺设纵穿库页岛、总长 800km 的管线，直至库页岛南部的不冻港。由于该条管线横跨大马哈鱼溯流产卵的数十条河流，铺设工程有可能引起水污染，导致产卵场所的丧失。

在苏联时代，俄罗斯的 NGO 活动受到压制。苏联解体后，NGO 活动在欧洲俄罗斯显出勃勃生机，但在远东地区，NGO 和当地居民的活动能力极其弱小。为了节省投资，库页岛能源公司利用 NGO 和当地居民反对力量弱小的特点，仅在最低限度内考虑环境和社会利益，优先开发利益。因此，该公司没有向当地居民公开信息，居民参加的听证会也只是流于形式而已。

日本的石油来源，80%靠中东。为了能源资源供给地点的多样化以及出于能源安全保障考虑，日本政府无论在政治上，还是在资金上，都准备独自推进库页岛 II 期工程。国际协力银行（JBIC）继库页岛 II 期第 1 阶段工程后，正在针对库页岛 II 期第 2 阶段工程研究融资问题。

进行石油开采的地点在鄂霍次克海的西北部，处于北海道流向鄂霍次克海沿岸的流冰的上游。通过阿穆尔河带来的各种有机物，出现了大量的浮游生物，鄂霍次克海才变成了海产品的宝库。鄂霍次克海沿岸的渔业以拖网为主，渔业销售额每年达数百亿日元。然而，该海域有可能发生油轮事故或触礁引起的溢油，对北海道的渔业产生直接影响。为了防患于未然，需要建立溢油事件污染防治应急体制、添置溢油清除器材并进行训练，但这些条件都不存在。为了有效地推进溢油对策，日俄需要进行合作，但库页岛州以及俄罗斯方面的体制建设特别滞后。

库页岛 II 期第 2 阶段工程完成后，由于可以从不冻港发货，流冰的影响变小，液化天然气（LNG）专用船可以从鄂霍次克海穿越宗谷海峡，通过日本，航行到中、韩两国。这些油轮是大型船只，装载能力是曾经在日本岛根县发生事故的"纳霍德卡号"（Nakhodka）装载能力的 10 倍。专家指出，对于冬季风暴时的日本海沿岸的溢油对策目前尚不充分。

（责任执笔：冈崎时春）

第 4 章

朝鲜民主主义人民共和国

鲜为人知的环境状况

1 前言

朝鲜半岛位于东亚地区的中央。无论是从同日本列岛和中国沿海地区的距离看，还是从作为大陆和海洋连接部的地理位置看，朝鲜半岛都处在东亚的中心。只要谈及亚洲环境问题，就必然要考虑朝鲜半岛的情况。有必要以南北方向纵贯半岛的白头山为脊背骨，把全部朝鲜半岛作为一个整体的生态系统，来探索环境保护的机制。

但是，朝鲜半岛至今仍被北纬 38°线分隔为南北两方。对于 38°线以南的大韩民国（以下简称韩国）的情况，人们容易通过其国内的信息发布和对它的实地考察加以了解。本丛书从第 1 卷（1997/1998年版）起，就对韩国情况连续进行报告。而 38°线以北的朝鲜民主主义人民共和国（以下简称朝鲜）情况则有所不同：外部人员很难对朝鲜进行实地考察，朝鲜自身也很少发布相关信息。因此，虽然我们认识到了朝鲜半岛的重要性，但本系列丛书迄今还没有直接涉及朝鲜的环境状况。

一直以来，同朝鲜环境相关的信息来源极为有限，人们只能依靠对卫星观测数据进行分析、根据朝鲜国家领导人的讲话或媒体报道做出推测，以及从到过朝鲜的人们那里听到些消息。根据这些信息所进行的有关朝鲜环境的研究主要集中在韩国[1]。不过，联合国环境规划署（UNEP）2003 年发布了《朝鲜环境白皮书》（*DPR Korea:*

State of the Environment 2003，以下简称《UNEP 报告》或《UNEP2003》）。后面还会详细谈到，这部《白皮书》主要是由朝鲜政府编写的。在这个意义上说，它可以看作是朝鲜第 1 部正式的《环境白皮书》。

本章将以《UNEP 报告》为基础，结合传统信息来源提供的内容，概述朝鲜的环境现状。首先，在传统信息来源（尤其是国家领导人的讲话）的基础上，概述朝鲜建国后环境政策的发展。其次，根据《UNEP 报告》，介绍朝鲜的经济概况、大气污染与水污染情况。再次，综合《UNEP 报告》和传统信息来源（尤其是韩国的研究成果），总结朝鲜森林环境现状。最后，介绍朝鲜在国际环境合作方面的现状，并展望其前景。

2 建国后环境政策的发展

2.1 战后复兴期的经济政策与发生的公害问题

朝鲜在建国之后，从 1946 年起推行民主改革路线，将重要产业收归国有，推动"自立的国民经济"建设，在优先发展重工业的同时，发展轻工业和农业。在朝鲜战争结束后的复兴期（1954—1960年），朝鲜根据上述方针实施了一些经济政策，并从 1954 年开始实施《复兴经济 3 年计划》。依靠这些经济政策和来自苏联、中国的大力援助，朝鲜在战后复兴期实现了经济快速发展。到了 20 世纪 60年代，朝鲜制订了从社会主义工农业国向社会主义工业国转变的目标，从 1961 年起实行"7 年计划"。1966 年 10 月，朝鲜决定将该计划再延长 3 年，成为"10 年计划"。在这一时期，朝鲜环境政策的中心内容集中在保护森林和防洪等国土管理方面。

进入 20 世纪 70 年代后，作为此前实施重工业优先政策的负面结果，开始出现工业污染问题。这一点可从朝鲜国家领导人在讲话中提及的污染问题得到证实 [2)]。例如，下面这段话出自 1972 年 12月 5 日金日成主席在自然科学大会上的讲话——《发展我国科学技术的几项课题》，这是目前能够确认的有关讲话中为时最早的一篇：

"虽然我们党始终强调防治污染问题，但一部分工厂和企业还在向河流中排放有毒物质。这是……（中略）不热爱祖国和人民、不关爱子孙后代的错误思想的表现。我们采掘矿石、建设工厂，都是为了全体人民的美好生活。如果危害后代子孙，这样的行为再继续下去，就是一种犯罪。

目前，在排放有毒物质的矿山、纺织厂、化工厂，应当火速采取措施，把有毒物质沉淀下来；今后在建设新工厂时，一定要事先安排好污染防治措施……（中略）今后，我们要在南兴地区建设造纸厂、焦化厂、苯胺厂、聚乙烯厂、尿素肥料厂、合成氨厂，这些工厂排放的污染物有可能流入清川江，造成污染。一旦如此，西海的贝类、螃蟹、虾等可能会全部死亡，虾、腌贝等西海岸的特产就将不复存在。"

上述讲话指出了污染问题的出现，阐述了防治污染措施的必要性。由于发现了污染问题存在，朝鲜采取了一系列措施，如扩大耕地面积、进行河川流域开发、有效利用土地等。为防止浪费耕地，1976 年，朝鲜制定了《改造自然五大方针》，包括：灌溉工程、土地治理与改良工程、建设梯田工程、旨在防洪的山水治理工程以及开发干涸沼泽地工程。随之又制定了《土地法》。1977 年 12 月，为防止污染演变成为严重的社会问题，朝鲜成立了"污染防治研究所"，开始对污染防治进行研究[3]。

2.2　20 世纪 80 年代以后的环境政策

进入 20 世纪 80 年代，国土管理和环境政策都纳入了金正日国防委员长的一元化政治体制之内。环境政策的原则包括：①对污染防患于未然，优先建设环境保护设施；②土地管理与土地保护；③植树造林和保护森林；④防范洪水，管理河川；⑤保护水产资源和海底资源，管理沿岸地区与领海；⑥促进森林科学方面的研究；⑦发展防治大气与水污染的科学技术（Kim Jong-il 等，2002，pp13-14）。进而，朝鲜于 1986 年制定了《环境保护法》。提出这些环保原则和制订法律，一方面可以看作是在地球环境问题日益成为焦点的时代，顺应世界潮流的表现，但另一方面也许能够推测为，朝鲜国内的环境破坏情况，已经严重到了必须采取积极性的政策认真对应的程度。

朝鲜的《环境保护法》由 5 章 52 条构成，包括环境保护的基本原则、自然环境的保护与整治、防治环境污染、对环境保护的指导管理、对危害环境行为的补偿与制裁等 5 个方面。除了《环境保护法》之外，同环境保护相关的法律法规如表 1 所示。

表 1　环境相关法规一览表

法令、政令	主要内容	制订（或修订）时间
《污物清扫规则》（②p.64）	邻接道路的污物清扫义务 排水设施的建设与修理 清扫事项	1976 年 7 月 4 日
《土地法》（①p.725-739）	土地所有权 国土建设总规划 土地保护 土地建设 土地管理	1977 年 4 月 29 日（1999 年 6 月 16 日修订）
《人民保健法》（②p.64）	保障人民生命安全，增进健康 机关、企业、社会团体、公民严格遵守卫生规范	1980 年
《环境保护法》（①p.957-965）	环境保护的基本原则 自然环境的保存与建设 防治环境污染 有关环境保护的指导管理 防范与制裁环境破坏	1986 年 4 月 9 日（1999 年 3 月 4 日、2000 年 7 月 24 日修订与补充）
《关于保护管理自然景观的规定》（②p.64）	保护、管理自然景观，建设国家的自然风貌	1990 年 6 月
《关于保护、管理、利用风景名胜的规定》（②p.64）	保护、管理国家名胜，宣传自然保护政策的正当性和社会主义制度的优越性	1990 年 6 月
《刑法》（①p.36）	破坏国土管理或环境保护秩序的判罪与罚则	1990 年 12 月 15 日（2004 年 4 月 29 日修正与补充）

法令、政令	主要内容	制订（或修订）时间
《关于保护历史遗迹与文物的规定》（②p.64）	保护进步性的人民性的历史遗迹与文物	1992 年 1 月
《城市经营法》（①p.494-501）	给水、排水、供暖设施的运营 设置卫生保护区预防饮用水污染 道路建设与河流保护 植树造林，美化城市（城市公共卫生）	1992 年 1 月 29 日（1999 年 3 月 11 日、2000 年 2 月 3 日、2004 年 4 月 22 日修订与补充）
《宪法》（②p.64）	树立环境保护政策优先于生产 保存和建设自然环境 为人民提供文明卫生的生活环境	1992 年 4 月 9 日改定
《山林法》（①p.494-501）	建设与保护山林，利用山林资源 保护林的分类化 造林设计 山林保护期限与保护技术	1992 年 12 月 11 日（1999 年 2 月 4 日、9 月 10 日、2001 年 10 月 18 日修订、补充）
《建设法》（①p.71-80）	提高人民的物质文化生活 遵守建设总规划的原则 禁止在施工过程中破坏自然环境	1993 年 12 月 10 日（1999 年 1 月 14 日、2001 年 9 月 27 日、2002 年 6 月 24 日修订与补充）
《地下资源法》（①p.656-663）	建立地下资源的勘探、开发、利用的规范和秩序 在开发地下资源过程中禁止破坏国土环境、生活环境和动植物的生态环境	1993 年 4 月 8 日（1999 年 2 月 26 日修订）
《文化遗产保护法》（①p.333-340）	保护文化遗产 继承和发展民族文化遗产	1994 年 3 月 24 日（1999 年 1 月 21 日修订）
《水产法》（①p.547-554）	养成和保护水产资源 设定水产资源保护区、水产资源保护对象、保护时期等	1995 年 1 月 18 日（1999 年 2 月 4 日修订与补充）
《名胜地与自然景观保护法》（①p.318-323）	调查与登录 风景名胜与自然景观的管理	1995 年 12 月 13 日（1999 年 1 月 14 日修订）
《自然区与自然景观保护法》（③p.7）		1997 年
《海洋污染防治法》（①p.430-434）	保护水质与资源 设定水质保护区 建设排水净化设施 禁止污水排入海洋 海洋资源勘探和对污染地区的赔偿	1997 年 10 月 22 日（1999 年 1 月 14 日修订）

法令、政令	主要内容	制订（或修订）时间
《国境动植物检疫法》（①p.112-118）	保护人民健康和保护动植物 国境动植物检疫	1997 年 7 月 16 日 （1998 年 12 月 3 日修订）
《国土环境保护取缔法》（①p.155-158）	国土环境保护监督机关和统制机关实行管理 对违法者的罚则	1998 年 5 月 27 日
《水资源法》（①p.341-346）	水资源的调查、开发、保护和利用 保护水质与水量 防治灾害	1998 年 6 月 18 日 （1999 年 1 月 14 日修订）
《土地与环境保护管理法》（③p.7）		1998 年
《公共卫生法》（①p.84-88）	设定污染物排放标准 处理有毒物质 设定水质标准和污水处理等	1998 年 7 月 15 日 （1998 年 12 月 10 日修订）
《有用动物保护法》（①p.1002-1005）	保护、繁殖有用动物，美化国土风貌 设定动物保护区、鸟类保护区 在有用动物保护期限内（3 月－7 月）禁止捕猎 同国际机构的合作交流	1998 年 11 月 26 日 （2000 年 7 月 24 日修订）
《农业法》（p.208-222）	保护农业资源（设置排水设施等） 禁止使用对人体有害的农药等 设置保护区	1998 年 12 月 18 日 （2002 年 6 月 13 日修订与补充）
《山林法施行规定》（④p.19）	为实现山林经营的现代化和科学化而扩大投资 增进同各国的科技交流与合作	2000 年
《养鱼法》（①p.984-991）	强化保护渔业资源技术与知识的普及项目 养鱼水域的管理 渔业资源的养成、规划和保护	1998 年 12 月 18 日 （2001 年 4 月 12 日修订与补充）
《国土规划法》（①p.148-154）	国土与自然环境管理的统筹与综合规划 实施植树造林、资源开发、环境保护等国土计划 设置环保机构 规定在进行国土建设和资源开发时有义务提交环境影响报告书	2002 年 3 月 27 日
《金刚山观光地区法》（①pp.165-170）	金刚山的开发与环境保护 由观光地区管理机构实行管理等	2002 年 11 月 13 日 （2003 年 4 月 24 日修订与补充）

法令、政令	主要内容	制订（或修订）时间
《河川法》 （①p.757-763）	河流的治理、保护和利用 河流保护体系（防治水污染和河流设施的破坏） 河流治理的承担机构	2002 年 11 月 27 日 （2004 年 6 月 24 日修订与补充）
《城市规划法》 （①pp.249-256）	保存历史遗迹和自然景观，城市园林化，防止自然灾害 环境实况的掌握和报告	2003 年 3 月 5 日

出处：执笔者根据①朝鲜民主主义人民共和国（2004）；②Jeong Hwoi Sung 等（1996）；③Kim Gyung Seu 等（2002）；④Jeong Hwoi Sung 等（2003）制成（出处按照记载法规内容较多的文献标注）。

随着《环境保护法》的制定，朝鲜实施的主要环境保护措施如下：①按照《环境保护法》第 11 条的规定，划定了全国的自然保护区和特别保护区；②新建了 10 余处环境污染监测站和气象水文观测站；③建造了 10 多座污水处理厂（平壤的平川污水处理厂等）；④在顺川维尼纶 [4] 联合企业、那门青年联合企业、祥顺水泥联合企业等企业，建设了污染防治设施；⑤在国家层面设立了环境保护委员会。

在《环境保护法》第 4 章有关环保指导管理部分中，规定了负责指导环境保护事业的机构是政务院。而政务院可以根据需要，设置"环境保护委员会"以制定政策。1993 年 2 月，"环境保护委员"成立，并于 1995 年通过了《环境保护实施规定》。其后，"环境保护委员会"于 1996 年 10 月被改编为下属于政务院的"国土环境保护部"（MLEP：Ministry of Land and Environment）[5]。

综上所述，20 世纪 80 年代以来，在金正日国防委员长的指导下，朝鲜的国土管理与环境保护事业得到了一定发展。但是，金正日国防委员长也曾在一次谈话（《关于在国土管理事业方面开展新举措的谈话》——1996 年 8 月 11 日与朝鲜劳动党中央委员会各负责人的谈话）中，承认至少在一部分地区的管理是失败的：

"积极开展国土管理与环境保护事业是世界性的趋势。鉴于国土管理事业极其重要……（中略）党始终抓住各种机会强调要推进国土管理事业。但是，党的国土管理政策并没有被贯彻。在一些地方……（中略）还有将山林砍伐殆尽、使青山变成了荒山。"

这份谈话资料指出，过去 10 年来的国土管理事业并没有完全得到落实。其中特别强调的是森林毁坏的问题，乱砍滥伐造成山地荒芜，在 20 世纪 90 年代前期引起过几次严重水灾。也就是说，20 世纪 80 年代以来，尽管法律制度不断完善，但环境状况反而在恶化。

在接下来的章节将以《UNEP 报告》为基础，结合韩国的研究与报道，概述朝鲜环境现状。

3 联合国环境规划署（UNEP）报告书显示的环境状况

《UNEP 报告》的前言中记述了出版经过：该报告书是由 UNEP、联合国开发署（UNDP）和国家环境管理委员会（NCCE：National Coordination Council for Environment）共同编写的。UNEP 对世界的环境状况进行概览，并刊行《全球环境展望》（*GEO: Global Environmental Outlook*）丛书。为在其中载入朝鲜的环境信息，有必要编写《朝鲜环境状况白皮书》（SoE：State of the Environment）。同时，UNDP 从 1980 年在平壤设立办事处以来，就同朝鲜政府建立了合作关系。在一系列合作项目中，环境保护是主要的优先课题之一。这样，UNEP 在 UNDP 的协助下，提供资金和技术支持，报告的编写工作则在 NCCE 的统筹下，由朝鲜国土环境保护部进行。以 UNEP 执行主任克劳斯·特普费尔 2000 年 11 月访问朝鲜为契机，《朝鲜环境状况白皮书》（SoE）的合作编写工作正式开始。此后，2001 年 7 月在曼谷举办了技术研修班，2002 年 1 月召开了国内专家会议，2003 年正式出版。

《UNEP 报告》由 5 个部分组成。第 1 部分是概论；第 2 部分是对朝鲜的环境和社会经济状况的概述；第 3 部分是对一些具体环境问题的探讨；第 4 部分是结论；第 5 部分是附录。报告的第 3 部分具体分析了森林减少、水质恶化、大气污染、土壤劣化、生物多样性问题等课题。每项分析都是按照 OECD 等组织提出的"P-S-I-R 框架"进行的，Pressure 为环境面临的压力，State 为环境状况，Impact

为对环境的影响，Response 为对环境问题的响应。

　　下面将概述朝鲜经济状况，并介绍《UNEP 报告》中涉及的除森林问题以外的环境问题内容。关于森林问题，将在第 4 节中结合《UNEP 报告》以外的资料阐述。

3.1　经济概况

　　据《UNEP 报告》，20 世纪 90 年代以来，朝鲜经济概况如表 2 所示。可以看到，朝鲜经济从 20 世纪 90 年代前期起开始缩水，1996 年的 GDP 降到了 1992 年的一半。变化尤其明显的是农业部门：如果将 1992 年的指数设为 100，那么 1996 年的指数仅为 34，4 年时间，生产额减少到原来的 1/3。农作物产量也表现出类似的下降趋势，若将 1992 的农作物总产量设为 100，则 1996 年的指数仅为 28。

表 2　朝鲜经济概况

	1990 年	1992 年	1994 年	1996 年	1998 年	2000 年
人口/1 000 人	20 960	—	—	22 114	—	—
GDP/100 万美元	—	20 875	15 421	10 588	—	—
工业/100 万美元	—	7 849	6 431	4 775	—	—
农业/100 万美元	—	4 551	3 223	1 556	—	—
建筑业/100 万美元	—	1 315	910	508	—	—
其他/100 万美元	—	7 160	4 858	3 748	—	—
人均 GDP/美元	—	990	722	482	—	—
总出口额/100 万美元	—	962	896	756	—	—
农作物总产量/1 000 t	9 100	8 800	7 083	2 502	3 022	3 262
大米/1 000 t	4 500	4 500	3 177	1 426	1 568	1 533
小麦/1 000 t	0	—	—	—	0	218
玉米/1 000 t	3 900	3 718	3 547	825	1 175	2 046

注：全部数据均出自《UNEP 报告》（2003 年）。具体来说，人口数据出自 p.15 的表 2.2（该表还列有 1993 年数据，数值为 21213）。GDP 及各产业明细、人均 GDP、总出口额的数据出自 p.16 的表 2.4（该表列出的是各产业占 GDP 的百分比，本表将其分别乘以历年的 GDP 换算成表内数值）。农作物总产量及各种农作物产量数据，1990 年、1998 年、2000 年的数据出自 p.48 的表 3.22，1992 年、1994 年、1996 年的数据出自 p.16 的表 2.4。
另外，《UNEP 报告》中的表格有时可见到一些明显错误或前后不一致情况。例如，在表

2.4 中，总出口额的数据被重复印了两行。关于 1992 年的农作物产量，表 2.4 给出的数据是 8 800（单位：1 000t）；而在同一页上的正文中给出的数据是"910 万 t"，这个数值与表 3.22 给出的 1990 年的数据是一样的。还有，表 2.4 中把"玉米"写成"corn"，而表 3.22 则用的是"maize"一词。对此，由于两表给出的 1996 年的数据是一致的，我们认为"corn"和"maize"指代的是同一作物。此外，第 2 部分的文献列表中列出了两次"DPR Korea（1999）"。

《UNEP 报告》将农业部门的不景气归因于"洪水、干旱、海啸等相继发生的自然灾害"（p.16）。但是，普遍而言，森林面积持续减少会损害森林涵养水源的功能，容易导致洪水或干旱的发生。正如前面提到的"1996 年谈话"中所说的那样，一系列"自然灾害"也有可能是过度砍伐森林造成的"人祸"。另外，关于 1996 年以来的情况，《UNEP 报告》只提供了农作物产量的数据。若以 1992 年的产量为 100，1998 年的产量即为 34，2000 年则稍有回升，为 37。但是，总产量的不足仍然没有得到改善，上述数据显示出情况仍是严峻的[6]。

3.2 水质

《UNEP 报告》指出："近年来，由于对废水处理设施的环境投资减少，并存在一些违规作业情况，河流污染状况十分严重"（p.29）。作为具体实例，报告列出了流经平壤市区的大同江水质变化情况（见表 3）。平壤市周围的 12 座工厂每天向大同江直接排出 3 万 m^3 废水（p.34）。另外，自从在大同江口建成西海闸门之后，西海闸门蓄水池的水质不断恶化[7]，由此造成了春季的"赤潮"和秋季的"蓝潮"。除了表 3 中列举的项目外，报告还指出，部分重金属含量也超过了环境标准（p.31）。出现了这样的情况，在《环境保护法》实施以后，政府强化了对工业废水的控制，对污染企业实行"污染者治理"原则，并通过媒体开展保护水质的启蒙教育（p.35）。

表 3　大同江的水质

	季节变化（1999—2000 年）					支流				环境标准
	12 月	4 月	7 月	9 月	年均	Hyuam Stream	Habjang River	Mujin Stream	Potong River	
COD/ (mg/L)	0.73	2.14	1.33	0.78	1.25	4.4	2.1	7.6	5.9	3
NH_4-N/ (mg/L)	0.2	0.27	0.87	0.08	0.35	15	0.22	7.5	4.75	0.3
Cl^-/ (mg/L)	10	7.2	8.4	8.4	8.7	31.8	42.6	46.9	24.1	30
大肠菌群数/ （个/L）	68 500	311 666	4 847	2 300	96 828	3 195 000	11 000	—	270 000	10 000

注：COD（Chemical Oxygen Demand）指化学需氧量，是水中有机物污染的指标。NH_4-N 是氨氮含量（以含氮量表示铵盐的数值），是粪尿排泄物污染的指标。Cl^- 指氯离子含量，由于氯离子含量会随着排水和经处理过的污水流入而增加，因此也可以作为污染指标。
出处：出自《UNEP 报告》（2003 年）。季节变化数据出自 p.30，表 3.7；支流数据与环境标准出自 p.34，表 3.10。

3.3　大气

关于大气污染，《UNEP 报告》提供的资料仅限于平壤市周围的数据。报告列举的主要大气污染源，包括工业锅炉、窑炉、机动车与摩托车以及家庭（p.37）。有关内容的具体数据引用了 E·Gishop 的调查结果。图 1 显示了沉降煤尘的历年变化情况，图 2 显示了二氧化硫的历年变化情况，两者都表现出一定的波动，但整体呈下降趋势。

图 1　平壤市沉降煤灰历年变化图（图略）

图 2　平壤市空气二氧化硫浓度历年变化图（图略）

关于温室气体排放情况，是基于 IPCC（政府间气候变化专门委员会）的导则为基础，列出 1990 年的排放清单。在《UNEP 报告》中，虽然 p.40 的表 3.13 列举了有关数据，但该表格有一些明显错误[8]，十分缺乏可信度。不过，排放清单的数据已经提交给《联合国气候变化框架公约》秘书处，《UNEP 报告》的参考文献中也列有朝鲜的国别报告书（DPRK's First National Communication on Climate Change），因此我们查询了《联合国气候变化框架公约》秘书处的网站，希望确认能否找到朝鲜的国别报告书。而查询《联合国气候变化框架公约》秘书处网站各国报告书网页的结果是，朝鲜的国别报告书不能下载，只能用硬盘复制。作为替代方法，我们从《第一次各国报告书汇编》（*Compilation and Synthesis of Initial National Communication*）的第6次报告书中找到了朝鲜的数据[9]。根据这些数据，朝鲜1990年温室气体的排放情况如表4所示。

表4　1990年朝鲜温室气体的排放状况　　单位：换算成 10^3 T CO_2

能源	工业	农业	固体废物	土地使用变化与林业	总计
178 945	9 855	11 648	1 482	−14 621.50	187 309

注：http://unfccc.int/resource/docs/2005/sbi/eng/18a02.pdf，p.15，表2。

3.4　土壤

近年来，加上洪水和干旱的叠加影响，因森林破坏造成的土壤破坏进一步加重。据估计，在1995年的水灾中，被水淹没的耕地经济损失高达9.25亿美元。而且，为增加农作物产量而大量施用化学肥料，导致了土壤酸化问题（p.46）。不仅如此，如表5所示，朝鲜国内的肥料产量呈下降趋势，大部分依赖进口。为解决土壤酸化问题，据说目前在城市近郊已开始使用经过处理的地下水污泥、煤灰代替肥料。另外，平壤市每年有42万t垃圾，如何处理这些垃圾也是一个问题。一部分垃圾经过处理后可作为肥料使用，未经处理的垃圾大部分都被运往郊外（p.47）。

表5　朝鲜化学肥料的生产与消费状况　　单位：10^3 t

		1996年	1998年	2000年
生产量	氮肥	416	176	158
	磷肥	132	22	5
	钾肥	36	4	7

		1996 年	1998 年	2000 年
消费量	氮肥	517	442	528
	磷肥	119	121	133
	钾肥	32	12	54
进口量	氮肥	248	304	417
	磷肥	—	98	126
	钾肥	—	—	45
出口量	氮肥	90	24	13

注：UNEP 报告（2003 年），p.48，表 3.21。

3.5　生物多样性

迄今为止，朝鲜经过确认的植物有 8 875 种，其中 3 900 种为高等植物。维管束植物有 3 176 种、204 科、790 属，在辽阔领域上茂盛生长。已经确认的动物有 1 431 种，其中，鱼类 865 种，两栖类 17 种，爬行类 26 种，鸟类 416 种，哺乳类 107 种（其中 79 种为陆生）。这些生物种类占地球总物种（45 417 种）的 3.2%。特别地，由于朝鲜半岛的地理特性，朝鲜生物种类多样，并因常能观察到候鸟而闻名。

朝鲜植物的固有种类，已被确认的就有 315 种（包括变种在内则为 542 种），约占世界已发现植物种类总数的 10%。朝鲜还有一些濒危（endangered）和珍稀（rare）的动植物物种，这些物种因其本身的生物学特征或栖息地与繁殖地的环境影响，正处于十分危险的境地。据世界自然保护联盟（ICUN）的标准，朝鲜有 10 个物种濒临灭绝，42 个物种状况危急，76 个物种有灭绝的危险，26 个物种生息与繁殖减少[10]。在 IUCN 登录的 158 种高等植物中，约有 4% 在朝鲜都可以找到。另有消息说，人们发现了东北虎，属于珍稀动物的啄木鸟的栖息范围也有扩大趋势[11]。

但是，目前朝鲜的生物多样性保护非常困难。具体而言，森林破坏、土壤侵蚀、水质恶化、可再生资源减少、洪水等，都是影响生态系统的重要因素。而人口增长、动植物生长栖息环境恶化、资源滥用、气候变迁、国境附近严重的酸雨和水污染、害虫肆虐等状况，则是造成上述结果的根本原因。

4 森林

以上主要基于《UNEP 报告》的内容，介绍了朝鲜环境各方面的现状。最后，将概述森林破坏的情况。人们认为，森林破坏的主要背景是 20 世纪 90 年代的自然灾害。鉴于韩国对此问题研究较多，除《UNEP 报告》外，我们还将参考其他一些有关文献。

据《UNEP 报告》，朝鲜国土面积的 73.2%是森林，其中坡度超过 20°的坡地森林占 70%以上（p.12）。据 1997 公布的统计数据，森林面积为 820 万 14 hm^2（pp.24-25）。但是，我们在《UNEP 报告》之外还发现了关于森林面积的其他记载，无法确定哪一个才是正确的数值。Jeong Hwoi Sung（2003）指出，不同资料中记载的森林面积数据各不相同 [12]。据该书记载，1970 年森林面积约为 980 万 hm^2，而1997 年约为 760 万 hm^2，减少了 220 万 hm^2（见表 6）。

表6　朝鲜民主主义人民共和国森林面积的变化

年份	森林面积/km^2	数据来源	备注
1910	87 632	朝鲜森林面积调查资料	朝鲜森林田野分部图
1942	93 430	1948 年韩国银行朝鲜经济年报	北纬 38 度线以北
1970	97 726	中国《朝鲜主要气象大点资料》	引用朝鲜公布的资料
1980	94 990	朝韩经济社会状况比较	韩国政府公布
1986	90 070	韩国科学技术团体联合总会	韩国政府公布
1996	84 460	林业研究院	Landsat^{TM}资料
1998	75 330	朝鲜公布资料（FAO/UNDP，1998）	—

注：Jeong Hwoi Sung（2002），p.150，笔者翻译。由于原资料是在韩国编写和发表的，其中以"北韩"指朝鲜民主主义人民共和国，"政府公布"则指"韩国政府公布"。

下面先以《UNEP 报告》为基础，介绍朝鲜森林政策变迁与森林破坏情况。随后根据其他文献，探讨森林破坏原因。

　　从 1947 年前后起，朝鲜实施了一系列植树造林、森林再造（山林复原）的相关政策。在朝鲜战争期间也实施了造林政策，将造林作为战时任务，动员国民参加。1959 年 12 月起，为了实现森林的经济价值，全国又实行造林运动。该运动使 1978 年的森林蓄积量达到了 1945 年的 4 倍（pp.23-24）。

　　但是，此后随着工业化进展和人口增长，人们对食物的需求量增加，对木炭的需求也增加了[13]（尤其是在 1990—1996 年），加上虫害的影响，森林破坏一直在加剧。1995—1996 年连续发生的水灾，以及 1997 年气温上升引起的严重干旱，使森林进一步恶化。在实行森林农地改造政策之后，森林开始荒芜，栖息在森林中的动植物变少了，自然灾害频繁发生。不仅如此，财政状况恶化造成植树造林投资困难，也是造成森林荒芜的原因之一（pp.25-26）。

　　除了《UNEP 报告》，还有很多研究也分析过朝鲜森林破坏的原因。下面介绍其中的一些分析。

　　Kim Gyung Seul 等（2002）指出，为改造自然而进行的乱砍滥伐和不恰当的植树造林政策，使得除特别保护林之外的整个森林生态系统不稳定化。尤其是坡地开发与乱砍滥伐，是导致暴雨等自然灾害引发泥石流或水灾的原因。另外，作者指出，砍伐后未及时开发的山地会流失土壤中的养分，大大损害重新造林的条件（p.68）。森林破坏加重的地区包括平壤和元山南部。江原道（北）和黄海北道的荒山也在蔓延。而且，在联结白头山、鸭绿江、图们江等地的国境地区，乱砍滥伐和开垦林地等造成的破坏也日益严重（Yang Bang Cheol，1999）。此外，Cheong Hwoi Sung（2003）指出，为获取外汇而进行的过度采伐也是造成森林破坏的原因。1990 年以来，朝鲜与中国的边境贸易变得活跃起来，朝鲜的木材出口也在增加。这种面向中国的木材出口也可以被认为是造成森林破坏的原因之一。

5　国际环境合作的可能性

　　从以上资料（主要是《UNEP 报告》）可见，朝鲜环境状况十分恶劣，甚至已经造成了因森林破坏引发自然灾害这样的直接恶果。目前，朝鲜更重视的是独立自主而不是国际合作。但是，朝鲜森林破坏的原因之一是面向中国的木材出口，维持粮食产量所必需的进口肥料也对土壤劣化有影响。不可否认，朝鲜环境状况也受到了来自国际的影响，要改善环境，国际合作是不可或缺的。目前，虽然人们了解到的朝鲜在环境方面的国际交流十分有限，但也可以看到朝韩两国的双边交流和以国际机构为媒介的多边交流等国际合作的实例。本章最后将总结朝鲜国际环境合作的现状，并展望其今后发展方向。

首先对最近朝韩间的环境交流进行总结。南北的环境交流与合作，包括政府间的交流和 NGO 间的交流。20 世纪 90 年代中期以来，韩国将朝鲜半岛北部的环境问题当作重要课题进行了研究。这是因为，韩国从德国统一的先例中认识到，环境问题是朝鲜半岛统一后必然面临的一项政策课题。在 2000 年 6 月的南北首脑会谈之后，朝韩两国的频繁交流也为环境交流提供了一个很好的契机。例如，要调查和保护纵贯朝鲜半岛的河流与山脉，就需要南北合作，两国就此也进行了具体的探讨。最近的新动向是：2002 年 12 月，就推进朝鲜半岛主要河流发源地的环境调查项目，"韩国环境运动联合会"同朝鲜政府的责任参事 Jeong Geumjin 签署了有关文件 [14]。

据环境信息网主页（Environmental News Network 21：http://www.enn21.com/）的记载，在多边环境合作方面，朝鲜于 1963 年 5 月加入了 IUCN，并从 1982 年开始参加 UNDP 的会议，批准了 1992 年的《里约环境与发展宣言》《21 世纪议程》《联合国气候变化框架公约》和《生物多样性公约》。还加入了《北太平洋海洋保护计划》（NOWPAP），并参加了 1992 年 10 月在北京召开的第 1 次会议（但其后没有再参加会议）。

此外，如前所述，朝鲜从 20 世纪 80 年代起就开始了同 UNDP 与 UNEP 的合作。最近，据 2005 年 3 月 26 日《朝鲜新报》报道，朝鲜在 UNDP 的主导下，将以环境保护和经济增长并行不悖为目标，开展示范区建设项目。该项目由"东亚海洋环境管理合作组织"

（PEMSEA）加盟国实施，南浦地区被选为示范区建设地。该地区包括南浦市、西海闸门蓄水池流域及周边海域，共占地约 210km²。该地区设置了管理办公室，负责动员贸易部、国土环境保护部等政府机构和市内有关企业、工厂等技术实务机构的工作。通过这一在国际机构主导下的运营示范区的举措，朝鲜的环境保护意识有望得到提高。

如上所述，朝鲜目前的国际环境合作还刚刚起步。我们期待，朝韩两国间的合作和以国际机构为媒介的多边合作的发展，能够在今后形成具体的成果。

（执笔：崔顺踊、山下英俊）

〔注〕

1)　韩国在这方面积累了一定的研究，本章多处都参考了这些成果。但是，需要注意的是，韩国也同样受到前面提到过的信息方面的限制，上述研究成果同样也是有局限性的。实际上，笔者（崔）于 2004 年 9 月和 2005 年 2 月在韩国进行调查时，韩国环境部国际合作官员和统一研究院的在访谈中也指出了这些局限和问题。

2)　中川在他的研究中（中川（2005），p.50）对朝鲜国家领导人的著作做了如下定义："在朝鲜，已故的金日成主席和金正日国防委员长发表的文章被称为'著作（Works）'。金委员长的文章有时也被称为'文献'。著作（文献）包括以论文形式出现的作品，也包括根据会议结论等谈话内容整理而成的作品（'谈话'形式）。"本章采用了中川的定义，使用了"讲话"一词。这里的"讲话"和上面所说的"谈话"是同义的。朝鲜国家领导人关于环境问题的指示见于朝鲜建国之初的 1946 年前后的著作和谈话。根据笔者（崔）所能找到的第一手资料，从 1946 年到 1997 年的相关文献共 49 篇。其中，谈及污染问题的讲话以这里引用的文字为最早。

3)　污染研究所的成立时间根据 2001 年 9 月 28 日的《联合新闻》确认。当初设立该研究所的主要考虑是治理平壤燃煤火电站排放的有害气体，并对大同江、Potong River 江进行水质测定和实地考察（Choson Sinbo（2003），p.17）。该研究所后来更名为"环境保护研究所"，目前是环保活动的中心机构。据 1998 年 1 月 13 日《朝鲜新报》的报道，该研究所最初仅有研究员几十名，如今已拥有大气环境研究室、排泄物资源化研究室等 12 个研究室和 200 名研究员。此外，根据 2002 年 10 月 31 日和 2003 年 4 月 20 日《联合新闻》的报道，该研究所近来开展了对平壤市主要商业区、河流、自然保护区的环境调查，推动污染物的处理和资源化研究，并实施对中小城市的环境状况调查和污染防治技术的相关研究，积极推进环境监测网建设等环境保护事业。

4)　维尼纶是朝鲜开发出来的一种尼龙。

5）1998 年 9 月，在修订《社会主义宪法》后进行的国家机构重组中，"国土环境保护部"与"城市建设部"被合并为"城市建设与国土环境保护部"。但翌年 3 月又恢复了原来的两个部门。

6）短短 4 年间，GDP 就降低到原来的一半，这在常识上就意味着国家经济的"崩溃"。该数据本身虽然令人惊愕，但我们认为，有必要同时注意到政府有关人士将其公布到正式报告书中的意图。

7）关于西海闸门，笔者最初获得的《UNDP 报告》版本使用的是专门名词"门版本使用的是士将其公布到正式还刚刚起步（p.31），但现在能从网站主页上下载到的版本已改成了"成了本使用的是士将其公布到正式还。

8）例如，本应只记入污染源种类的一列中，还错误地记入了本应记入相邻一列的数值；本应记入负值的"二氧化碳减少"一列中记入的却是正值；等等。

9）参见未列在附录 I 中的国家的国别报告主页"主国家的国的是士将其公布到正式还刚刚起步。但我们期待，朝韩两国间的合作和以 http://unfccc.int/national_reports/non-annex_i_natcom/items/2979.php，（最后确认日期 2006 年 6 月 7 日）。在列表显示的 134 个国家和地区中，只有 13 个国家和地区的报告不能下载。另外，《第一次国别报告汇编》出处为 http://unfccc.int/national_reports/non-annex_i_natcom/compliation_and_synthesis_reports/items/2709.php（最后确认日期 2006 年 6 月 7 日）。

10）该分类以 ICUN 的红色列表目录为基础。但是，由于 UNEP 报告（2003）p.53 中所使用的"所使用的于一类并不能在该目录中找到，这里使用了与北海道红色列表手册目录中相当的 ICUN 标准"有灭绝危险"（Near Threatened）。

11）关于东北虎的记载，参照 2005 年 1 月 28 日的《联合新闻》报道。该报道介绍了当地自然保护人士关于虎生息的证言。报道称，东北虎在白头山、Nanrim 山、Guanmo 峰等高山地带生息，但数目正急剧减少，濒临灭绝的危险。另据世界野生动物基金会（WWF）主页，朝鲜北部发现了东北虎。详见 http://www.panda/org/index.cfm。关于啄木鸟的记载，参见 2004 年 6 月 7 日、10 月 8 日和 2005 年 1 月 5 日的《朝鲜中央通讯》。

12）参见 Cheong Hwoi Sung 编（2003）p.149。另外，如文中所述，由于该文献中各个作者的数据出处不同，数值之间存在差异。例如，同书 p.23 引用韩国山林厅的资料作了如下记载："（2003 年）山林面积为 916.6 万 hm^2，据 1999 年林业研究院的资料，其中 18%（163.2 万 hm^2）都是作为不具备山林价值的荒地弃置的。据估算，该部分土地的绿化事业约需预算 4.2 兆亿韩元（约合 5 200 亿日元）"。

13）Cheong Hwoi Sung 编（2003）p.11 的分析称，20 世纪 90 年代初煤炭供给困难，木材燃料使用量激增。关于煤炭供应和能源问题，Kim Gi Ryung（2001）有详细研究。

14）2002 年 12 月 11 日《Enviroasia》，http://www.enviroasia.info/。

〔参考文献〕

中川雅彦编『金正日の経済改革』アジア経済研究所，2005 年.

UNEP，DPR Korea：State of the Environment 2003，2003〈http://www.rrcap.unep.org/reports/soe/

dprksoe.cfm〉より入手可能：最終閲覧日 2006 年 6 月 16 日.

〈ハングル文献〉

朝鮮民主主義人民共和国『朝鮮民主主義人民共和国　法典』法律出版社，2004 年.

チョン・フエソン，カン・グァンギユ，カン・チョルグ『北韓の環境問題と統一韓国の環境政策における方向』韓国環境技術开発院，1996 年.

チョン・フエソン，チユ・ジヤンミン，カン・グァンギユ，キム・ミスク，ユ・ナンミ，コ・ユニ『環境親和的南北経協事業推進法案に関する研究』韓国環境政策・评价研究院，2003 年。

チョン・フエソン編『南北環境フォーラム』韓国環境政策・评价研究院，韓国環境部，韓国統一部，2003 年.

キム・キヨンスル，ソン・キウン，カン・グァンギユ『統一韓国時代を対比した南北環境協力活性化戦略研究』エナジー経済研究院，統一研究院，韓国環境政策・评价研究院　基本研究報告書，2002 年.

キム・キリユン『南北韓エネルギー分野交流・協力発展方向』韓国統一研究院，2001 年.

ヤン・バンチヨル（韓国環境省環境政策室室長）「北韓の環境実態および南北韓の環境協力の推進方向」北韓の環境实態診断および南北韓の環境協力のための大討論会より，1999 年.

第 5 章

续 篇

第 3 届受害者救助（环境纠纷处理）中日国际研讨会开幕式
（2005 年 11 月于上海华东政法学院，广濑事务所提供）

日本　向治本对策的转变

1　水俣病问题迎来被正式确认的 50 周年

2006 年是 1956 年 5 月 1 日官方正式确认水俣病后的第 50 年周年，日本政府方面计划了一些活动，特别是筹备了 5 月 1 日的纪念仪式。日本政府的基本立场是，尽管水俣病结束了，但日本必须以此为训，防止水俣病再度发生。但是，在为防止水俣病再度发生等对策提供建议而设置的环境大臣私人咨询组织——"水俣病恳谈会"上，有报道称，2006 年 3 月在如何修正水俣病受害者救助对策的讨论中出现了纠纷，委员们同环境省相互对立 [1]。正如这篇报道所称，水俣病实际上并没有终结。

在《亚洲环境状况报告》第 3 卷（2003/2004）中，也介绍了此前的一些情况 [2]。1973 年 3 月，通过水俣病首次诉讼判决，确定了引起水俣病的源头企业——窒素公司（公司名称是英文 Chisso，日文原意为氮肥）的责任。之后，水俣病受害者救助问题的焦点就转为"水俣病的认定标准"和"行政部门（国家和县）的责任"。问题的发端是水俣病的认定标准。当初，认定是否属于水俣病患者系根据 1971 年的《环境事务次官通知》，据此进行了比较广泛的认定，但根据 1977 年的《环境保健局长通知》，要求结合症状等进行认定，"判断条件"更加严格，结果是，未认定水俣病患者的数量显著增加。

被行政救助拒于门外的水俣病患者，选择了司法救助之路。除了窒素公司之外，他们还把日本政府和熊本县作为被告，在全国 6 个地方法院发起了诉讼。1987 年，熊本地方法院 3 次一审，都裁定了日本政府的责任，但 1990 年后各地方法院和福冈高等法院对当事人进行了调解，原告、窒素公司和熊本县同意和解。

但是，日本政府不同意和解。最后，包括新泻水俣病第 2 次诉讼在内，日本政府收到了 6 个地方法院的判决结果。其中，裁定国家责任的判决有 3 个，否定国家责任的判决（包括新泻水俣病第 2 次诉讼）有 3 个。对于患者认定问题，曾被行政性的认证委员会拒绝或搁置认证的、比例相当高的水俣病受害者接受了司法认定。

由于认定审查会对受害者救助的功能不完善，有关国家责任的司法判断出现分裂以及和解协议难以达成，所以 1994 年村山富治联合政权成立后，就努力促进水俣病的政治解决方案。之后，除了关西诉讼的原告以外，日本政府都试图在政府解决对策框架之内予以解决。但是，关于国家和县的责任以及水俣病的症状问题仍未解决，水俣病关西诉讼继续提出诉讼要求法院判决。

负责关西诉讼的大阪高等法院于 2001 年 4 月 27 日判决，明确承认国家和熊本县的责任。关于水俣病症状，该院承认大脑皮质损伤引起的症状，采取广泛认定患者的立场。2004 年 10 月 15 日，最高法院判决，维持大阪高等法院的原判，认定国家和熊本县的责任。最高法院同意原审出示的水俣病诊断标准，首肯其为原审认定事实的一环，可作为参照的关系证据。

这样，尽管确认了日本政府和熊本县的责任，但对于水俣病的认定标准，最高法院也并没有明确阐述（由于是认定事实，也就理所当然），而国家也不准备更改以前的认定标准，所以大阪高等法院明示的、最高法院维持的"司法判断标准"就同与其相异的狭隘的"行政认定标准"并行地存在着。要求认定水俣病患者的受害者，在最高法院判决后，开始以"司法判断标准"为前提申请水俣病认定，人数超过 3 700 人（2006 年 3 月 31 日）。但是，处于"司法判断标准"同不承认"司法判断标准"而打算维持"行政认定标准"的国家立场对立的矛盾状态下，当地的水俣病审查会陷入了无法增添人员这种功能缺陷之中，认定工作迟迟不前。在这种状况下，进行认定申请的一部分受害者（超过 1 000 人）宣布重新提起诉讼（参考专栏 1）。

上面介绍的"水俣病恳谈会"的纠纷，原因就在于日本政府对于水俣病认定的态度。这样下去，水俣病事件仍会没完没了。如果

是这样，水俣病悲剧的原因就不会得到真正反省，悲剧还会进一步
发生。是否是水俣病，这属于医学问题，原本就不是行政判断的问题。因此，需要回到医学探讨水俣病症状的基础上来讨论救助问题，这是本应选择的道路。不同于国家的活动，计划于 2006 年秋在熊本和水俣现场举办由大学和 NGO（日本环境委员会等）主办的国际会议，希望这次会议能够成为解决问题的开端[3]。

2　重新被提起的石棉问题与综合对策

在此期间的另一个重要问题是重新查明了石棉受害的严重状况。众所周知，日本劳动现场由于石棉造成的健康损害（间皮瘤等，肺癌的一种。——译者注）始于 20 世纪 40 年代。基于 1956 年制定的《特殊健康诊断指导指针》（1956 年 5 月 18 日第 308 号），日本开始采取"防止劳动灾害对策"，遭受石棉伤害的工人实行"劳动灾害补偿"。这样，石棉受害被认作"劳动伤害"，但在 2005 年 6 月末，媒体报道了居住在石棉产品生产厂周围的居民和工人家庭中出现了皮肤癌患者之后，石棉产品的大型生产企业久保田（株）同意向当地居民支付慰问金。由此，石棉污染成了社会问题[4]。

此间，日本政府把"通过恰当管理防止灾害"政策作为宗旨，只控制石棉的进口和生产，而不是禁止使用。为此，日本开始踏入石棉进口和使用的道路，1974 年进口量达到高峰，为 35 万 t。之后，直至原则禁止进口后的 2004 年，累计进口石棉 960 万 t。大多数被用作建材，如作为建筑物梁、柱等钢架的耐火涂层设备室（锅炉房）和空调机房等的天井与墙壁的吸音和绝热材料。

另外，鉴于短期内集中暴露会导致间皮瘤，所以建筑现场的喷涂装修作业工人的劳动伤害特别令人担忧。1975 年，日本禁止喷涂石棉含量 5% 以上的材料。1986 年，《国际劳工组织（ILO, International Labor Organization）公约》禁止生产青石棉（crocidolite），但日本仅是通过行政指导来控制进口和生产。经过 1995 年 1 月阪神淡路大震灾倒塌建筑物与拆除引起的石棉飞散问题，日本开始明文禁止生产

青石棉等。其后，2004 年通过禁止生产白石棉等，原则禁止了石棉生产。这些控制的依据是基于《劳动安全卫生法》的《预防特定化学物质等危害规则》和《预防石棉违害规则（石棉规则）》。

在污染防治方面，日本不得不在 1989 年《大气污染防止法》修订之后才制定《特定粉尘发生设施规则》。该规则的标准是，在对象企业占地内的空气中，最大石棉含量为 10 根/L。接着，1991 年通过《固体废物处理法》的修订，开始把废石棉等作为"特别管理固体废物"进行特别控制。但是，这些对策都过于落后。由于石棉病的潜伏期超过 10 年，所以推测今后 2000—2010 年会有 1.5 万人以上出现间皮瘤。

面对这种事态，日本政府的内阁会议才首次决定了综合对策。首先紧急调查石棉利用实情和工厂周边健康状况，尽管调查并不全面，但仍发现，由于石棉起因的间皮瘤等引起的死亡，在不生产石棉产品的企业为 60 人，生产石棉的企业为 391 人，运输部门为 130 人。截至 2004 年，日本得到劳动灾害认定的人数为 856 人，但上述石棉受害者几乎均未得到劳动灾害认定。日本环境省推测，今后还可能导致 5 万人死亡。这次调查还发现，很多学校和其他公共建筑都不清除石棉，很多民用建筑物也不清楚在哪里使用了何种石棉。业已查明，包括石棉产品进口在内含石棉的产品约有 3 万种。而且，受害者团体依靠专家调查发现，工厂周边的患者出现率为一般情况的 19 倍。

今后，日本政府将致力于测定建材清除与建筑物解体现场周围的大气浓度、受害者实情调查和健康咨询等。在 2006 年 1 月的常规国会上，政府提交了《石棉危害救助法案》，决定对不适用劳动灾害的石棉受害者（间皮瘤和肺癌患者）支付医疗费等，以及对因过期而无法申请劳动灾害的受害者给予救助。日本还修订了《建筑标准法》，首次控制石棉建材的使用。在禁止使用石棉建材的同时，该法还要求建筑物所有者有义务清除石棉并防止其飞散等。而且，通过修订法律，创设了构建废石棉融解无害化处理的废弃物处理场必须遵守的认定制度（《固体废物处理法》）、工厂设备进行石棉解体作业时有义务采取防止飞散石棉对策（《大气污染防止法》）以及同意地方政府对于石棉处理设施的贷款（《地方财政法》）。

针对上述问题，日本的石棉受害者团体和致力于解决危险物质问题的NPO（非营利组织）要求立法解决石棉危害问题，即要求制定《综合对策法》而非各个单项分散的对策。关于受害者救助以及今后的清除石棉对策，他们主张应该建立产品生产者和利用与建设者的责任，进而把国家的责任一起制定成为明确的制度。救助工作存在很多困难，其中之一是在上述的各项新法中都没有解决住院费支付问题。今天，日本才刚刚开始真正防治石棉污染，今后必须尽早制定应对石棉蓄积公害及其产品公害问题的综合对策。此外，还需要把这一问题作为他山之石，探讨如何才能不断地确立"预防原则"。（参阅专栏2）

3　《京都议定书》的生效与日本政府的应对

关于国际上重要的共同问题——"全球变暖对策"，此间备受关注的是围绕在《气候变化框架公约》第3次缔约国会议上（COP3，1998年12月）通过的《京都议定书》生效的动向。众所周知，2001年3月，美国布什政府声明退出《京都议定书》等，《京都议定书》生效本身面临危机，而由于俄罗斯的批准，《京都议定书》于2005年2月16日终于生效。在其影响下，日本为了实现《京都议定书》中国际公约规定的减排目标（比1990年削减6%），现在正是面向"第一履约期"必须真正地采取根本性减排对策的时候。尽管如此，现状下的日本政府制定的"全球变暖对策"极不充分。下面，再次回顾在此期间日本"全球变暖对策"的演变与现状。

首先，日本政府真正开始致力于"全球变暖对策"，起始于1990年12月制定的《全球变暖防止行动计划》。其中提出的计划目标是"人均二氧化碳排放量，2000年以后维持在1990年水平"。然而，这一目标完全没有实现。之后，在《京都议定书》通过的影响下，1998年6月，政府设置了以首相为总部长的全球变暖对策总部，制定了

《全球变暖对策推进大纲》（旧大纲）。同年 10 月，颁布了《全球变暖对策推进法》（自 1999 年 4 月实施），但缺少具体的业绩。因此，2002 年 3 月日本又重新制定了《全球变暖对策推进大纲》（新大纲）。新大纲明确规定，采取步步逼近的方法，把 2002—2004 年作为"第一步"，努力加强具体行动，2004—2007 年为"第二步"，对行动的进展情况进行评价和纠正，在业绩不充分的情况下，进一步采取必要的对策措施（包括引进碳税）。但是，此间实际采取的具体措施只不过是在 2002 年 5 月修订了《全球变暖对策推进法》，在 2002 年 6 月修订了《能源使用合理化法》，以及制定了《电力企业利用新能源特别措施法》等。

在如此演变的过程中，受到《京都议定书》于 2005 年 2 月 6 日生效的影响，2005 年 4 月 28 日，日本内阁重新决定《京都议定书目标实现计划》（参见表 1）。但从该计划看，日本允许占二氧化碳排放量 90% 的能源起源（含碳化石燃料起源）比 1990 年基准年增加 0.6%，此外替代氟利昂等 3 种气体也增加 0.1%。

表 1　《京都议定书目标实现计划》概要

（1）国内减排	−0.5%
①能源起源的 CO_2 排放	0.6%
・工业部门	−8.6%
・家庭部门	6.0%
・业务与其他部门	15.0%
・运输部门	15.1%
・能源转换部门	−16.1%
②非能源起源的 CO_2 排放	−0.3%
③甲烷	−0.4%
④氧化二氮	−0.5%
⑤氟利昂替代品等 3 种气体	0.1%
（2）碳汇与国外购买	−5.5%
①森林碳汇	−3.9%
②京都机制（共同实施，清洁发展机制，排放交易）	−1.6%

注：目标值是与基准年 1990 年的比值。

同时，对于完成减排目标的差额部分（−5.5%），几乎全靠森林碳汇和购买在国外的减排量和排放权等"京都机制"（对此，国内外环境 NGO 表示担忧，并批评这是在逃避、推迟在国内采取对策）。那么，这就变成了几乎放弃通过国内对策进行减排行动的《目标完成计划》。其中，特别是家庭部门增加 0.6%、业务部门增加 15.0%、运输部门增加 15.1% 等，如此容忍在此期间增加二氧化碳的倾向，这样的《目标完成计划》恐怕没有资格叫做《二氧化碳减排计划》吧。

顺带说一下，日本 2004 年度温室气体总排放量已达 13.29 亿万 t（换算成 CO_2）[5]，比《京都议定书》的基准年 1990 年高出了 7.4% 之多。受到这种变化和现状的影响，此间环境省还认为需要把经济手段引入"全球变暖对策"，继续对引进碳税问题进行具体讨论，并于 2003 年 8 月发表了引进"全球变暖对策税"的《中间报告书》以及基于报告书的提案。之后，还提出过若干次更为具体的引入"全球变暖对策税"提案，而实际上在各种正反两论的争论中，依然延续着政治性搁置的状态。

今后，为了发挥日本作为东道主所通过的《京都议定书》中的国际责任，实现既定的减排目标（比 1990 年减排 6%），面对当前的"第一约束期"（2008—2012 年），日本是否采取更根本的减排对策？可以说，今后的局面将更为严峻。

（责任执笔：淡路刚久，矶野弥生，寺西俊一）

〔注〕

1)　参照 2006 年 3 月 21 日的《朝日新闻》。

2)　参照《亚洲环境状况报告》第 3 卷（2003/04）第 Ⅱ 部第 4 章专栏 1。

3)　「特集　水俣病は終わっていない—改めて解決へ前進を求める」『環境と公害』Vol.35，No.2，2005 年 10 月参照。

4)　「特集②　問われるアスベスト対策」『環境と公害』Vol.35，No.3，2006 年 1 月参照。

5)　環境省「2004 年度（平成 16 年度）の温室効果ガス排出量速報値について」参照。

专栏 1　水俣病事件迎来新局面

自关西诉讼最高法院判决后 1 年多，在水俣市，又有 3 754 人（2006 年 3 月末）重新申请水俣病认定，不知火海沿岸地区的甲基汞大范围且长期的污染变得更加明朗。这次申请者的特点是，不到 50 岁的年轻人占 50%左右，40 多岁和 30 多岁等在胎儿期暴露的家庭数量很多，在渔民家庭以外的所谓一般市民层当中，也发现很多人患有四肢感觉障碍和 2 点识别感觉异常。

在这一状况下，人们的认识发生了转变，即从不知火海沿岸渔村地区的"点源污染"转向 20 万全体市民受到污染的"面源污染"。此外，很多申请者是在污染被认为已经结束的 1969 年以后出生的，因此，甲基汞污染的影响将延续到何时也成了重大课题。大多数的申请者，这 10 年都出现过症状恶化，由于担心自己、孩子和家人的就职、结婚、在村落的交往等会遭受歧视的偏见，他们对申请认定犹豫不决。此外，人们对水俣病认定制度和救助对策有很多不满，比如，尽管家人和身边朋友通过 1995 年的《政府和解方案》得到认定，但自己却没有得到认定。在县外居住的人，也有很多不清楚申请手续等，所以水俣病的"本人申请主义"也是个大问题。这次，来自县外的申请者有，大阪府 167 人，福冈县 167 人，爱知县 66 人等，从 33 个都道府县来的，共计 720 人。

2005 年 4 月，环境省提出了如下应对政策，不改变行政的"水俣病判断条件"，而是发放新的《保健手册》、给患有一定水俣病症状的人免除医疗费、催促其撤回申请、抑制人员出庭等。对此，申请者团体发起猛烈反击，2005 年 10 月，"不知火患者会"提起国家赔偿诉讼，其他团体也准备起诉等，水俣病事件一个接一个地开始要求新的判决。

2006 年是当地水俣病研究所报道水俣病的 50 周年。但是，水俣病事件非但没有解决，受害者还不得不提起新的诉讼。水俣病受害的严重性是明确的。通过今后的继续调查来全面解明水俣病任重道远。

（责任执笔：谷洋一）

专栏 2 最大限度遏制石棉受害

对于经济处于发展中的国家来说，耐热性和化学稳定性好的石棉是工业上的"贵重"物质，但自 20 世纪下半叶，石棉极高的危害性也得到了证实。因此，尽管在发达国家已经几乎不消费石棉，但石棉用量在亚洲不少国家却趋于增加。据各国统计，日本 20 世纪 90 年代减少了进口量，相反在泰国、印度、中国这些发展中国家反倒呈现出增长趋势。其中，中国由于拥有生产石棉的矿山，据说石棉消费量每年超过 50 万 t。

在亚洲，从事石棉相关产业的人员甚至几乎都不知道其危害性，也不能否定在发达国家仍有在缺乏妥善考虑安全环境下工作的可能性。2004 年 11 月在"世界石棉东京会议"上，巴基斯坦代表介绍了现场作业人员头部落满石棉的照片，也许代表着发展中国家的实际情况。

2005 年 8 月，笔者有幸考察了位于加拿大魁北克省的石棉矿山周围地区。有关人员认为，通过防治水平的提高，环境得到了显著改善，蓝石棉和白石棉等温石棉系的种类同现在从矿山开采的白石棉种类不同，不存在安全问题。这些矿山事务所里放置的《企业宣传手册》，多半是亚洲地区的内容。在这种动向中，以前在加拿大国内活动的一些石棉企业正向亚洲国家进驻，进行石棉开采加工活动。进驻海外的原因，除了开拓兴旺的海外新市场这一目的外，还有同石棉使用控制越发严格有关，甚至同"原则禁止"的国内情况相比，海外活动相对容易些。在这种"双重标准"下，石棉使用今后还会继续。

同其他物质相比，石棉的危险性极高。由于用途广泛，使用方便，所以难以对石棉进行全面管理。如果亚洲各国继续使用，早晚也会像欧、美、日一样，不可避免地出现受害。许多国家已经禁用的石棉继续在亚洲地区使用，这种状况同欧美受害业已明确后还在日本继续使用相仿。

在这种意义上，通过从不同观点对日本以前所处的社会状况进行分析，在考虑今后的行动方面也许可以获得宝贵的信息。同时，把在日本实践的市民活动和受害者援助的经验传送给亚洲地区的人们，可以说是能最大限度地遏制石棉受害的有效手段。

（责任执笔：村山武彦）

韩国　制度建设及其挑战

最近 3 年来，韩国环境政策的重要动向之一是建设以保护生态系统为目的的国土环境管理体系以及引进防止污染对人体健康影响的环境卫生对策。因此，本节先介绍这 2 个焦点问题，接着叙述禁止原生垃圾填埋和再资源化问题。

1　构筑可持续的国土环境管理体系

2005 年，韩国制定了《国土环境管理 10 年计划（2006—2015年）》，主要目的是确保生态系统安全和生物资源保护。这标志着韩国努力建设可持续的国土管理体系的开端。

1.1　巨型公共项目与环境破坏

真正开始讨论构筑可持续的国土管理体系，其背景是近期有很多计划进行或正在实施的国策项目——巨型公共项目没有充分考虑对环境的影响，所以一个接一个地被迫中止或推迟。典型事例为新万金（Semangum）围填海工程和巨型建设项目——首尔环形公路、京釜高速铁路（第二阶段，首尔—釜山）、核废料处置场、汉江水库、京仁运河（首尔—仁川）、行政新都等。20 世纪 70—80 年代的大型公共项目，也可说是伴随环境破坏的项目，但由于社会间接资本不充分以及人们的环境意识薄弱等，所以这些项目均由政府、国会和产业界共同推进。但是，90 年代后半期以来，环境 NGO 和地区居民等市民水平上的反对活动日趋激烈，要求巨型公共项目，即使是政府的国策项目，也需要考虑环境保护。尽管如此，政府仍是没有进行充分的环境影响评价就无理地启动项目，结果使得大量的公共项目举步维艰。

作为讨论和评价公共项目与开发项目可能造成环境影响的制

度，分别有在项目计划制定前进行的《规划环境影响评价制度》（事前环境性检讨制度）和从项目计划制定时到实施计划认可前实施的《环境影响评价制度》。但是，在现有的《规划环境影响评价制度》中，公路、铁路、水库等建设项目不在评价对象之列，所以就缺乏在计划制定前阶段对其环境影响评价的体制。为了解决这个问题，韩国环境部对"事前环境评价制度"进行了部分修订，要求自 2005 年起，对于投资规模超过 500 亿韩元的大型国策项目和公路建设项目，必须进行事前环境评价，自 2006 年起，从开发计划制定阶段就需要办理反映居民和市民团体意见的程序等。而且，为了向企业提供信息，韩国环境部编制并发放了《环境影响评价地图》，该图集把韩国国土分为"应保护区"和"可开发区"。为了完善环境影响评价制度，韩国进行了法律修订，建设积极反映市民意见的体制。

1.2 开发导致的生态系统破坏

制定《可持续国土环境管理计划》的原因之一是，通过官民联合调查发现了朝鲜半岛生态破坏之严重程度。为了保护生态系统，政府实施了一些政策。第一，政府制定了《白头大干山脉保护法》（白头大干山脉（Baekdu-Daegan Mountain）由贯穿朝鲜半岛南北的一些山脉构成），该法旨在控制白头大干及其周边地区的开发，恢复其生态系统。第二，政府采取了系统保护自然景观优美和生态系统丰富地区的政策。为了保护自然景观，2004 年 12 月，修订了《自然环境保护法》[3]；为了开发环境友好型新城，制定了《自然景观审议制度》[4]（2006 年实施）；为了保护生态系统价值高的地区，加强了生态系统保护对策，如实施"非武装地带（DMZ）自然环境保护对策"和"东江保护对策"，以及指定了新的"汉江河口湿地保护区"作为生态系统保护区等。针对生态系统遭到一定破坏的地区，也采取了恢复措施。作为城市地区生态系统恢复措施，韩国建立了考虑城市内生物栖息可能性和生态循环功能等的"生态面积率制度"[5]。

此外，生态系统保护对策逐渐得到强化，如通过《岛屿地区生态保护特别法》加强保护特定岛屿地区的生态系统、通过强化国家公园管理体制加强保护野生生物和生态系统等。

1.3 对策的限度与挑战

为了加强大型公共项目的环境影响评价和生态系统保护，尽管构筑可持续的国土环境管理体系是一大进步，但对策也有限度且面临一些挑战。第一，水库、公路、高速铁路、港湾、土地改造等大型公共项目，很多都是为了刺激经济，所以开发引起的环境影响往往被过小评价。第二，由于在环境评价地图中标明了可开发地区，这会导致在开发同保护的利害关系中出现矛盾的地区，有可能使开发正当化。因此，在没有充分考虑环境影响的情况下，只是完善上述有关制度，仍难以构筑可持续的国土环境管理体系。

实际上，韩国政府正在计划或者实施着同上述政策冲突的大量开发项目。例如，以普及住宅和分散首都圈的人口等为理由，韩国政府正在计划建设约 50 座新城市、新行政首都以及其他项目。此外，为了振兴经济，韩国还制定了《经济振兴综合投资计划》，主要是积极地推进商业城市、高尔夫球场、滑雪场、娱乐场等休闲设施的建设。而且，自 2000 年起，韩国开始取消指定"绿色带"。到 2006 年，绿色带几乎全部取消殆尽，各种开发项目正在进行之中。

这种政策引起了各种环境问题，如森林与生态系统的破坏和农药造成地下水污染等。为了进行有实效的国土环境管理，既要完善生态系统保护的制度建设，又必须将其统合到国土利用计划之中。

2 危险物质造成的健康损害和环境卫生对策

作为这 3 年韩国动向之一而备受关注的是环境卫生对策的强化。韩国进行了很大的政策转换，从以前以大气、土壤等介质为主的环境对策，转向以人与生态系统等受体为主的环境对策。2005 年，韩国制定了《环境卫生 10 年计划（2006—2015 年）》。在环境卫生方面，重要措施是采取预防措施，对于受害者的发生要防患于未然。这需要针对环境卫生进行调查研究，明确环境污染和健康损害之间的因果关系。

环境部也把环境污染健康影响的基础调查作为环保对策的重要手段。首先，自 2005 年开始，每 3 年对代表性危险重金属铅、汞、镉的健康损害情况实施一次调查。此外，环境部实施的调查，还包括针对城市、农村、工业园区等的周围土地污染的公众患病率比较调查，对工业园区、填埋场等环境污染可能性高的地区的污染状况调查。

尽管调查环境污染及其同对于生态系统与人体负面影响之间的因果关系非常重要，但需要注意调查本身并非防止污染造成健康损害。即上述的基础调查在环境风险评价中只不过是第一阶段，在此基础上还需要一系列风险评估体系，经过环境健康危险因子识别、剂量—反应关系分析、暴露分析、风险判定等过程，最后才能形成风险管理对策。但是，韩国缺乏环境风险意识，与有关环境卫生的基础调查也仅局限于某些领域，因此很多问题都有待解决。而且，对于污染引起的健康损害者的补偿制度也不健全，主要是依靠环境纠纷调解制度，这也是个大问题。

同环境保护有关的另一个重要对策，是危险化学物质的减排政策。在韩国，使用的化学物质有 4 万种左右，化学产业规模也高居世界第八（1998 年），所以危险化学品的管理是需要紧急对策的领域。1996 年，韩国加入了经合组织（OECD），同时正式开始了对危险化学品的管理，但可以说至今尚未构建起系统的管理制度。2005 年，环境部同大量使用危险化学品的企业缔结了自主协议，实施规定了削减目标的《化学物质削减 30/50 计划》，即同基准年 2005 年相比，2007 年削减 30%，2009 年削减 50%。此外，为了控制或禁止使用对人体影响大的危险物质，政府还建立了《危险物质管理制度》⁶⁾，增加了对于化学物质排放量的调查。

而且，韩国在新建住宅时产生的"病房综合征"（Sick House Syndrome）问题也越发受到关注。（近年来，病房综合征在日本和欧美各国受到普遍关注。它是由室内空气污染引起，使生活在其中的人们健康受到影响甚至严重损害的健康杀手，对小孩、老人和病人等易感人群的危害，更令人担忧。——译者注）为了减缓这个问题，韩国政府于 2005 年对建材的危害性进行了调查，同时控制有害建材的使用。控制对象也从医院等公共设施扩大到电影院、饮食店、集体住宅等。

如上所述，尽管在过去 3 年里，韩国加强了环境保护对策，但还没有构筑起处理环境风险的系统性制度，还需要进一步完善制度。

3 禁止填埋原生垃圾及其资源化

通过 1997 年《固体废物管理法实施细则》的修订和《禁止直接填埋餐厨垃圾法》的制定与实施，直接填埋原生垃圾被禁止了。制定该法的背景，是由于最终处置场（填埋场）的不足、防止粮食资源浪费以及原生垃圾填埋引起的环境污染问题等。在韩国全部生活垃圾中，来自饮食物的原生垃圾所占比例为 23%（2001 年），其处理是个大问题。垃圾产生如此之多的原因主要在于韩国的饮食文化影响，而且以前实施的原生垃圾减量化政策几乎都以失败而告终。为了确保原生垃圾处理设施和彻底分类收集等，设置了自法律修订到实施为期 8 年的宽限时间。

但是，在过去 8 年里，原生垃圾的处理形态发生了很大变化。原生垃圾产生量，从 1997 年 1.453 2 万 t/d 减少到 2002 年的 1.139 7 万 t/d，而同期的填埋比例，从 92.8%大幅度减少到 29.3%。相反，焚烧率从 3.9%增加到 8.1%，资源化率从 3.3%骤升到 62.6%。人们期待 2005 年该法的正式实施会带来原生垃圾的减量化，但原生垃圾本身的产生量仅有些许变化。"禁止餐厨垃圾直接填埋"这一对策，尽管收到了一定成效，但同废物减量化相比，可以说资源化的效果更大。

　　同时，由于政府把原生垃圾处理的形态限定在饲料化、堆肥资源化和焚烧，这又产生了各种问题。例如，由于把朝向饲料的再资源化作为主要目的，造成分类体系复杂化、增加排放者与地方政府的负担问题，再资源化的饲料和堆肥的质量以及经济性问题，恶臭等对生活环境的影响与非法倾倒问题等。今后，有必要进一步完善包括原生垃圾处理形态多样化在内的有关制度。

（责任执笔：罗星仁）

〔注〕

1)　规划环境影响评价制度（事前环境性检讨制度），是在立案制定给环境带来影响的行政计划、开发计划以及开发项目等的初期阶段，为从环境方面研讨分析其布局选址的妥当性、土地利用计划的适当性、对周边地区可能造成的环境影响等所引进的制度。该项制度以《环境政策基本法》和有关专门法为基础，主要以行政计划和环境保存价值高的地区的开发项目为对象。2005 年，评价对象扩大到 48 个行政计划以及 22 个地区内的开发项目。

2)　环境影响评价制度，是作为事前预测分析开发项目等对环境的影响、摸索减轻对环境的影响的方法所而引进的制度。该制度基于《环境交通灾害等影响评价法》，主要以大规模开发项目为对象，在计划确定后的项目实施阶段，以减轻开发项目施工的环境影响方法为中心进行讨论。2005 年，要求 17 个领域的 64 个项目进行环境影响评价。

3)　《自然环境保护法》的主要修订内容是，在把现有的生态系统保护区扩大到生态和景观保护区的基础上，根据保护程度把保护区分成 3 类，并引进自然景观审判制度。

4)　自然景观审议制度，是针对在自然公园、湿地保护区、生态景观保护区的周围地区进行的开发项目以及总统令规定的对于自然景观可能造成重大影响的开发项目，由地方政府组成自然景观审判委员会，经过对该项目的审议，确定认可与许可。

5)　生态面积率制度，是在建设新城市或大规模住宅区之际，为确保把表示自然循环功能的生态面积在一定比率以上（30%～50%）而引进的制度。生态面积率是，用具有自然循环功能的土壤（植被、水空间、屋顶绿化、部分铺设等）面积，相对于项目对象面积的百分率来计算。

专栏 清溪江复原项目

清溪江复原项目，是从 2003 年 7 月到 2005 年 9 月对于包括 5.84 km 暗渠化河段在内的河流进行恢复的项目。清溪江复原项目的内容，具体包括：清溪江开渠工程、清除清溪江路（在暗渠化河流上建设的道路，长 5.4 km）工程和清除三一（清溪）高架公路（韩国最早的高架公路，汽车专用道路，长 5.8 km）工程这 3 项，以及周边地区的再开发项目。清溪江是由西向东贯穿人口超过 1 000 万人的首尔市中心的城市河流，流域面积 50.96 km^2，河流总长 10.92 km。

20 世纪 60 年代后，随着韩国的经济增长，在首尔出现了产业集中和人口集中，在经济活动显出勃勃生机时，污染物排放也随之增加，而且必需的道路和商业设施建设用地越发难以确保。因此，对于许多城市河流都开展了暗渠化工程以解决这些问题。清溪江的情况是，20 世纪 60—70 年代，流域面积为 28.05 km^2、总长度为 6 km 的城市河段被改造成暗渠，在其上面建设高架公路和一般道路或商业楼宇，宛如经济增长的一个符号。

清溪江复原项目的直接契机是高架公路、楼宇以及其他构筑物的安全问题。但是，"重现"清溪江的讨论，最初是在以市民和专家为主的"清溪河再生研究会"成立后才开始的。之后，2002 年首尔特别市市长候选人李明博提出，他把该计划作为竞选承诺，当选后即实施了清溪江复原项目。首尔市的清溪江复原项目收到了如下效果：①在首尔市中心区重现了人与自然共生的空间；②完善了公共交通体系，缓解了因清溪江复原项目所导致的交通混杂问题；③对韩国其他城市河流再生项目产生影响；④构筑了地方政府同市民之间的伙伴关系。

然而，在工期缩短和沿岸地区再开发等政治与经济方面以及在恢复清溪江原有生态空间与历史空间的功能方面，清溪江复原项目是失败的，这是留给后世的课题。清溪江复原项目，可以看作是周边地区伴随着河流恢复和河流公园化的再开发项目。

（责任执笔：谷洋一）

中国 环境问题的暴发和对草根NGO活动的期待

1 经济急速发展的影响

中国急速的经济发展，包括环境方面在内，给国内外社会各个层面造成了多种多样的影响。随着经济发展，能源需求增加，这也成了世界性原油涨价的原因之一，还关系到国际社会高度关注的全球变暖问题。经济急速发展还带来严重的环境污染，这个问题最近备受关注。

胡锦涛总书记任职后，高举"亲民政策"，2003年迅速回应了"非典"事件的挑战（"严重急性呼吸道综合征"。在未查明病因前，曾被称作"非典型性肺炎"，简称"非典"。——译者注）。在"非典"初期，因有关部门一度隐瞒信息，受害范围向国内外有扩大趋势，曾招致国际社会的批评。"非典"事件之后，关于社会问题的信息公开比以前有明显进步，环境NGO也活跃起来了，中国多处发生的严重污染问题相继被曝光，如内蒙古的东乌珠穆沁旗草原[1]、福建的屏南[2]、四川长江支流的沱江、河南和安徽的淮河流域等地。但是，在2005年11月吉林化工厂爆炸事故引起的松花江污染事件中，又再度出现信息被隐瞒情况，环保部门官员为此遭到问责。在此前后，其他地方也多次发生爆炸事故见诸报道。今后有待进一步搞清楚的是，究竟是因为过快的经济发展放松了安全与环境保护对策，还是仅仅由于重大事件的影响而使其他类似事件的信息容易得到公开。

这些爆炸事故以及人们对此不满情绪的"暴发"已经引起了中国决策中枢的重视。领导已经交替，政策也已开始变化，这些今后还会继续完善吧。

2 节能与全球变暖对策

2.1 中国的节能

2002 年开始的原油价格攀升，原因是新兴市场的兴起和世界复苏的同时扩大的"需求牵引型"。因此，需求扩大特别迅速的中国，其节能问题吸引了全球关注。在讨论 2013 年以后的气候变暖国际框架问题上，"排放大国"——中国的动向备受关注。

自 20 世纪 80 年代，中国就开始讨论节能的重要性，《节约能源法》等法律建设也发展较快。最近，家电产品的能源效率标志化也取得进展，消费者开始选择节能电器。而且，对于中国今后能源消费量具有重大影响的是火电厂的发电效率，中国企业也已经能够制造具有先进技术的发电锅炉和汽轮机。可再生（自然）能源也在推广：中国太阳能板的总面积世界第一，风力发电站也在迅速增加。在农村地区，中国也在推广利用生物质发酵产生沼气。

实际上，中国的单位 GDP 能源消耗量，尽管绝对值同发达国家之间尚有差距，但也在以发达国家同样的速度趋于减少。此外，中国国家发展和改革委员会于 2004 年 11 月发布了《中长期节能计划》，制定了宏伟的国家目标（在第十一个五年规划中也引进了节能目标）：①单位 GDP 能耗（2002 年为 2.68 tce/万元（tce——吨标准煤，1 tce 相当于 29.3MJ/kg×1 000 kg=293 亿 J——译者注），到 2010 年减少到 2.25tce/万元（削减 16%），2020 年减少到 1.54 tce/万元（削减 43%）；②把可再生能源从 2000 年占总能源 1%到 2020 年提高到 10%。即中国的节能进展超过了许多人的想象。此外，如上所述，中国政府还提出了明确的"数值目标"。

然而，"数值目标"只不过是政府目标（计划）。节能肯定尚不充分，在进一步提高能源效率方面还存在巨大障碍。如：①尽管在大型企业和大城市推进了节能，但在中小企业和农村的节能却无甚进展；②即使一部分企业引进节能技术，但基础设施整体老化，生产工程整体效率不高；③尽管关闭低效的小型工厂和发电厂是最有效的政策，但会造成失业等社会问题；④2000 年以后，能源消费增长速度超过政府预测；⑤官方统计表明，2000 年以后增加的能耗几乎来自煤炭；⑥煤炭供需和经济指标等统计难以置信，实际情况不明。

2.2　清洁发展机制（CDM）

尽管常听到节能领域需要国际合作，但实际上并非如此简单。归根结底，费用是最大问题。因此，当自发进行合作时，无论是发达国家还是其企业都不可能以发展中国家的报价向发展中国家转让自己拥有的技术。《京都议定书》引进的"清洁发展机制"（CDM），希望能靠它来改变这种状况。清洁发展机制是一种半强制性的技术转让机制，它以"碳信用"（carbon credit）形式支付转让技术的市场价值。这同以往的自发性行动有着根本上的区别。

一些经济模型表明，中国产生的碳信用的数量占世界的一半以上，因此，中国不仅可以发挥主要的市场参加者的作用，更是发达国家实现《京都议定书》目标的希望所在。

特别是，在全世界总计 17 个氟利昂替代项目中，中国就占 11 个项目，由此可见，供需平衡将极大地受着数量、时间和市场价格所左右，因为每个氟利昂替代项目的"碳信用"比 1 个可再生能源项目要大 50～100 倍。例如，1 个大型氟利昂替代项目的二氧化碳减排量为 4 000 万～5 000 万 t，这接近于日本为完成《京都议定书》目标计划中规定的 1990 年温室气体排放量的 1.6%（约 1 亿 t）的一半。然而，中国政府的政策是不零散廉价地出售碳信用，截至 2006 年 1 月只批准了几个项目。此外，与节能和可再生能源项目不同，氟利昂替代项目有个负面印象，即没有给发展中国家的可持续发展作出贡献。

即便是这样，从氟利昂替代项目收到的碳信用交易收益（估计几千亿日元），对中国来说具有很大吸引力，对环境与能源保护管理的预算影响也不小。此外，在氟利昂替代项目以外，中国很可能大量出售甲烷项目和大型可再生能源开发项目（如风力发电站）的碳信用。

2.3　超越对立

总之，国际社会今后无疑还将面临能源安全的进一步压力，因此不仅是节能合作，而且还有高喊石油共同储备和气田共同开发的强烈必要性（其背后也许是"资源的相互争夺"）。许多环境保护对策都促进能源资源的更有效利用，许多能源政策也推动大气污染物的减排。进而，这种协同作用的未来事例也许是缺电地区利用可再生能源的发电，从而实现"一石三鸟"的目的，即"节能、减缓全球变暖和消除贫困"。换言之，在很多情况下，节能、环保和脱贫可以通过一项政策来同时实现。因此，今天的确要求人们超越政府部门之间和国家之间的藩篱，基于具有复合性且长期性观点的巨大构想力，做出环境和能源领域的重大决策。

3　"第十一个五年规划"与环境政策动向

2005 年 10 月 11 日，中国共产党第十六届中央委员会第 5 次全体会议审议通过了《中共中央关于制定国民经济和社会发展第十一个五年规划的建议》（简称《建议》）。《建议》第 6 条提出了"建设资源节约型、环境友好型社会"，主要内容是大力发展循环经济，加大环境保护（防止环境污染）力度，切实保护好自然生态环境。同年 11 月 23 日，国务院（中央政府机关）常务会议审议通过了《国务院关于落实科学发展观加强环境保护的决定》，12 月 3 日发布（原文 12 月 4 日——译者注）。

该项决定是从 1996 年发布《国务院关于环境保护若干问题的决定》近 10 年之后表明政府关于环境政策方针最新的重要政策性文件。列举的支柱性重点政策为：①经济社会发展同环境保护的相互协调；②切实解决突出的环境问题；③构筑并完善环境保护的长期且有效的机制；④加强对环境保护项目的指导。

其中，应予以关注的是，作为"构筑环境保护长期且有效的机制"重点领域之一——"加强环境法治"的一环中，提出了"构筑环境污染受害者的法律救助机制"。提倡并实践对于环境污染受害者法律援助重要性的机构是"中国政法大学污染受害者法律救助中心"，这在本书第Ⅰ部第 2 章《污染受害者救助》以及《亚洲环境状况报告》第 3 卷（2003/2004）第Ⅱ部第 4 章《续篇"中国"》节中都作过介绍。这次，在国务院新的《决定》中明确规定，意味着该中心所从事的活动已被认定为国家的重点政策课题。

此外，"关于公众环境权益的政策、立法、计划和项目，必须充分听取公众意见"这一内容也值得关注，这是构成"机制"的重点领域之一——"加强社会监督机制"的一个环节。

2002 年 10 月，《环境影响评价法》通过了全国人民代表大会常务委员会的审议，对于各个部门实施的建设项目，在法律上确保了环境行政部门在环境影响方面进行审核的机会。此外，针对全国包括水库在内的 30 个开发项目违反《环境影响评价法》，2005 年 1 月，原国家环境保护总局命令这些工程全部暂停。进而在同年 7 月，围绕北京圆明园的防渗工程的环境影响评价，举办了环境 NGO 也参加的听证会。2006 年 2 月，作为《环境影响评价法》的实施细则，国家环境保护总局颁布了《环境影响评价公众参与暂定方法》，这作为公众参与环境影响评价程序制度化的动向备受关注。

4　特大环境污染事件的频繁发生

在"第十个五年计划"到"第十一个五年规划"的政策调整过程中，松花江发生了特大水污染事件，震惊国内外。事故的直接原因是 2005 年 11 月 13 日中石油吉林石化公司双苯厂苯胺装置发生爆炸。据国务院事故调查组的调查，由于工作人员操作失误，工厂设备处于持续高温高压状态，从而引起了爆炸着火。截至同年 12 月 6日，在这次爆炸事故中，死亡 8 人，重伤 1 人。在灭火过程中，约 80 t 对人体有害的苯类物质流入松花江，遭到污染的水体于当月 24

日流经黑龙江省哈尔滨市。在受到污染的水体流经哈尔滨市时，检测出高浓度的硝基苯和苯。这个以松花江为水源的 400 多万人的城市，不得不停止从松花江取水，断水长达 4 天。

据国务院事故调查组的调查，这次事故的直接经济损失估计超过 4 600 万元（约 5.98 亿日元，1 元=13 日元）[3]。松花江是流入俄罗斯阿穆尔河的国际河流，这次污染事故不仅是国内问题，有可能发展成越境环境问题。

2005 年 12 月中旬，广东省发生了重金属镉大量流入北江的事故。这次事故触发了其他有关污染的报道。如事实是镉早就从该事故原因工厂排放了，还有，在北江支流流域似乎其他污染源引发了癌症多处发生，等等。虽然当地政府汲取了松花江的教训，应对事故行动迅速，但也有批评说，不能只强调事故的突发性而忽视慢性污染的存在。该地区受害的实际状况和事故真相，还有待今后彻底查明。

最近一两年，特大环境污染事故不再罕见。其中之一是，2004年 2—3 月四川省沱江的污染事故。四川化工股份有限公司（以下简称四川化工公司）第二化肥厂，没有进行污水处理就实施新的生产技术改造工程，大量高浓度含氮废水流入沱江支流，废水中氨氮浓度高达排放标准的 125 倍，导致资阳、简阳、内江、资中等沿岸市县近 100 万人的饮水供应一时中断，还造成了鱼类大量死亡。

据 2004 年《中国环境状况公报》，同年突发性环境事件造成的经济损失高达 5.5 亿元（约 71.5 亿日元）。四川省委、省政府断定，该次事故的责任人是在违反有关环境法规，没有采取污染防治对策的情况下就进行技术改造工程试运行的四川化工公司和对其承担监督义务的成都市青江区政府。该化工公司被省环保局依法课以 100万元罚款。同时，该公司法人代表引咎辞去党内职务和企业职务，包括总经理在内的 5 名领导干部以涉嫌"环境污染事故罪"与"环境监督管理渎职罪"获捕。此外，成都市青江区政府副区长和环境保护局长等 4 人因违反党纪政纪而受到处分。

这几年来，在淮河流域每年都在发生污染。过去 10 年，中国在淮河流域采取了带有强制措施的防治水污染行动，作为"淮河模式"进行示范 [4]。但是，2004 年 7 月，大量的污水流入淮河流域下游，造成严重污染。据《新闻周刊》2004 年 8 月 9 日的一篇报道，受淮河上游地区暴雨的影响，为防洪而开启水闸，蓄积的污水流向下游，污水带长达 150 km。淮河下游江苏省盱眙县位于淮河干流流入的洪泽湖沿岸，其水产品的经济损失超过 3 亿元（约 39 亿日元）。这次污染事故恰巧又是 10 年前发生过的事故重演，观测到的污水量和经济损失远超上次，规模史无前例。同年，除了这次流域规模的水污染事故外，新闻媒体还不断披露在该流域的一些村落出现源于水污染的疑似癌症的报道。

5　环境 NGO 的草根活动在扩大

频繁发生的大规模环境污染事故的曝光，大部分应归功于环境 NGO（非政府组织）和当地的环境志愿者。

在淮河事例中，摄影记者霍岱珊付出了大量心血。他自 20 世纪 90 年代开始活动，2003 年组建了名为"淮河卫士"的环境 NGO。霍先生通过摄影来发布并举报淮河流域的污染状况，同时快速关注并记录这一地区癌症多发的受害状况。他还一直在推动打深水井，确保受害农村能获得未被污染的安全饮用水。

东乌珠穆沁旗草原的环境污染事件，援助受害者的组织至少有"自然之友"、"绿色北京"以及中国政法大学"污染受害者法律帮助中心"。福建屏南的情况，也有当地农村医生的活动，通过同中国政法大学污染受害者法律帮助中心结合在一起，把问题揭露了出来。

环境 NGO 开始推进网络化建设，收集发送中国各地的信息，意义重大。笔者对沱江污染和淮河卫士开始了解都是源于环境 NGO"地球村"发布的网络消息"草根之声"。以前难以想象的反对建设水库运动，现在也以当地和北京为中心建立了全国性网络。实际上，反对团体也在迫使政府重新考虑在怒江（越南萨尔温江上游的中国河段）的水库建设。

在中国，环境 NGO 也积极致力于民族问题，这是比环境污染问题更为困难的问题。专门致力于荒漠化的环境 NGO"瀚海沙"，同荒漠化与草原破坏蔓延的内蒙古、青海和四川省西部这些地区的环境 NGO 与社区形成了网络，指出这些地区的"土地荒废"，其真正原因是不能正确评价少数民族文化的"精神荒废"所引起的。在云南省，把保护少数民族文化同保护环境联系在一起从事活动的环境 NGO 也正在增加。

以 2002 年联合国"世界可持续发展峰会"（WSSD，又称约翰内斯堡峰会）为契机，全球一些独立于政府的环境 NGO 开始自称为"草根环境 NGO"，以区别于其他 NGO。当初，人们对于这些团体同"草根"一词是否相符有过疑问。最近，为了环境污染的受害者和中国社会的少数民族而活动的真正意义上的"草根"性团体也正在增加。

如上所述，通过"草根环境 NGO"和记者的活动，中国环境污染的严重状况和开发项目引起环境破坏的危险性开始在国内外逐步地广为人知。为了解决中国的环境问题，最重要的也许首先必须正确把握这些实际情况。另一方面，在"政冷经热"这种复杂的中日关系之下，在"反华"和"中国威胁论"的部分论点中，中国环境问题"威胁论"，也许日本人会接受。但是，日本真正要做的事，不是去宣传"危机"和"威胁"，而应当站在"草根"立场上，评价严重的实际状况，向正在努力解决问题的人们给予合作与支援。

（责任执笔：明日香寿川、大冢健司、相川泰、片冈直树）

〔注〕

1) 宋欣洲「緑色北京の『草原を救え』プロジエクト」中国研究所編『中国年鑑 2004』創土社，2004 年，p.64-65。

2) 参照本书第 I 部第 2 章。

3) CCTV.com，央视国际 2005 年 12 月 6 日报道。

4) 『アジア环境白書 1997/1998』p.218. 已有中译本，《亚洲环境情况报告》第 1 卷，北京：中国环境科学出版社，2004。

〔**参考文献**〕

1）　中国环境問題研究会編『中国环境ハンドブック　2005—2006 年版』蒼蒼社，2004 年。
2）　寺西俊一監修，東アジア環境情報発伝所編『环境共同体としての日中韓』集英社，2006 年。
3）　大塚健司「環境政策の实施状況と今後の課題」大西康雄編『中国　胡錦濤政権の挑戦——第 11 次 5 カ年長期計画と持続可能な発展』アジア経済研究所，2006 年。
4）　明日香壽川「中国における环境問題の現状と国際協力の課題」『環境管理』Vol.41，No.11，2005 年，p.1-9。

中国台湾　面对构筑循环型社会的挑战

1　环境保护与地区发展

连接台北和宜兰的北宜高速公路的坪林出入口，位于台北城市圈最重要的水源地翡翠水库的集水区，故而环境影响评价时决定，将其专门作为特定车辆和紧急状况时使用。但是，坪林乡居民看到伴随高速公路开通后带动了观光产业，从中发现了地区发展方向，要求坪林出入口正常开放。

2003 年 9 月 13 日，台北县坪林乡针对"坪林出入口是否应当正常开放"举行了公投。开票结果，98% 投票赞成开放。在坪林乡，有当地户籍且年满 18 周岁的居民都有投票权，投票率达 64%，赞成3 200 票（占 98%），反对 31 票，弃权 23 票。乡长对公投结果满意，要求政府开放该出入口。但是，将来一旦开放坪林出入口，势必吸引大量游客进进出出，可能给翡翠水库集水区造成较大的环境负荷。出于对水资源的保护，环境评价委员会和水资源管理委员会都要求取消这次投票结果，这同地区开发和经济发展政策背道而驰。

最终，在地区居民以及地方政治团体的压力下，经过多达 4 次的环境影响评价，环境评价委员会在"地区居民利益优先"这一附加条件下被迫同意正常开放。受此影响，强调环境影响评价委员会专业性的环境保护负责人，以"如果专家意见不如当地居民意见优先，就无法实施恰当的环境政策"为由主动辞职，引发了纷纷议论。

一般而言，环境破坏型公共项目、特别是大型工程无法叫停的原因之一，是缺乏如何保证恰当地评价工程项目对环境影响的机制。历来的环境影响评价，是在计划难以变更的实施阶段才进行，所以业主往往把环境影响评价变成了使工程建设计划合法化的程序之一。因此，当居民真正想查明大型项目对环境的影响时，他们经常是取得专家的合作，自己进行环境影响评价。

与此相反，像在这个事例所见，民主主义的发展需要更有效的政策，同时也需要明确政策实施责任的高度透明性。特别是在居民投票等中所见，唯一的重点放在参与决策，但从现在起，重要的任务是如何正确评价环境专家的专业技术。

2　台北市垃圾收费系统的改进

"垃圾收费系统"是垃圾收集服务的价值体现，居民对服务提供者政府支付费用的系统。在台湾地区，垃圾收费系统是基于各户用水量征收的。尽管这种方式征收费用低，但在家庭产生的垃圾量同用水量之间并没有明确的相关关系。结果，这种收费系统无法促进生活垃圾减量。

台湾地区的"废物处理法"第24条规定，地方政府负责为各自服务区（管辖区）的固体废物处理设置建立垃圾收费系统。按照这条规定，台北市制定了"一般固体废物处理收费系统条例"，为纠正基于用水量的收费系统缺点，编制了一系列政策手段和奖励计划。

"一般固体废物处理收费系统条例"于2000年7月1日施行，同时，台北市废止了基于用水量的垃圾收费系统，开始实行"塑料袋支付"的垃圾收费系统。台北市民必须从便利店、百货商场或绿色垃圾袋贴标店，购买专门设计的家用垃圾袋。

为了推动新旧系统的顺利转变，台北市环境保护处（DEP：Department of Environment Protection）提早在2000年4月就对新的垃圾收费系统进行宣传。在5月的下半月，市当局向在市内登记的所有家庭无偿配发10枚中号（33 L，1枚16.5新台币=约56日元）垃圾袋和相当于300新台币（约1 024日元）的兑换券，市民可凭券在所有销售店购买所要规格的垃圾袋。市当局还告知市民，在同年7—9月的3个月试用期内，不适用"一般固体废物处理收费系统条例"。

从2000年10月起，台北市民如果不使用专用垃圾袋，就要被

罚款。违反该项行政规定的罚款定为 1 200～6 000 新台币（约 4 080～
20 400 日元）。今天，市民的垃圾袋利用率已高达 99.99%。此外，
企业为了倾倒自己的垃圾，必须同民间的垃圾收集企业签约，但只
有垃圾日产生量小于 30 kg 的情况，才能同家庭垃圾采用一样方法
处置。

台北市家庭垃圾日产量，由 1999 年的 2 970 t 减少到 2002 年的
1 889 t，下降 36.3%。同时，资源垃圾日回收量，从 1999 年的 73 t
上升到 2002 年的 163 t，增长 123%。新的垃圾收费系统确实发挥了
作用，也没有产生非法倾倒增加等问题，所以得到的评价是，实现
了"垃圾产生者负担"的原则。

3　塑料容器生产与利用的限制

台湾地区已经开始限制塑料容器的生产与利用。第一阶段，2002
年 7 月开始全面禁止用于餐具和包装等的塑料容器；第二阶段，2003
年 1 月起，在百货店、零售批发店、超市、便利店、连锁快餐店、
饮食店（不含饮食售货车）等地，禁止使用塑料购物袋和一次性塑
料类（发泡聚苯乙烯）容器。这项禁令涉及店铺超过 6 万家，对违
反者处以 6 万新台币（约 20.4 万日元）以上、30 万新台币（约 102
日元）以下的罚款。

该项禁令的成果立即显现出来，塑料购物袋产量在半年内削减
了 80%左右，塑料容器和一次性容器减少了 96%[2]。但是，塑料企业
及其协会反对这项政策，2002 年 12 月，约 5 000 人举行了游行示威。
业内人士主张，政府没有采取充分的救助措施，造成大量的失业人
员，要求延期 5 年实施。对此，环境保护部门负责人反复强调在政
策上不会变化，并对导致有关人员失业表示抱歉，还表明会进行恰
当的再就业指导，同时说明，塑料袋和一次性塑料餐具的禁用得到
了国民的广泛支持，将按预定计划实施。

4　资源垃圾再循环制度的推进及其经济效果

从 1990 年到 2000 年的 10 年里，台湾地区的垃圾产生量平均每年增长 3%左右，但从 1998 年实施资源垃圾再循环制度以后，垃圾产生量开始下降。当年，产生量达到高峰 888 万 t，而 2001 年和 2002 年分别下降到 725 万 t 和 672 万 t，比上一年度分别减少 7.9%和 7.3%之多。同时，资源垃圾的回收从 1998 年的 55 万 t 增加到 2002 年的 124 万 t，回收率从 5.9%上升到 15.6%。

这样，在资源垃圾再循环制度正在确立的台湾地区，如果把这些回收的资源垃圾换算成作为固体废物处理，其处理费用在 2001 年高达 10.5 亿新台币（约 35.7 亿日元），而把它们作为回收资源的销售时所得约为 11.2 亿新台币（约 38.8 亿日元），两者合计，共节约 21.2 亿新台币（约 73.78 亿日元）左右。此外，通过资源再循环，每天减少垃圾排放 3 400 t，这相当于 4 座垃圾焚烧炉 1 天的处理能量，年节约 128 亿新台币（约 435.2 亿日元）左右的垃圾焚烧炉建设费用。上述数据合计，其经济效益为每年 149.2 亿新台币（约 508.98 亿日元）。

管理固体废物焚烧设施的环境保护部门正在讨论，要求正在准备建设新焚烧炉的部分地方政府变更或取消他们的计划。自 1998 年起，台湾地区开始实施家电产品回收，包括电视机、洗衣机、空调、计算机。此外，环境保护部门已决定增加脱水机、干燥机、微波炉、电磁炉这 4 个品种，并且正在研究是否把手机也增加到明年以后的回收项目中。

（责任执笔：陈礼俊、植田和弘）

〔注〕

1)　除了地区居民登记的车辆以外，每天可通行的汽车最多为 4 000 辆。

2)　源自 2003 年 6 月 27 日发表的报告书《第二阶段限塑政策实施半年检讨报告》。

菲律宾 依靠民间的环境政策

　　为了响应全球变暖的国际对策，菲律宾开始致力于"清洁发展机制"（CDM）。国内环境行政的中心任务，是重要外汇收入来源和矿山开发与频繁发生严重自然灾害的森林管理问题。在上述 2 个领域共同的设想是通过引进民间资金与市场原理，既解决环境问题，又振兴经济。果真这能奏效吗？下面，分别介绍这些问题。

1 　"清洁发展机制"（CDM）与能源政策

　　在 2005 年 2 月 16 日生效的《京都议定书》中，要求发展中国家主要通过"清洁发展机制"（CDM）予以合作。菲律宾政府根据本国的独特环境，开始了面向 CDM 的行动。

　　在参议院批准《京都议定书》之前，菲律宾就开始了全球变暖的制度建设。1991 年，环境自然资源部和科学技术部牵头，联合其他 6 个部局，组成"气候变化关联部局委员会"，开始了行动，1999 年编制了《菲律宾温室气体清单》。为了实施 CDM，菲律宾启动了《清洁发展机制制度建设》（*capacity development for the Clean DevelopmentMechanism*，CO4CDM），旨在提供信息，支持立法者和官员，构建制度框架，培养官民参与主体，推进具体项目。根据《京都议定书》的要求，2004 年 6 月，菲律宾政府指定环境自然资源部为国家清洁发展机制主管部门（行政命令 320 号），自 2005 年 4 月开始了项目认定程序。

　　尽管正在推进或计划的 CDM 项目不太多，但多数同发电等能源有关。呈现这种特点的原因，是菲律宾社会存在的能源问题。由于经历过 20 世纪 70 年代石油危机造成的能源危机的痛苦经历，政府一直在努力提高能源自给率和能源多样化。通过努力，石油进口从 1973 年占能源的 92%，在 2000 年下降到 23%。菲律宾还提出新目标，把能源自给率从 2004 年的 56%提高到 2010 年的 60%。

出于近期预测的能源不足加上环境保护考虑，利用可再生能源受到关注。2004 年公布的《菲律宾能源计划》目标是在 2013 年前，把利用水力、地热、太阳能、生物质能、海洋发电等可再生能源的能力提高 1 倍，占能源总量的 12%。其中，把仅次于美国的地热发电能力扩大到世界第 1 的规模。此外，这项雄心勃勃的计划也想把刚起步的风力发电在 10 年内提高到东南亚第 1 的能力。

另一个特点是解决这些能源政策费用来源的方针，其中 90%依靠包括外资在内的民间资金和投资。实际上，意大利（地热）、韩国（天然气、煤炭）、新加坡（煤炭）等外资以前就向菲律宾的能源领域积极投资。今后，在促进开发风力、生物质能等可再生能源方面，希望通过 CDM 的投资。

利用塔拉克（Tarlac）制糖厂（Cojuangco 家族资本）排放的甲烷气项目，尽管发电量规模不大，只有 1MW，但其贡献相当于每年 5.4 万 t 二氧化碳减排量。正在进行中的北伊罗戈省（Ilocos Norte）班吉湾（Bangui Bay）的"北风发电项目"，确定由荷兰出资。项目装机容量 2.5 万 kW、费用 4 800 万美元，预计每年减排二氧化碳 7.6 万 t。此外，菲律宾还计划了 2006 年以后的博戈-麦德林（Bogo-Medellin）生物质发电、北吕宋（North Luzon）风力发电项目等。每个项目的规模虽不很大，但政府的真正意图是通过 CDM，至少可以吸收民间资金，特别是外资，既推进环境保护，又促进能源独立与项目相关的就业机会。

以民间投资为主体的 CDM 能源政策的真正行动还刚开始，但这并非简单的空头支票，需要密切跟踪其对于碳减排和环境保护的效果。

2 外国企业的大规模矿山开发：福兮祸兮？

由于债务总额高达政府年预算的 5 倍，菲律宾的债务利息就吃掉了政府支出的 1/3，财政状况堪忧。菲律宾政府把振兴财政作为迫切任务，为此把缓解财政危机状况的切入点寄希望于外国企业进行的大规模矿山开发。

菲律宾拥有矿山资源宝藏，铜、镍、金等都是坚挺的外币收入源。为了激活长期萧条的菲律宾矿业，拉莫斯政权时代制定了《1995年菲律宾矿山法》，作为世界银行、国际货币基金（IMF）结构调整项目的环节之一。外资矿山企业也参与了《矿山法》的起草过程，所以把利己的条款写入该法之中成了当然之事。如保障外国企业的探矿权、大范围（内陆部分为 3.24 万 hm^2，浅海最大为 8.1 万 hm^2）的长期作业（最长 10 年）、投资收回前的免税措施等 [1]。以向菲律宾的资金和技术援助为条件，该法有关外资的条款承认 100%外资所有权（资金和技术协定，FTAA）。

在棉兰老东南地区的煤矿项目，1995 年菲律宾政府与澳大利亚企业西部矿山公司（WMC，现为 BHP Billiton，必和必拓公司）签订资金和技术协定，违反了外资出资上限 40%的宪法规定，地区居民组织"拉·布噶如布拉昂原住民联盟"于 1997 年提出了违宪起诉 [2]。经过 7 年左右审议，2004 年 11 月，最高法院承认原告——原住民方面的异议，对《矿山法》的外资条款下达了"违宪判决"。然而，最高法院又受理了国家方面的判决复议申请，在同年 12 月，反判决自己对于同样条款的"违宪判决"无效，即判定外资条款合法。经过司法的粉饰，很快地，政府和经济界有关人员在国内外开始招商引资活动。一些外国企业表明了参与愿望，特别热心的是经济增长快速的中国。期待大规模开发的全国 23 个开采候选地，多数集中在吕宋岛山岳地带、棉兰老岛东北地区和东南地区。

政府和经济界寄希望于大规模矿山开发带来收入（每年估计 950亿美元）、税收（每年估计 10 亿美元）和就业机会（预计 20 万人，扩大到相关企业会达 100 万人），从而帮助政府偿还外债。另一方面，食猿雕基金会（Haribon Foundation）等环境保护团体、原住民团体和宗教有关人士提高了抗议呼声，反对大规模开发矿山，担心这将使当地居民进一步贫困。

反开发矿业情绪扩大的契机是 1996 年 3 月发生的大规模污泥流

出事故，这是由位于马尼拉东南部马林杜克岛（Marinduque Island）的铜矿开采作业的 Marcopper 矿山公司（加拿大企业普顿公司（Placer Dome）的合资企业）引起的。从尾矿堆积场流入波克河（the Boac River）的含重金属污染物，估计有 400 万 t，影响到 2 万人的生活。相当多的污泥至今仍然堆积在河流和河口。不仅是马林杜克岛的污泥流事故，而且"反矿业"和"反外国采矿企业"的呼声至今仍在持续，如担心过去各地矿山开发排放的废渣和危险物质流出引起的水污染、地基下沉、露天开采导致的大范围植被破坏等环境恶化和对原住民的强行迁移，以及担心外国企业威胁到当地的小规模采矿企业和采矿工人的开采活动。

许多开采现场位于人口占菲律宾总人口约 15% 的原住民和少数民族居住地区，这里是他们祖先留传下来的土地，人们拥有所有权或长期使用权。1997 年颁布的《原住民权利法》规定，保证原住民对于祖先留传土地的权利，在没有得到所有原住民的同意下，政府不能承认企业在原住民土地上的商业采伐和矿脉勘探与开采等自然资源开发权。在《矿山法》中也有条款规定，开发企业必须取得所有原住民的同意、取得《环境标准遵守证明书》（表明接受环境影响评价，遵从监督部门指导的证明书）等，但它同《原住民权利法》存在一些矛盾。这说明，尽管考虑人权和环境的法律制度建设取得了进步，但实施不够充分。这种情况也同样出现在其他有关环境的法律中。

20 世纪 90 年代下半期，菲律宾加快制定具有环境标准等详细内容的环境法律法规，如控制大气污染物排放的《大气净化法》（1997 年）、规定固体废物、垃圾分类收集与卫生处置的《固体废物管理法》（2001 年）、规定减轻水污染和河流环境保护的《水质净化法》（2004 年）。但是，汽车尾气的排放、固体废物的非法倾倒、生活污水的直接排放以及其他污染等现实，表明没有确保上述法律的实施。原因在于，立法部门的立法是期待将来可能如此的景象，并未充分考虑担当执法的行政机构的能力以及法律实施对经济的影响。

为了使得法律实施跟上先行的法律制定，官方与民间都需要在很多方面进行投资，把各种环境有关费用内部化，如公共部门建设大范围下水道和卫生处置设施等基础设施、占绝对多数的中小企业都要安装污染防治设备、监督部门要加强监督管理等。对于财政基础薄弱的政府和多数企业来说，由于难以负担这些费用，结果基本上无法完成法令和规定所设定的目标。

为了推进环境政策，特别是公共部门的基础设施投资，政府该如何努力提高自身的财政能力呢？尽管国会不久前通过了《附加价值税增税法案》，但阿罗约政权寄予极大期待的是上述外资进行的大规模矿山开发。矿山开发果真会按照政府的意图成为振兴财政的支柱吗。在大规模自然资源开发这一点上，菲律宾已经尝过森林开发的苦果？大规模自然资源开发，与其说是拉动了经济增长，不如说是招致了环境恶化的不幸后果。下面将对此进行介绍。

3 招致恶果的森林资源开发

菲律宾从前曾是世界上屈指可数的原木出口国，现在却成了原木与木材产品的进口国，境内的很多青山都变成了光秃秃的一片。森林管理问题，是造成近年来台风大雨自然灾害频繁发生且规模不断扩大的原因。由于山地的保水功能下降，菲律宾对于自然灾害的抵御能力变得脆弱，多次发生特大自然灾害。如 1999 年 11 月莱特岛（Leyte）的奥尔莫克市洪涝灾害造成 6 000 多人死亡，2003 年 2 月莱特岛南部和棉兰老岛北部的洪水灾害造成 150 人死亡，同月棉兰老岛东南部洪水灾害造成 180 人死亡等，以及每年反复发生的洪涝和滑坡造成的生命威胁、房屋损失和桥梁等构筑物损坏。

2004 年 11 月末到 12 月，热带低气压台风袭击了吕宋岛东南部，导致滑坡和洪涝灾害，造成 1 500 多人死亡或去向不明。特别是在沿吕宋岛东海岸由南到北分布的奎松省（Quezon）和奥罗拉省（Aurora）的受害程度最为严重。奥罗拉省的森林覆盖率较高，但在连绵不断的大雨中，松软土地遭到集中暴雨浸泡而变得疏松，树木连根拔起。

被桥墩拦住的树木、漂流到海岸的堆积如山的树木以及流入海洋的大量树木中，都可以看到明显的采伐痕迹。

灾害后不久，阿罗约总统签发命令，要求彻底追究和严惩非法采伐者。为此，管理当局对奎松省和棉兰老岛各地的木材厂进行突袭搜查，没收了大量的非法木材和器材。而且，政府还以取缔非法采伐渎职罪名，撤销了环境自然资源部的一些地方事务所所长。

20 世纪 70 年后半期起，禁止采伐天然林的措施已在全国的限定地区实行，多达 61 个省（全国共 79 个省级地区）全部或局部禁止采伐天然林。在运输公路的各处，环境自然资源部或警察部门设置检查站，发挥监视功能。但是，如果环境自然资源部、警察、军队和非法采伐企业串通一气，检查站就发挥不了作用。对于非法采伐，处以罚款或 2～20 年有期徒刑，但即便羁押到了犯罪嫌疑人，在需要若干年的追诉程序中，往往也难以取证。即使是当权者幕后操纵的非法采伐，实际上进入森林的人都是以此为生计手段的贫困阶层。这次受害最大的奎松省，是菲律宾最贫困的 10 个省份之一。只要生计难以维持的农村与山区贫困问题没有解决，想从根本上解决非法采伐问题看来遥遥无期。

不仅是非法采伐问题，菲律宾森林还面临着不断增加的人口压力，而且也没有动力去恢复森林尤其是植树造林。现在，菲律宾正进口着各种各样的木材产品，从原木到原木制材、复合板、纸浆和纸张。原木的进口关税为零，廉价的进口木材满足了国内需要。受这次灾害影响，阿罗约总统命令禁止采伐国内所有的国有林和私有林[3]。

如果要通过确保廉价的进口木材和禁止国内采伐来控制国内森林资源的减少，还必须配套以监视体制和严惩措施。但是，在饱尝根深蒂固的贫困问题和渎职问题时，要解决非法采伐问题又是何等之难。阿罗约总统的全国禁伐令，使以木材生产为目的进行植树的人们感到困惑不解，这包括从大规模产业造林签约者到小规模农民。菲律宾政府，财政状况捉襟见肘，森林恢复预算少得可怜。尽管菲律宾对民间资金的植树造林寄予厚望，但由于政策随时会因社会和政治环境的动荡而变化，投资企业敢不敢在需要长期投资的植树造林中投资，这还是个问号。

（责任执笔：太田和宏，叶山敦子）

〔注〕

1) 关于《1995 年菲律宾矿山法》，参看《亚洲环境情况报告》第 3 卷（2003/2004）第 II 部第 4 章后续篇"菲律宾"。

2) 关于 WMC 对于当地居民的行为，参看《亚洲环境情况报告》第 3 卷（2003/2004）第 II 部第 4 章后续篇"菲律宾"。

3) 之后，由于当地有关木材生产企业和有关经济界等的强烈抗议，在明达里奥东北地区和东南地区解除了禁伐。

老挝　面对大型开发而被迫缄默的村民们

1　老挝的自然环境与社会环境

老挝人民民主共和国位于印度支那半岛中央，属于内陆国家，同泰国、中国、越南等东南亚大国相连。国土面积为 23.68 万 km²，大致相当于日本的本州岛。据 2003 年统计，老挝人口约 570 万人，同印度支那半岛的邻国相比，人口密度最低。据官方统计资料，老挝是个多民族国家，由 49 个民族组成，每个民族都有各自独立的文化、语言和生活方式。

老挝的特点之一是具有丰富的自然资源。据 2002 年推算，森林覆盖率为 41.5%[1]，高于泰国和越南。另外，从来自各国流入湄公河的水量看，老挝流入的比例为 35%，高于其他国家 [2]，其水资源的丰沛程度令人赞叹。

如此丰富的自然资源，养育着占全国人口约 80%的农村地区人们。例如，老挝中部农村的食材，如野菜、竹笋、鱼、青蛙、昆虫等，多数都来自村庄周围的森林、河流和水田等。依据 GDP 等经济指标，联合国机构和其他组织把老挝定义为"新兴发展中国家"，但这些经济指标并没有反映出支撑人们丰富生活的自给自足活动，这点值得关注。

应该看到的问题是，自然之惠如此支撑着的丰富生活现在正面临危机。

老挝政府正在强有力地推进经济增长政策，力争在 2020 年前从"新兴发展中国家"脱颖而出。那么，作为加速经济增长的手段，备受青睐的是电力、公路等大型基础设施建设项目。例如，亚洲开发银行（ADB）正在援助跨越泰国、老挝、越南、柬埔寨、缅甸和中国（云南省）6 国的大湄公河次流域地区经济合作（GMS: The Greater

Mekong Subregion），融资项目包括穿越老挝连接泰国和越南的东西走廊等公路建设和水力发电站建设等。此外，世界银行和其他国际金融机构以及以日本为主的双边援助机构也在采取行动。

然而，随着这些基础设施建设和企业活动兴起，维持村民生活的农田和国有林很多都没有经过充分协商就被政府和企业征收。而且，即使村民们被剥夺了土地，也几乎不能发出不满之声。据 2003 年 NGO "大赦国际"（Amnesty International）的报告书称[3]，老挝是"言论、集会、信仰自由至今受到严格限制"的国家。1975 年以后，国家体制转变为一党制，国民的政治自由受到很大限制。

政府在高呼"消除贫困"、推进"经济增长"的过程中，几乎没有听取本属消除贫困对象的人们的呼声。随着经济开发，"缄默"中的村民们又受到些怎样的影响呢。

下面，以近年国际议论纷纷的南屯（Nam Theun）2 号水力发电站以及在老挝中部和南部扩展的产业植树造林项目为例，论述老挝经济发展对当地社会环境的影响。另外，介绍"围绕农田和公有地纠纷"事例。为了帮助理解这些问题，也介绍老挝土地制度的部分内容——《土地森林分配计划》。

2 南屯 2 号水电站

南屯 2 号水电站，是在南屯河（Nam Theun River）中游建设水库，用于水力发电，设计发电能力 107 万 kW。南屯河从越南国境附近横穿老挝中部后流入湄公河，流域面积约 1.4 万 km^2。建设水库的目的是通过出口电力获取外汇，95%发电量输往泰国。开发企业南屯 2 号电力公司，由法国电力公司（控股 35%）、老挝电力公司（控股 25%）、泰国电力公司（控股 25%）和国际泰国开发公司（控股 15%）组成。项目建设采用民间主导的 BOOT 方式（建设、运营、拥有、转让——译者注）[4] 25 年后转交给老挝政府。

该水库造成的淹没面积为 450 km^2，相当于日本琵琶湖面积的 2/3，山区少数民族约 6 200 人被迫迁移。发电之后，水流转向流入邦非河（Xe Bang Fay），沿岸 12 万多人将遭受河流水位升高的影响。由于对自然环境和社会环境影响范围之大，国际社会对该水库表达了强烈的担忧之声[5]。主要论点如下：

①开发过程的问题。1993—1994 年，在建设水库的淹没预留地开始了大规模的森林采伐，同森林共存的村民生计变得难以为继。而且，在该地区也没有根据水库淹没这一前提实施生活改善支援，迁移居民为了恢复生计只好期待水库建设的补偿。

②对自然环境的影响。纳卡伊高原（Nakai Plateau）被誉为"东方的加拉帕戈斯群岛"（Galapagos of the Orient，加岛位于赤道，属厄瓜多尔，生活着世界少见的珍奇动物，英国科学家达尔文曾来考察过。1978 年被联合国教科文组织宣布为"人类自然财产保护区"。——译者注）自然环境丰富多彩。由于被水淹没，亚洲象等濒危珍稀动植物的栖息地遭到破坏。此外，南屯河和邦非河的鱼类栖息地会遭到破坏，洄游路线被阻断，许多固有物种濒于灭绝。

③对于社会环境和生计手段的影响。南屯 2 号电力公司的移民计划，建议从事火垦田农业和水田耕作的人们全面转入经济作物栽培和蓄水池渔业等生计，但没有给予成功的承诺。此外，生活在邦非河沿岸及其流域的 12 万～13 万人，由于河流改道引起的水位升高，将受到渔业损失和旱季耕作的河岸田地淹没的影响。

④过去的水库问题仍未解决。过去 10 年，在老挝建设了一些水库，如南索恩（Nam Son）调水工程（亚洲开发银行融资）、登欣本（Theun Hinboun）水库（亚洲开发银行融资）、南累克（Nam Leuk）水库（日元贷款和亚洲开发银行融资）和会湖（Houay Ho）水库（韩国企业投资）。但是，这些水库引起的自然环境和社会问题至今均未解决。在这样的过程中，南屯 2 号水电站无法保证进展顺利。

⑤经济与财政风险。世界银行称，水电站发电销售给泰国带来的收入将帮助老挝减少贫困。但是，由于缺乏管理手段，无法保证工程的收益会得到恰当管理。老挝已经处于债务累累的贫困之中，也可能出现风险，偿还更多的债务。

尽管南屯 2 号水电站大坝违反了世界银行等自己的自然与社会

环境考虑制度而受到指责，但世界银行和亚洲开发银行还是分别于 2005 年 3 月和 4 月相继决定对该水库建设进行援助。这意味着，南屯 2 号水库将真正开始建设，但考虑到老挝的自然社会环境同人们的联系，很有必要进一步研究推进风险性如此高的大坝开发项目是否真是恰当的发展方法。

3　产业造林

20 世纪 60 年代，老挝开始了桉树（eucalyptus）等速生树种的植树造林。据 1993 年调查，老挝至今进行的植树造林面积为 9 734 hm^2，但成活率不超过 46%。特别是大型企业都倾向于种植桉树和洋槐（acacia）等外来速生树种。

速生树种的植树造林，主要目的是供给泰国用于纸浆生产。为此，在湄公河沿岸的老挝中部和南部，开展了大量的植树造林项目。这 10 年来，亚洲开发银行通过融资促进了植树造林项目的扩大，预计将来还会因一些因素进一步扩大老挝的速生树种植树造林，如通过 CDM 推动植树造林和振兴再生林，满足泰国和中国对纸浆需求的增加，减少居民的反对运动等。

尽管植树造林是减缓天然林采伐压力的有效手段，但在"绿化"或"环境保护"的美名下，产业造林有时会引发对于农田或公有林的纠纷。在受产业造林影响的老挝中部村庄，现场调查发现的纠纷原因如下：

①村民和政府对于"荒废林"理解的差异。政府把像火垦田旧址那样的杂木地和竹林等看作是"荒废林"，指定为恢复森林的造林项目对象地。然而，这类场所是村民获取竹笋和其他森林恩惠的场所，或是将来的火垦田。因此，通过桉树和洋槐的混植造林，"荒废林"丧失殆尽，使得人们的生活更加贫困。

②经济利益少。许多造林企业都承诺，"造林会创造就业机会，给村庄带来经济利益"，而实际上，村民得到雇用仅仅只是几天的植树时间，更有甚者连雇佣金都拿不到。

③强行征收土地。在没有向村民充分说明或没有完全得到村民同意的情况下，村民的农田或公有林就变成了造林地，这类事例也零散见到过。某村，只有极少数村民在政府和企业诱导下在植树合同书上签了字，而其他村民几乎都不知道。因此，村民常年培植的果树园，在没有得到所有者同意的情况下，就被推土机夷为平地。

此外，在这个村庄也发生过村民遭到警察逮捕的事件，因为他们反对造林项目，移走了造林地区的栅栏。这类事例的确很少。同邻国泰国形成鲜明对比的是，老挝几乎没有出现过反对造林运动。与其说这是因为老挝的大规模造林没有泰国的多，不如说主要在于缺乏村民可以自由发表意见的政治土壤。

4 土地森林配置计划

如在南屯 2 号水电项目和产业造林项目中所见，老挝政府在"消除贫困"的美名之下，对当地居民的意向置若罔闻，强行推进开发项目。那么，老挝的农民不能坚守自己日常利用的土地和林地的权利吗？

在法律上，老挝的国土都属于国有。但是，20 世纪 90 年代下半期，老挝采取了《土地森林配置计划》（LFAP: Land Forest Allocation Program），即把农田和林地都分配给个人，农田交给个人所有，林地则授予个人森林管理权。

《土地森林配置计划》具有各种政策性意图，包括控制火垦田、有效利用土地、确保税收等。但是，该计划至少让村民们取得了农田所有权和公有林的管理利用权，同时为村民们提供了能够行使自己权利的法律依据。

然而，实际情况如何呢？如前所述，在开发计划有助于国家发展的名义下，很多人被剥夺了本应确保权利的土地。此外，还有无数的其他工程征用了土地，如采石、经营牧场、种植园等，这里不再一一赘述。

随着基础设施建设，企业活动高涨起来，今后这类土地征用会不断增加。因此，在行政颁发项目许可证时，当务之急是采取不侵犯村民土地权的对策。需要的具体对策有：①构建在决定工程授权于企业时保障村民充分参与的法律制度；②提供发生土地问题时村民申诉问题以及协议解决问题的场所。

（责任执笔：名村隆行）

〔注〕

1） Ministry of Agriculture and Forestry，Forest Strategy to the Year 2020 of the Lao PDF（Final Draft），2005，p.2.

2） 松本悟，《湄公河开发——21 世纪的开发援助》，筑地书馆，1997 年，p.18。

3） http://web.amnesty.org/report2003/Lao-summary-eng.

4） 建设（Build）—所有（Own）—运营（Operation）—转让（Transfer）的英文缩写。该水电站的情况，外国企业占多数的开发企业联合体从大坝建设直至运营运营，以运营期间 25 年内所得收益来回收投资，然后转让给老挝政府。

5） 关于对于南屯 2 号水电站的担心，参见如下的英文报纸记事和主页。"Dam: A Watershed for World Bank，" Sydney Morning Herald，March 25，2005，AP；Laotian Dam Opponents Appeal Directly to World Bank to Stop Project，March 15，2005；"villagers Protest Nam Theun 2 Dam Project，"，Bangkok Post，March 15，2005. 湄公河观察（http://wwwmekongwatch.org/env/laos/nt2/indes.html），International Rivers Network（http://www.irn.org/programs/mekong/namtheun.html），Foundation for Ecological Recovery（http://www.terraper.org/watershed/index.html）.

6） Aviva Imhof and Shannon Lawrence，An Analysis of Nam Theun 2 Complicance with World Commission on Dams Strategic Priorities（Updated Version），IRN and Environmental Defense，2005.

7） http://www.fao.org/forestry/foris/webview/forestry2/index.jsp？siteId=5081&sitetreeId=1831&langId=1&geoId=0.

泰国 围绕转基因作物（GMO）的政治

2004 年 8 月，泰国围绕转基因作物和食品（GMO：Genetically Modified Organism）的争议此伏彼起。原因在于，以前他信（Thaksin Shinawatra）总理对 GMO 持谨慎态度，但现在明确表明了方针转变，解禁 GMO。本节重点集中于农业和农产品加工业，主要讨论围绕 GMO 的政策变化及其背景。

据产业结构和贸易结构判断，以往的农业国泰国今天已完全转变成了工业国。例如，2004 年，泰国出口产品的前 3 位品种（金额基础），依次分别为计算机部件与设备、汽车及其零配件、集成电路。这些都是工业产品，仅此 3 项品种占出口总额即超过 20%。但是，比重较低的"农产品"和"农产加工品与食品"合计占同年出口额的 17% 以上，依然很重要 [1]。因此，为了实现农业生产的跨越式发展，是否积极推进 GMO？这对于全体国民而言（包括政府、农业以及农业关联产业从业人员、乃至一般消费者）都是举足轻重的问题。

1 禁止转基因作物（GMO）的室外栽培试验

自 20 世纪 90 年代，泰国政府研究机构和外资民间企业就对 GMO 进行了研究和栽培试验。政府研究机构的代表是国立基因生物工程技术中心（BIOTEC），主要研究木瓜、红胡椒、西红柿的抗病毒品种、耐存性木瓜、抗虫害 Bt 棉花 [2]。外资民间企业的代表是以美国孟山都（Monsanto）公司为主的生物技术公司，各家公司开展作物新品种的室内栽培试验，如 Bt 棉花、耐除草剂 Bt 玉米、耐存性西红柿、耐除草剂玉米、抗虫害 Bt 玉米等。

然而，1999 年 9 月环境 NGO "生物泰国"（BIOTHAI）和各地的农民网络发布了一件事实，即 Bt 棉花已经从孟山都公司的栽培试验场流入了附近农家。之后，以环境 NGO 为主，各种市民团体等对 GMO

栽培试验更加忧心忡忡。虽然泰国政府（农业学术局）当初对于真相查明未必热心，但最终还是于 2000 年 8 月起诉了孟山都公司[3]。

2001 年 2 月，他信总理组建新政府。同年 4 月 3 日，基于解决"贫困论坛"问题中央委员会提案把问题分为 10 类。其中，针对 GMO 问题，政府设置了生物安全法律起草委员会。与此同时，内阁会议决定由农业合作部中止所有的 GMO 室外栽培试验。此项内阁决定，后来在阻止 GMO 推进问题上发挥了作用。

2 室外试验解禁的动向

为了应对内阁中止 GMO 室外栽培试验的决定，GMO 推进派是如何迫使政府收回这一成命的呢？尤其是，农业合作部、科学技术部、公共卫生部等部门一致主张，没有确凿的证据证明 GMO 对人体健康和环境带来负面影响。

例如，农业合作部当即要求重新审议 GMO 限制。而且，该部农业技术局在重新研究防止 GMO 流出试验场手段的同时，还倡导室外试验的必要性。2002 年 3 月，上议院农业委员会主办了关于 GMO 政策的研讨会，农业技术专家和有关部长云集一堂，同意推进生物技术[4]。对此，泰国的环境 NGO、消费者联盟、农民网等发出批评，称被邀出席研讨会的都是 GMO 推进派。

后来，当时的农业合作部长命令农业技术局调查研究世界各国关于 GMO 开发的资料、报道、反对运动以及其相关信息，同时，对 2001 年 4 月 3 日的内阁决定提出异议[5]。其理论根据是，既然现在允许进口美国、加拿大和阿根廷的转基因大豆，那么，禁止在泰国的栽培试验就毫无意义。该部长还表明，担心泰国的生物技术发展受到阻碍。似乎同农业合作部长协调一致过的，科学技术部长也表示，如果农业技术局确认试验中的转基因木瓜的安全性，科技部门也积极支持[6]。而且，也有新闻报道，美国驻泰国大使馆农业顾问和泰国农业合作部长助理针对泰国 GMO 栽培试验进行了协商[7]。此外，泰国的一些 NGO 批评说，作为缔结《泰美自由贸易协定》的前提，世界最大的 GMO

生产国美国迫使泰国放宽对于 GMO 的限制[8]。

　　同农业合作部长和科技部长相反，自然资源与环境部长对于 GMO 室外试验持慎重态度，理由是无法充分防止 GMO 从实验现场向一般农田的流出或同当地土著种的杂交问题[9]。但是，2004 年 3 月，自然资源与环境部长易人，NGO 有关人员担心泰国的环境行政倒退，这是因为新部长在担任副总理时明确表明赞成 GMO 栽培，曾迫使泰国政府在同美国孟山都公司代表会谈的基础上赞同 GMO[10]。

　　实际上，"《生物多样性法》起草工作委员会"、"生物多样性协定委员会" 以及 "生物多样性委员会" 这 3 个委员会不久就被解散了。对此，NGO "生物泰国" 的 1 名代表（他也是上述工作委员会的成员）威通·里昂加木隆批评说："《生物多样性法》的起草工作尚未完成，如不采取措施，泰国的生物多样性将有丧失的危险[11]。"

3　GMO 政策的朝令夕改

　　在对 GMO 解禁如此施压的过程中，2004 年 8 月 20 日，他信总理在国家生物技术政策委员会会议上明确表示，同时促进土著种和 GMO 的栽培（Co-exist ＝ "有选择的社会" 政策），并责令科技部生物安全中央委员会在 3 个月内提出实施方案。

　　这是从以前对于 GMO 的谨慎姿态向积极推进商业化 GMO 的重大方针转变。他信总理的立场是，GMO 的利用无法避免。他表示，如果 GMO 在科学上证明对人类安全且对环境也无害，就同意其进口、栽培和在国内市场销售[12]。此外，他也流露出，如果泰国不推进 GMO 的开发，担心会落后于美国和其他农产品出口国[13]。

　　在这项 GMO 政策转变之前，独立行政法人国家科技开发机构向政府提出了 3 项政策选择方案：①把泰国变成 GMO 的出口国；②同时栽培 GMO 和传统作物；③全面禁止 GMO。他信总理选择了第 2 个方案，即以 GMO 和传统作物 2 个市场为目标的道路。据该机构总裁讲，计划在 3 个月内施行 GMO 的实验试验、标准化方法和商业化规则，在 2005 年年末之前完成生物安全法草案。自 2001

年 4 月禁止的实地试验很快就将解禁，然后，政府机关和民间部门就可以按照国际指南，经过研究、实验、实地试验 3 个阶段的安全性试验，实现商业化 [14]。

对于政策方针的如此转变，环境 NGO 和农业有关人员等强烈反对。如 2001 年 8 月 22 日，消费者团体发表声明，反对 GMO 的商业栽培。其依据是，GMO 的安全性对于消费者并不明确，同一般品种的交杂不可避免，GMO 只利于控制转基因种子 90% 的跨国企业 [15]。农产品生产者和出口企业担心失去出口市场（特别是强烈反对 GMO 的欧洲市场），于 8 月 24 日在总理府前举行抗议集会。另外，以各种形式开展反对运动的团体还有东南亚绿色和平、善地阿索僧团网（Network of Santi Asoke Followers）、泰国无害农业网、有机农业食品加工企业组织、自由贸易协定研究团体（FTA WATCH）、生物资源保护研究团体、泰国生物与知识产权多样性保护团体等。

这表明，以环境 NGO 与其他团体的反对运动，其强烈程度超出预想。因此，2001 年 8 月 31 日，他信总理命令科技部设置 GMO 研究工作组，命令自然资源与环境部迅速起草《生物安全法》（草案）。同时，他撤回了上周的决定，并决定目前沿袭 "2001 年 4 月 3 日的内阁决定"，禁止 GMO 的栽培试验 [16]。

促使他信总理再次转变方针的另一个原因是，当时发现了泰国产木瓜的 GMO 掺杂问题，欧洲各国由此通知泰国，控制进口泰国产木瓜 [17]。如据同年 9 月 2 日泰国 "有机农业企业联合会" 的会员讲，由于在泰国产罐装水果中掺杂了转基因木瓜这一理由，向德国出口的罐装水果遭到拒绝。同年 9 月 3 日，泰国北部的一家食品公司称，在 8 月中旬收到以法国卡夫公司为首的欧洲以及澳大利亚进口企业的文件，停止进口泰国该家公司的木瓜和什锦水果丁。另有报纸报道，由于转基因木瓜掺杂问题，导致了木瓜的价格下降和销售不畅。泰国的农产品出口业界提供的分析说明，由于在泰国不承认转基因木瓜的商业栽培，所以以前也不要求企业出示是否 GMO 的证明，但因这次发生的木瓜掺杂问题，他们在向极为反感 GMO 的日本和欧洲出口时，需要承担额外检查费用，证明无转基因掺杂 [18]。

9 月 7 日，他信总理发出警告，对于实施 GMO 的商业栽培或实地试验的行为将予以严惩。这看来是因为他担心，赞成 GMO 的政策会对农产品的生产、加工以及出口造成负面影响。

4　GMO 政策何去何从

如上所述，他信政权的 GMO 政策出现多次转变，最终才把慎重对待 GMO 的姿态固定下来。但是，以他信总理为首的泰国政权最担心的问题是对出口市场的影响，同时，政府不同意环境 NGO 和消费者团体提出的问题。而且，政府内外的各种 GMO 推进派依然在寻找和等待限制缓和与自由化的机会。

在泰国有影响力的经济报刊 *Prachachat Thurakit* 于 2004 年 9 月举办的 GMOGMO 研讨会上，双方围绕 GMO 问题展开了争论。其中，泰国植物油生产企业协会会长举例说明，泰国的植物油生产企业自 20 世纪 90 年代中期已经从美国进口转基因大豆，来自美国的进口大豆量超过了国产非转基因大豆用量的 3 倍，压榨进口大豆后的渣饼用作家畜饲料，实际上泰国对于 GMO 的需求今后将会进一步提高。

此外，国立基因生物工程技术中心劝告人们，可以放心地消费安全性得到确认的食品，因为 GMO 在上市前经过了严格的安全性试验。而且，农业技术局（农业合作部）说明，GMO 只不过是农业技术开发的方法之一，而且是在其他方法无法解决情况下的最终选择。而且，该局也在努力改变以前全力倾注于 GMO 开发的印象。

但是，农业技术局没有否定 GMO 栽培试验。事实上，该局已经声明，为了让消费者放心，将继续对 GMO 栽培试验进行更严格的管理，但今后也将推进以 GMO 开发为主的农业技术开发。

他信政权自 2001 年 2 月就职以来，实施了一些亲民政策（populist policy），但不能说这些政策被各种政治团体和压力团体之间的利害调整所左右，因为他信总理把权力集中在自己手上，并发挥了强力的领导作用[20]。当他信率领的执政党泰爱泰党（Thai Rak Thai Party）

在 2005 年 2 月选举中取得了超过上次的压倒性胜利（获得议席率75%）时，这种倾向获得了更强的动力。因此，嗜好自上而下式的"最高经营责任官"型政治管理的他信总理，极有可能审视国内外GMO 政策的状况，甚至压制反对意见，重新采取 GMO 限制放松或解禁的措施。

（责任执笔：远藤元）

〔注〕

1） タイ商務省貿易統計〈http://www.ops2.moc.go.th/trade/trade2.html〉.

2） 所谓 Bt 品种，是指通过把能够生成杀死昆虫毒素的土壤细菌（*Baccillus thuringiensis*）的毒素生成遗传基因组合到农作物之中，从而使植物本身能够生成 Bt 毒素而具备抗虫性能的品种。简言之，它是一种组合进了具有抗虫性能遗传因子的植物。

3） Sathanakan Singwaetlom Thai 2542-2543（泰国环境状况 1999—2000 年），pp.222-225.

4） Sathanakan Singwaetlom Thai 2544-2545（泰国环境状况 2001—2002 年），p.214.

5） Krungthep Thurakit Raiwan，December 12，2003.

6） Krungthep Thurakit Raiwan，December 16，2003.

7） *Matichon*，January 7，2004.第 5 章フォローアツプ編 239.

8） Thitinan Sisathit，"Saharat Bip Thai Poet Seri GMOs？（アメリカはタイに圧力をかけて GMO を自由化させようとしているのか？），" *Krungthep Thurakit Raiwan*，August 25，2004.

9） *Matichon*，April 4，2003.

10） *Khao Sot*，March 17，2004.

11） *Khao Sot*，May 6，2004.

12） 『週刊タイ経済』2004 年 8 月 30 日，および *Prachachat Thurakit*，September 2，2004.

13） Waranya Sisewok，"Poet Seri GMOs（GMO 自由化），" *Prachachat Thurakit*，August 30，2004.

14） 『週刊タイ経済』2004 年 8 月 30 日.

15） *Phujatkan Raiwan*，August 23，2004.

16） Krungthep Thurakit Raiwan，September 1，2004.

17） 农业合作部历来否认转基因木瓜从该部管辖的实验所外流的事实。但在 2004 年 9 月被指出可能外流的地区进行木瓜取样调查时，承认了有转基因品种的掺杂。（*Prachachat Thurakit*，September 16，2004）.

18） *Prachachat Thurakit*，September 2，2004 および同 September 13，2004.

19） *Prachachat Thurakit*，September 27，2004.

20） 关于他信的权力机制及其主要原因，可参考：玉田芳史「タツクシン政権の安定」『アジア・アフリカ地域研究』Vol.4，No.2，pp.167-194，2005 年.

马来西亚　政府与 NGO 在改善城市环境中的作用

21 世纪初，马来西亚从金融危机中恢复过来，经济繁荣。自 20 世纪 70 年代快速发展的工业化和城市化，已经过了 30 年左右。为了在 2020 年迈入发达国家之列，马来西亚政府在《城市开发计划目标》中提出了"环境协调性"和"可持续性"，旨在实现设定的"后工业化"阶段的第二次城市化。

为了实现上述目标，马来西亚国内正在开展完全不同的两种方式。其一，"政府主导型"方式，即引进外资与先进技术，完善基础设施；其二，"居民参与型"方式，即学习欧美国家，引进"指标"这种软性手段。

1　吉隆坡首都圈的基础设施建设

在《多媒体超级走廊构想》[1]（*MSC，Multimedia Super Corridor*）下，马来西亚在吉隆坡首都圈迅速开始了信息基础设施和城市基础设施建设。公共服务已经民营化，在基础设施建设中接受外国援助，引进外国技术。这些基础设施建设项目，尽管对发达国家的设备生产企业和咨询公司来说是合适的市场，但属于带有试验性色彩的大规模项目，因此，地区环境与社会的风险管理是一项挑战。

在《多媒体超级走廊构想》的蓝图下制定了《城市开发计划》，具体目标包括"可持续城市管理"和"智能型园林城市"。为了营造快乐舒适的城市生活，在吉隆坡首都圈开展了宅地开发、湿地保护工程、人工湖泊、公园建设等。联邦政府行政机构几乎都已经从吉隆坡中心区迁入多媒体超级走廊内建设的新行政城市布特拉再也（Putra Jaya，简称布城）。马来西亚政府希望通过建设布城来缓和吉隆坡市内的汽车交通，改善大气污染。但是，同扩充新型轻轨电车（LRT）和地铁等公共交通的吉隆坡中心区相反，布城的设计前提是为了行驶汽车，人们注意到，该市的汽车拥挤程度比以前更为严重。

现在是《多媒体超级走廊构想》的住宅建设高峰期，同时也相继在建设大型购物中心。住宅区继续不断扩大，首都圈人口集中也在加快。1990 年，雪兰莪州（Selangor——马来语，又译赛蓝葛，简称雪州）人口为 233.1 万人，每年以 5%～6% 的势头持续增长，2005 年迅速增加到 506.9 万人，增长幅度超过 1 倍。吉隆坡市和雪州的人口占全国的比例，1990 年为 19.5%，而 2000 年上升到 23.8%[2]。20 世纪 70 年代，中小规模工厂集中在吉隆坡近郊，为此规定住宅地和工厂之间的缓冲带至少宽 50m，但住宅地侵蚀缓冲带，现在已邻接工厂。居住区的这种扩展，迫使政府建设电力、上下水道系统、垃圾处理处置以及其他基础设施。自 20 世纪 90 年代起，马来西亚的公共服务几乎都民营化了[3]，但民营企业并不承担社会基础设施的建设，实际上是马来西亚政府依靠日元贷款和其他国外援助。1994 年污水处理服务在全国范围内实现了民营化，但在吉隆坡首都圈的下水道是通过日元贷款来建设的，日本的清水建设公司中标该项工程，2004 年 4 月开工[4]。

雪州武来岸市（Broga）位于吉隆坡近郊。为了解决首都圈迅速增加的垃圾产生量，武来岸市政府计划建设日处理能力 1 500 t 的大型流化床气化熔融炉，建设费用约 3.95 亿美元（约 450 亿日元）。吉隆坡首都圈的垃圾管理已经民营化，所以焚烧炉的建设和运营是处理企业的责任，但该计划要求马来西亚政府计划利用日本国际合作银行的软贷来建设焚烧炉[5]。计划当初的建设预留地在雪州的蒲种（Puchong），2000 年 9 月，《环境影响报告书》提交到环境厅获得批准，但由于蒲种居民的强烈反对，建设计划被迫中止，建设地点变更到同州内的武来岸市。

2003 年 2 月，日本的荏原制作所和当地的大型建设公司 Hartasuma SDN BHD 公司的一家合资公司就焚烧炉的设计、建设和管理委托签订了合同[6]。运营费为每年 5 300 万美元（60 亿日元），这是世界上最大的气化熔融炉。

反对此项建设的武来岸市民结成了"武来岸焚烧炉建设反对委

员会"（Broga "No Incinerator" Action Committee），同马来西亚自然保护协会、槟城消费者协会（CAP，Consumers Association of Penang）、绿色和平组织以及世界反焚烧联盟（Global Anti Incineration Alliances，GAIA）合作，开展了反对运动。反对的主要理由是：气化熔融炉在日本也处于小规模设备的试验性阶段（最大处理能力为600t/d），大规模设备（该 1 500t/d）的安全性尚未得到验证；建设预留地位于水源地附近，环境污染令人担忧。世界反焚烧联盟向日本政府提出诉求，不要给可能输出公害的此类项目进行资金援助或融资[7]。

尽管当地居民和 NGO 强烈反对，但是，2004 年 6 月，马来西亚环境厅还是核准了《环境影响报告书》。工程计划在 2007 年竣工（开始运营），但建设预留地的居民向雪州高等法院提起诉讼。2005 年 2 月，该项目被临时叫停[8]。是否永久性取消，正在争议当中（2006 年 3 月）[9]。

引发争议的基础设施计划不仅是这一个。彭—雪（Pahang-Selangor，彭亨—雪兰莪）州际引水项目（Pahang-Selangor Water Transfer Project），计划建设引水渠 45km 和管线 8km，从彭州克劳河（Kelau River）向雪州冷甲河（Langat River）每天引水 23 亿 L 左右，帮助向首都圈供水。

计划该项目的原因是，快速城市化造成了雪州的慢性缺水。1997—1998 年，雪州的缺水尤为严重。1999 年，日本海外经济协力基金（现为日本国际合作银行）签署了借款合同，该项目于 2003 年动工，计划自 2007 年开始送水。但是，由于计划制定过程缺少居民参加、环境影响评价的不充分、移民问题、现有配水管网修缮的滞后（漏水率 40%）、水需求预测依据的不明确等原因，该计划遭到了舆论和 NGO 的反对。国际环境 NGO "地球之友日本"（FoE Japan）也在日本活动，要求中止计划[10]。

2005 年 3 月，为了引水渠和水库建设与设计等，马来西亚同日本海外经济协力基金签署了限额 8 200.4 亿日元的贷款[11]。由于无法消除水库建设对河流生态的影响和对于居民迁移的担心，海外经济协力基金直到 2005 年 5 月仍未能同意动工 [12]。马来西亚政府为研究资金筹措已花了 7 年多时间，一直要求早日动工建设。

马来西亚政府的政策是，通过引进外国技术来建设大规模基础设施，在短期内实现城市的现代化，消极对待环境意识高涨的当地居民和国际组织支持的 NGO 的反对呼声。日本因是技术与资本的输出方，也遭到国际舆论的严厉抨击，日方对此应引起重视。

为了实现马来西亚期望的发达国家知识产业型的可持续发展，当地人们必须自身决定多样化的发展目标，提高城市居民自身的"生活质量"。下面，探讨位于马来半岛北部的槟榔屿州的另一种"二次城市化"。与首都圈不同，槟州没有受到联邦政府的强力介入。

2 可持续发展：槟城面临的挑战

槟城（Penang City），是人口规模位居马来西亚第二的城市。在槟城所在的槟州（Penang State）地区内，拥有大量的外资电子器材产业和纺织产业，人均 GDP、户均收入和贫困人口占本州人口比例之低，仅次于吉隆坡和雪州，位居全国第 3（2000 年）。槟城曾制定过《可持续槟城行动计划》（*SPI*, *The Sustainable Penang Initiative*），槟城的 SPI 行动计划对 2000 年槟州政府制定的《第 2 个 10 年战略发展计划（2001—2010 年）》（*The Second 10-Year Strategic Development Plan*（2001—2010））也产生过影响。

1997—1998 年实施的 SPI 行动计划，是居民自己设定指标来评价槟城经济社会可持续性的项目。编制 SPI 的机构是社会经济和环境研究所（SERI：Socio-Economic and Environmental Research Institute）。该所是位于槟城内的独立的政策研究机构，接受民间企业、槟州政府、槟城市政府和国际机构等委托的调查项目 [13]。SPI 的资助者是加拿大国际开发机构（CIDA）通过加拿大东盟治理创新网络（Canadian ASEAN Governance Innovations Network Program，CAGIN）、联合国开发署（UNDP）以及联合国亚太经济社会委员会（UN-ESCAP）。槟城的社会经济和环境研究所得到对外援助机构和国际机构的广泛援助，开始了 SPI 编制工作。同时，在槟城的国际 NGO 网络也用积累的专业知识有力地支持了 SPI[14]。

SPI 采用圆桌会议方式，每个主题分别有 50～80 名来自州和地方政府的有关人员、民间企业代表、居民以及 NGO 的代表参加。可持续性指标的考虑方法和指标体系构建过程，仿效美国华盛顿州西雅图的《可持续西雅图计划》(Sustainable Seattle)。华盛顿州率先在 20 世纪 90 年代上半期构建了地区可持续性指标。

SPI 的主要目标，不是利用现有的一般性经济指标，而是开发简单的指标体系，这些指标整合了社会、环境、文化以及其他要素，并允许所有居民参与、预测、发现反映市民和当地居民的意愿和关心。通过自下而上方式的槟州所有居民的参与，包含 5 类要素 40 个具体指标的指标体系，作为《槟城居民报告》(Penang People's Report) 发布。

表 1　SPI（可持续槟城行动计划）指标

细目	指标值	评价	资料来源
环境指标			
城市绿化	是联邦政府植树运动的一个环节，在槟州内实际种植的树木数量	😊	槟州政府城市规划局（1998年）
水消费及供给	每天的水消费量	+/-	槟城自来水公司统计
环境纠纷	自然资源与环境部起诉的案件数	+/-	自然资源与环境部统计
红树林	红树林覆盖面积（hm^2）	☹	槟州政府渔业局与林业局的统计
河流水质	水质指标	☹	自然资源与环境部标准：水质指标
沿岸地区水质	不适于娱乐或水产养殖的沿岸地区的比例	☹	自然资源与环境部标准：大肠杆菌数
垃圾不当处理	乌鸦数量	☹	马来西亚自然保护协会野鸟保护委员会 1998 年的定点观测

细目	指标值	评价	资料来源
大气质量	自然资源与环境部标准：大气污染指数	☹	Alam Sekitar Malaysia Sdn Bhd
酸雨	降雨 pH 值	☹	马来西亚气象服务观测
噪声	世界卫生组织标准（dB）	☹	PEGIS Pilot Project Noise Analysis Technical Report，USM1994 年以及环境影响评价资料
交通堵塞	主要道路 16 小时均往复交通量	☹	槟州政府高速公路规划局提供的半年 1 次测量的交通统计调查
私有车辆	每辆汽车与摩托车相应的人口	☹	槟州车辆登记处及统计局的车辆登记数量
可持续交通手段的自行车利用	自行车利用者（槟城—司布兰普莱市）的上下班人数	☹	槟城港运营公司测量
公园及露天空间	人均露天空间面积（hm²）	☹	槟岛结构计划（1987 年）及槟城和司布兰普莱市的 1996 年统计
社区指标			
母乳哺婴	在符合世界卫生组织标准的医院内出生的新生婴儿数量	☺	槟州保健局
安全并健全的工作环境	劳动灾害件数	☺	马来西亚社会保障机构
保育设施	幼儿园数量	+/-	槟州幼儿园实际情况调查
公共设施中的残疾人通道	符合建筑标准的建筑物数量	+/-	SILA（残疾人援助 NGO）的调查
医疗费支出	单位 GDP 医疗费支出（%）	+/-	槟州保健局
交通安全	交通事故伤亡人数	☹	统计局
对于儿童的危险	虐待儿童案件申报数量	☹	社会福利部
青年社会犯罪	少年犯罪案件	☹	槟州社会福利局
家庭暴力	家庭暴力申诉数量	☹	社会福利部及妇女保健中心

细目	指标值	评价	资料来源
计划外妊娠	未婚单身母亲数量	☹	槟州内单身母亲援助设施（2处）
艾滋病毒携带者和艾滋病患者	艾滋病毒携带者和艾滋病患者数量	☹	保健部以及马来西亚艾滋病委员会
住宅	低价住宅数量	?	槟州住宅局
经济指标			
企业环境保护努力	取得 ISO 14000 认证企业数量	☺	ISO 认证机构
主食安全	大米产量	☺	槟城统合农业开发计划
经济多样性	雇佣的集中	+/-	统计局资料，槟州资料管理处
观光产业	宾馆利用率	+/-	槟城开发公司
捕鱼量	海产鱼捕捞量	+/-	渔业局
非正常部门	槟城市发行或更新的行商许可数量	?	槟城市
文化指标			
文化遗产保护	已登录文化遗产被拆除数量	+/-	槟城市编制的文化遗产清单
公立图书馆利用	公立图书馆利用	+/-	槟城图书馆公司
文化基础设施	艺术活动会场数量		SPI 文化活动圆桌会议成员的调查
宣传栏文化	表明街道的美丽、有魅力的道路标识与告示板的配置和数量		槟城文化遗产基金
参与指标			
女性雇佣	制造业所有职务水平上女性雇佣比例	+/-	槟城开发公司
环境意识	环境部通告申诉案件	+/-	环境部统计
城市规划居民参与	槟城和司布兰普莱市调查的参与合作人数（%）	?	城市规划局调查
选举参加	登录的有选举权人数	?	统计局

注："评价"列中，☺表示"优良"，+/-表示"中等"，☹表示"不好"，? 表示"没有取得相关数据，无法评价"。

出处：根据 Penang People's Report（1999），笔者作成表格。

尽管指标的数据来源几乎都是现已公布的数据，但该报告的特点是，数据估值是根据当地人们在日常生活中对这些数据的实际认知。例如，垃圾不当处理指标，用乌鸦数量表示；社会发展指标采用在符合卫生标准的医院出生的婴儿数、虐待儿童、家庭暴力、单亲母亲以及其他表明妇女、儿童等社会弱势群体的减少等具体指标；汽车增加不被看作发展，而是把汽车引起的噪声、大气污染以及交通堵塞等当作问题来看待，并把"每辆汽车/摩托车相应的人口"、"利用自行车上下班的人口"作为具体指标。考虑到露天空间、文化遗产、宣传栏配置和数量等景观，把提高城市文化质量代替经济增长的发展作为目标；经济指标，不是单纯的收入增加，而是观察雇佣是否向特定产业或企业集中（对于经济变动的脆弱性），重视宾馆的利用率而非观光数量（宾馆建造过多，利用率就低）。

然而，评价结果表明，几乎所有的具体指标评价都低。同指标的思路相反，报告的结论是，槟州的环境、经济、社会的可持续性正在下降。

为了促进更多的居民参加，SPI 准备了圆桌会议和其他集会场所，但有些居民对此漠不关心。所以，圆桌会议缺少贫困阶层的参与，参加者全部是精英和中、高收入阶层。尽管如此，通过居民容易参与的指标这样的手段，仍可以将 SPI 评价为把居民意愿反映到政策决策中的、自下而上方式的机制建设作出了贡献。SPI 的圆桌会议，为政府、民间部门和市民社会组织等这些平常没有意见交换的、持不同立场的团体与组织，提供了相互理解的机会。

SPI 项目结束后，为了实施 SPI 细目中的具体活动，成立了 3 个市民团体，以援助残疾人，促进自行车利用和保护自然。SPI 的 5 类要素都列入前述的槟州开发计划中，作为州政府的政策指南。指标赋值还必须不断完善。今后，希望能够增加居民对行政的监督和关心度。亚洲作为巨大的经济增长区，整体上正在加速地球环境的破坏，因此，探索在槟城指标动向中所见到的地区性和国际性 NGO 网络以及替代性的地区发展，是实现亚洲可持续的一线希望。

（责任执笔：青木裕子，Leong Yueh Kwon）

〔注〕

1）　吉隆坡市内从双峰塔到吉隆坡国际机场包括包括 15 km×15 km 的地区内，计划进行活用多
媒体技术的城市开发。在 MSC 开发对象地区，面积约 2 800 hm²，设定到 2000 年，有 150
家企业，白天的人口 10 万人（居住人口 8 万人）。政府保证，在此开发区内，通信基础设
施完备，限制宽松，措施优惠，以吸引全球性企业落户。为了实施此项计划，还成立了多
媒体开发公司。

2）　*Eighth Malaysia Plan*，EPU，Malaysia，p.135.

3）　『アジア环境白書 2003/04』の第 II 部第 4 章フォローアップ编〈マレーシア〉を参照.

4）　http://www.hitachi-pt.co.jp/news/hpc/2004/20040108.html 和 http://www.jbic.go.jp/japanese/
base/release/oec/1999/A06/B0601/nr99_32d.php#project1 .

5）　Consumer's Association Penang，"Malaysia Country Report，" *Waste Not Asia 2001*，2001.

6）　荏原製作所ニュースリリース〈http://www.ebara.co.jp/news/2003/20030207.html〉.

7）　http://www.no-burn.org/press/releases/broganoYen.html

8）　"Residents of Broga Have Won a Small Victory in Their Battle to Stop the Construction of the
Multi-billion Ringgit Incinerator Project in Their Village in Semenyih，" *New Straits Times*，
February 14，2005，および，"Broga Project Settled，" *New Straits Times*，January 18，2006.

9）　"Broga Residents' Suit to Proceed，" *New Straits Times*，March 25，2006.

10）　http://www.foejapan.org/aid/jbic02/kelau/.

11）　http://www.jbic.go.jp/autocontents/japanese/news/2005/000043/reference.html，http://www.jbic.
go.jp/autocontents/japanese/news/2005/000043/index.html.

12）　"Malaysia，Japan Differ Over Dam Finance，" *Reuters*，March 21，2005 および，Barani
Krishnan and Mark Bendeich，"New Lenders for Inter-state Water Supply Project Eyed，"
Business Times，March 22，2005.

13）　http://www.seri.com.my/.

14）　青木裕子「ペナンの环境 NGO ネットワーク」『环境と公害』岩波书店，Vol.33，No.2，
2003 年 10 月。

印度尼西亚　朝向居民自治的行动

1　探索利用可持续性资源

　　印度尼西亚频繁发生土沙坍塌和洪水等灾害，森林破坏也很严重。面对这些问题，政府实施了相应政策 [1]，如推进恢复森林国民运动（GNRHL）的造林活动，加强取缔非法采伐力度，逐渐减少天然林采伐量。但同时，印度尼西亚又在鼓励向自然资源开发领域投资，通过修订法律使在防护林内也可以露天开矿。此外，由于控制木材采伐量的政策，迫使爪哇岛的木材公司大量关闭，在西加里曼丹（West Kalimantan）引发了木材加工厂工人的大规模游行 [2]。

　　苏哈托时代（Suharto，1966—1998 年）的一个主要问题是，轻视那些采用传统方法利用森林与其他资源以维持生计者的权利。由于过去对资源的无序利用，现在环境已遭破坏，资源本身也在丧失。对于经济基础依赖自然资源的印度尼西亚来说，这是个沉重打击。

　　现实问题是，如何利用资源而不给环境增加过大的负荷，以及如何可持续地利用自然资源。另一个问题是，在围绕资源利用同环境破坏产生利害冲突时，如何民主地解决冲突。北苏门答腊省（North Sumutra）的莱努（Renun）水力发电工程就充满了如何解决围绕水资源的对立和水源涵养林破坏问题。尽管问题尚未全部解决，但仍希望通过当地居民对解决问题的努力来探索如何解决印度尼西亚的问题。

2 莱努水力发电工程地区

2.1 工程概要

莱努水力发电工程，把取水堰设在位于北苏门答腊省的莱努河干流及其支流上，干流发祥于多巴湖（Lake Toba）西南外轮山的外缘，最终流入印度洋。引水管（隧道）长约 20km，把水送往多巴湖畔的水电站，利用 500m 左右的湖面落差来驱动 2 台 4.01 万 MW 的发电机组。电力输往约 120km 外的省府棉兰（Medan）。该工程以国家电力公司（Perusahaan Listrik Negara，PLN）为主体，由国际合作银行利用日元贷款为项目融资。工程于 1993 年动工，预计 2005 年年末运营。

在预定取水的 11 个支流流域，各取水堰的下游都有村落，水田约 2 000 hm^2。这些地方的每个支流都有传统的管水员（Raja Bondar），承担水分配和水路管理。当地居民担心，该项工程会对稻作和生活用水造成重大影响。但是，尽管 NGO 再三恳请，但电力公司和州政府都没有公布环境影响评价结果，相反还发生了逮捕准备集会居民的事件。

然而，1998 年苏哈托政权的下台给当地人民带来了巨大变化。在多巴湖畔的普罗萨（Prosea），居民针对 1987 年开工以来持续排放污染的 1 家纸浆厂（IIU 公司）发起大规模抗议行动，该厂被迫关闭。同一时期，莱努的居民们也同电力公司开始交涉，要求企业对因水库竣工而丧失的灌溉用水进行补偿。但是，电力公司以尚未取水为由，没有理睬居民的要求。由于居民方面没有核算水库竣工造成的损失方面的数据，他们的担忧只好作为"预想"而被束之高阁。

2.2 下游地区稻作农民的活动

为了解决这个问题，1999 年以各条支流的管水员为核心，采用了只有他们自己会用的简易测定方法，开始定期地在各个取水堰的出入口测定流量，记录耕地面积和产量。他们认为，可以把发电站运营以后的流量变化作为水稻产量减少时的补偿依据。此外，以管水员为主创立了一个居民组织。该组织为确保发电站运营后的生活用水和农业用水，继续同行政部门谈判。

日本印尼 NGO 网（JANNI）和环境监测研究所（LSPL，位于棉兰），一边支持地区居民的活动，一边继续同日本开发合作银行谈判。2002 年，举办了利害相关者（居民、NGO、电力公司、日本开发合作银行）会议，会议决定对日本开发合作银行进行的项目，实施专门的协助调查（SAPI，special assistance for project implementation），允许居民参加调查。自 2003 年 5 月起，历时 3 个月，重新调查对环境的影响。

最终达成协议的事项有：当地居民对用水拥有最高优先权；取水量以电力公司和居民共同进行的流量测量数据为基础来决定；设置水管理委员会（由居民、电力公司、州政府、NGO 组成）等，并兼管纠纷处理。

2.3 上游防护林的破坏与移民

在这一过程中，有一个新问题露出水面，即支流的水源涵养林——上游防护林（约 2 万 hm²）的非法采伐与退化。采伐防护林有可能导致水源枯竭，给水力发电和下游稻作都会造成沉重打击。

在采伐过的防护林内，定居人数每年都在增加，情况复杂。2005 年 4 月，在防护林及其周围地区形成了 4 个村庄，18 个集落（dusun）[3]，约有 1 340 户人家进行咖啡和蔬菜栽培。移民家庭 60% 按照《习俗法》（customary law）获得了开垦地利用权，23% 持有土地登记书[4]。尽管居民已经形成了集落，但由于是移民构成，集体意识薄弱。因此，在印度尼西亚各地依据《习俗法》形成的集落，对于共有林的利用与管理，都还没有规则。

如果防护林内的耕地继续这样增加下去的话，可以预想到防护林作为水源涵养林的功能必将衰竭，支流的水量也会不足。结果有可能导致下游稻作农民和电力公司之间发生水纠纷，进而，上游的移民与下游的稻作农民之间也同上游的土地耕作产生摩擦。

2002 年前后，上游地区的泉水和河水出现不足。环境监测研究所援助了居民联合从森林引水的工程。自 2004 年起，环境监测研究所同日本印尼 NGO 网合作，支持居民在该地区集落单位进行造林活动、协调农业和森林保护的集落规则以及同其他集落共同起草《村庄条例》的草案。

2.4 当地政府的态度

现在，电力公司同地区居民之间的关系很好，环境监测研究所为此做了很多工作。另一方面，当地省政府在解决问题中并没有发挥积极作用的姿态。对于水管理委员会的运营费由省政府承担一事，省长表示"进行水力发电并不意味着政府能得到什么收益。为何省政府必须负担运营费用？"[5] 此外，2004 年省林业局在防护林内植树 120 hm²，但那是中央政府的修复森林和种植园运动（GNRHL）的预算。植树工作由承包企业负责，当地居民没有参与。

即便是国家和省政府，以前也没有制定过确保发电水量的对策。相反，他们甚至授予 IIU 公司在莱努河干流取水区的森林采伐权和植树权。这也是河流水量减少的原因之一。

2000 年实施的《地方自治法》规定，国有防护林的管理属于省政府的管辖业务。但是，省政府都还没有提出过初步计划，例如，如何管理和保护防护林，或采取什么移民对策。不仅如此，省政府一般也不太关心不能带来财政收入的项目。可能原因之一是，由于推进地方分权，出现了一种评价倾向，即地方政府首长的能力取决于增加了多少自主财源和收入。反过来，地方政府首长则积极地批准吸引投资的项目。因此，凡是保护环境和可持续利用资源项目等就被搁置到一边。

3　上游地区居民的战略转变

指定上游森林作为防护林，可追溯到荷兰殖民地时代。该地区的原住民是在下游地区进行稻作的巴基—巴基人（Pak-pak），但其他地区的移民来这里定居也相当自由。在上游地区的防护林内，有约50年前过来的移民。防护林的非法采伐在20世纪90年代已经开始，随着规模的扩大，移居到采伐旧址的人也在增加。政府对这样的移民或采伐没有采取控制措施。但由于始于2000年前后的"非法采伐"受到国内外的关注，所以上游的居民们常被置于"非法移民者"这种不稳定的地位（position）。因此，居民们采取的防卫对策是，阐述这里的土地自古以来就是他们祖先的，或者出示土地买卖证明书，宣称土地所有权。

但是，这种主张几乎不可能得到承认。居民们还不如在水源附近和采伐旧址植树，保护森林，获取防护林地的利用权，这样做也许更为现实。今天，居民们通过参观涵养水源的植树和居民林业的先进地区[6]这样的活动，努力制定利用和保护森林活动的规则。他们的意图，是通过自己的努力，得到下游人们的支持，以保障自己的立场。也许尚未充分考虑下游人们的利益，但至少有可能产生"保护森林关系到自身利益"这种新的价值观。最终，这也有利于下游地区。

4　地区居民推动改变行政的方向

通过测定流量等活动，下游地区的人们开始建立起自信，认为这比编制《现场可行性研究》和《环境影响评价报告书》的专家还了解环境保护。这种自信带来的结果是，他们通过谈判使自己的主张得到了电力公司和行政部门的认可。上游地区的人们也在准备致力于制定考虑环境保护的《森林利用与管理规则》。

现今，对于资源利用的环境问题，地方政府没有发挥充分的作用，但迟早会对当地居民的这些行动做出积极响应。地方分权化的优点是，地区居民容易迫使地方政府进行变革，这在环境管理方面也不例外。

（责任执笔：冈本幸江）

〔**注**〕

1）　林业部的政策是把采伐量分阶段地降低到可持续的水平。2001 年度的木材产量为 2 200 万 m³，2002 年度约 1 200 万 m³，2003 年度 689 万 m³，2004 年度 270 万 m³。

2）　*Kompas*，March 24，2005.

3）　这里的"地区"，指的是行政上的单位"dusun"的意思。

4）　印度尼西亚的原住民一般都主张习俗性的土地所有权。当外来人想利用土地或购买土地时，遵循《习俗法》要举行一定的仪式。土地登记证书由行政机构发放。但是，在已经确定为国有林地的土地内，该证书的效力不明。

5）　LSPL の問合せに答えたもの（2004 年）。

6）　楠榜省苏木贝尔阿贡村（Sumber Agung Village）是国有林地内的移民村，村民们一边推进林业，一边正在努力制定有关森林利用与管理的规则。2005 年，15 个上游居民的代表前来访问，互相交流了经验，交换了意见。

专栏　森林破坏的政治学

这几年来，印度尼西亚的森林破坏速度令人震惊。据世界银行资料（World Bank，*Sustaining Forests：A Development Strategy*，2004）显示，20 世纪 80 年代印度尼西亚平均每年有 100 万 hm² 的森林沦为裸地，而 2000 年以后，破坏速度增加到每年消失森林约 200 万 hm²。据许多生态学家预测，如果以这种速度继续发展下去，印度尼西亚的热带雨林几年后将消失殆尽。森林破坏如此严重的原因其实就是非法采伐，实际上可以说是处于乱砍滥伐状态。

印度尼西亚的非法采伐，为什么这几年会急剧加快呢。人们常常提到的是经济原因。而实际上，该国的地方木材企业遭受过亚洲经济危机的打击，把精力都用在了经济作物走私上，这意味着经济危机对环境的冲击很大。但是，最根本的原因还在于政治。讽刺性的现实是，苏哈托独裁政权倒台（1998 年）之后推进的民主化促进了非法采伐的竞争。

为什么会这样呢？ 这种情况恐怕同两次"民主改革"有关。1999年的军队改革。以前，在苏哈托政权下，军队统管国家治安，经常进行社会压制。苏哈托政权垮台后，作为政治改革的一环，新政权决定把警察同军队分离，国内治安属于警察的职责。那么，这又出现了什么问题呢？这导致军队和警察之间激烈的争夺地方商务权利，双方都加大了对非法商务的激励。特别是军队，对于把一部分权力移交给独立的警察这件事，准备通过非法商务来弥补，这种动机在这几年不断加强。各地的军管区，很多情况下都是非法采伐的始作俑者。

例如，在东加里曼丹省，尽管森林局监督搬运到河流的木材，但在附近就有黑社会"潘查希拉青年团"（Pemuda Pancasila 或 Pancasila Youth）的办公室，他们也在密切监视木材的搬运情况。当然，这些木材是非法采伐的走私品，而他们的庇护者是军管区。森林局害怕他们，只好视而不见。同样状况也存在于苏拉威西省（Sulawesi）、帕普岛（Papua）以及亚齐特区（Aceh）。特别是在纠纷地区，其他政府机构也不太发挥作用，军队就更加肆无忌惮地参与到非法采伐中。

在爪哇岛，状况同样令人惊骇。在爪哇西部的万丹省（Banten）等地，以军队为后盾的西利望意青年队（AMS, Siliwangi Youth Corps）和森达人统合团（GIBAS），这些黑社会集团把青山夷为秃地，已经导致水库干涸，担心这会导致整个爪哇岛都会出现供电危机。西利望意青年队是个实力强大的团伙，不但控制了非法采伐的路线，还霸占了爪哇西部的非法赌博和人口拐卖。在军管区的庇护下，这种犯罪商务才得以生存。

据当地一家 NGO 讲，如果谁打算干涉这种问题，马上就会遭到迫害。当地的新闻记者也如此说。西利望意青年队的一名成员这样解释威胁技能，"没有必要使用暴力。只要问问那个人的孩子在哪个小学上学就足矣"。最终，这种非法采伐等犯罪行为在当地社会已成了毒瘤。在民主化时代，黑社会得以壮大的实情就在于此。

伴随民主改革同时进行的地方自治的进展也导致森林破坏。通过对苏哈托时代中央集权式的政治运营的反省，印度尼西亚在 1999 年以后推进了地方分权化。同时，巨大的经济权利移交给地方特别是省政府，在地方政治和经济精英之间，围绕这种权利分配，炙热的争权群斗，正在印度尼西亚各地激化。尤其是自然资源，越是丰富的地方，竞争越激烈。典型代表是，西加里曼丹、中加里曼丹、中苏拉威西、马鲁古（Maluku）、帕普等地。利益竞争在地方首长选举中更为激烈，"胜方"把地方政府的前 50 战略职位纳入手中，独揽资源开发权，剥夺竞争对手的权利。然后，冠冕堂皇地把精力用于森林采伐，全力积蓄自己的利益。环境保护等问题根本没有放在他们眼里。在伴随地方分权的印度尼西亚，地方政治的情况实际上到处都是这样。

如果从这方面考虑，就可以理解 2000 年之后在印度尼西亚非法采伐急剧增加的背景原因中，也有地方政治的变革、特别是伴随民主化的独裁政治状况。原因是，没有构筑起对地方"权利"（经济权利和政治参与）进行适度控制的"制度"。制度设计的落后，推动了政治的黑社会化，加快了非法采伐步伐，威胁到市民社会的空间。

（责任执笔：本名纯）

印度　围绕发展与环境的正义

1　在环境政策中看到的发展主义

　　1972年在斯德哥尔摩召开的联合国人类环境会议上，当时的印度总理英迪拉·甘地发表了演说，强调"贫困状态解决不了环境问题，没有科学技术就无法消除贫困"。同年，印度政府的《最低需求计划》列举的优先领域为饮用水、保健和卫生的普及。此后，对于政府来说，应该重视的环境问题是饮用水、卫生设施等基础设施的缺乏，但解决问题的途径又是依靠加快发展。在自2002年开始的《第十个5年计划》中，优先任务依然是通过经济增长来消除贫困以及在其基础上的环境保护。

　　印度环境政策中的这种发展主义倾向也反映在接受外国援助方面。据印度工业联盟的报告书，在1995—2000年对印度环境援助（约99亿美元）明细中，最多的是排水和卫生基础设施建设，其次为生物多样性、流域开发等领域 [1]。此外，在日本国际合作银行的日元贷款项目中，还有排水和卫生以外的各种基础设施建设等。

　　近年来，在国外发展援助项目内，包括流经首都德里的亚穆纳河（Yamuna）流域的下水道等建设项目和地铁建设项目（统称德里地铁工程，the Delhi Metro）等。前一类项目旨在提高流域居民的卫生环境和健康状况，至今约310亿美元用于污水处理设施建设和下水道铺设等。同时，旨在缓解首都交通混杂和削减汽车尾气的德里地铁工程计划，2002年开始了第一区段的工程。2005年7月该系统到达市内中心区的康诺特普莱斯（Connaght Place）和政府机关区，约65 km延伸工程正在进展之中。至今，投入德里地铁工程计划的日元贷款达1 500亿日元，由日本的咨询公司、建筑公司和商社等提供技术合作。

2 贫民窟居民被逐出

2004 年 2 月，当局开始驱逐德里最大的贫民窟"亚穆纳普什塔"（Yamuna Pushta）的居民。亚穆纳普什塔是位于旧德里红堡（Lal Qila，Red Fort）周围的一块土地，面积 16 hm²。成为驱逐对象的居民，迄今高达 30 万人（6 万户）。政府实施大规模驱逐的背景是 2003 年 3 月德里高等法院的判决。在判决书中，该院指出贫民窟是亚穆纳河的"污染"源，同时命令德里开发局拆除亚穆纳河沿岸的所有违章建筑物。对此判决，致力于城市问题的环境 NGO "灾害中心"表示抗议，他们出示的调查结果表明，亚穆纳普什塔 30 万人排放的污水只占流入该河污水总量的 0.33%。

2004 年 2 月，约 3 万户家庭成为被迫搬迁的对象，其中 2 万多户露宿街头。居民们向法院再次主张了他们在亚穆纳普什塔的居住权，但遭到法院拒绝。同时，法院判决向大约 6 000 人提供了 30 km 以外的替代地。法院的观点是，即使他们远离城市，而德里地铁工程开通后，上下班会变得相当方便。但是，在指定的替代地，没有配备饮用水、电力、厕所、学校、诊所等基础设施，人们的生活环境反倒愈加恶劣。

以前，日本为亚穆纳河净化和德里地铁工程的建设提供了巨额经济援助。初衷是想，贫民窟居民搬迁后，也许会增加外国游客。但是，亚穆纳河的水污染至今也未出现改善的征兆。此外，德里地铁工程的不锈钢车体作为"辉煌印度"的象征在国内外都成了新闻。同时，今后这可能成为驱逐更多人的手段，把他们送到更远的地方。

现在，根据国内的和国际的人权标准，"灾害中心"和"人类居住网人居国际"正向有关机构呼吁，在没有向被迫迁出的所有亚穆纳普什塔人提供恰当的再定居点之前，强制搬迁的判决无效。

3 铀矿开发与原住民

在印度的一次能源供给中，煤炭、石油、天然气占据绝大部分，核能发电比例不到 2%。印度政府希望确保国内能源，正计划把核电能力从现在的 272 万 kW 提高到 2010 年的 1 000 万 kW，再通过把钚作为燃料的高速增值堆，进一步增加 1 000 万 kW 的发电能力。

印度国内的铀储藏量据估计为 9 万 t，钍推测在 36 万 t，因此，政府计划将来使用钍的新型重水堆进行发电。

现在，印度国内正在运营的反应堆有 14 座，其中，轻水堆 12 座和沸水堆 2 座。核电原料铀，印度在恰尔肯德邦（Jharkhand）贾杜哥达（Jadugoda）周边的 3 个铀矿山每年开采 150 t 左右。国营企业印度铀矿有限公司（UCIL，Uranium Corporation of India Limited）负责开采和提炼。贾杜哥达的矿石采自地下 900m 处，品位极低，铀含量只有 0.06%[3]。以前在日本岛根县和冈山县境内的人形峠和歧阜县东浓地区"发现"的矿石品位还有 0.11%[3]。因为经济上不合算，日本放弃了开采。但印度政府的方针是，即使品位低，也要在贾杜哥达始终确保铀原料。

在这种状况下，纪录片电影《贾杜哥达的佛祖哭泣》（*Buddha Weeps in Jadugoda*）对贾杜哥达原住民中间发生的严重的放射性伤害进行了宣传。据说，该电影的摄影师受到警察和军队的迫害，多次遁入山中[4]。作为反抗迫害行动，面向居民的放映运动从一个村庄到另一个村庄扩大开来。后来，该部电影也被介绍到日本，在 2000 年"第 8 次全球环境电影节"（全球影视组织委员会主办）上荣获大奖。

在贾杜戈拉（Jadugoda），至少有 10 个村庄居住着桑塔路（Santhal）、门达（Munda）、伙（Ho）、喔兰（Oraon）等民族。其中的一些村庄邻接倾倒铀提炼矿渣废物的尾矿库（有 3 处在建）。此外，距离那里几千米外的地方也有一些村庄。

　　生活在这些尾矿库附近的人群中，尤其是在儿童中，出现了严重的先天性残疾。会诊过 150 多名患者的桑噶米脱拉·噶代卡如（Dr. Sanghmitra Gadekar）医生讲，"在儿童中间，出现了各种症状，如骨骼畸形、手足指头或多或缺。无论大人或儿童，多数居民都患有皮肤病或角质增生。在儿童中也发现了人体生长异常、巨头症、小头症、唐氏综合征等。癌的发病率也高，女性流产、死产、不孕症增加。"现在，噶代卡如医生组继续在现场进行流行病学调查，结果有待公布。

　　后来，日本京都大学反应堆试验所的小出裕章对贾杜哥达的射线剂量进行了测定。据小出裕章 2001 年的调查，尾矿库的 γ-射线量为 1.2 μSv/h，比一般场所高出 17～30 倍，尾矿库土壤中的铀浓度为 $40×10^{-6}$～$530×10^{-6}$，比通常土壤高出几十到几百倍[5]。此外，尾矿库内空气中的氡浓度为通常环境的 10～100 倍[6]。但是，如果不直接进入尾矿库或不在坑道排气口附近，氡浓度高得并不是那么惊人。然而，当地人们为了采集、捕鱼或砍伐薪材等，经常要进入尾矿库。尽管在尾矿库周围拉起了铁丝网，但一些地方已被撕开。政府不应该只是简单地修补铁丝网，而应该尽快改善人们的生活条件，避免他们进入尾矿库。此外，由于土地所有权没有授予该地区的原住民，所以有时他们被强制征用土地，有时被迫搬迁时也得不到印度铀公司承诺的补偿金。

　　在电影《贾杜哥达的佛祖哭泣》完成后不久，日本的市民团体成立了"贾杜哥达佛祖哭泣基金会"，至今仍在各地举办放映会，并邀请贾杜哥达居民代表到日本。此外，该基金会还计划同当地 NGO 合作，在距离贾杜哥达 20 km 的地方建造残疾儿童康复设施。

（责任执笔：金沢谦太郎，Dunu Roy，辻天祐子）

〔注〕

1)　Confederation of Indian Industry，*Compendium of Donor Assisted Projects in the Environment Sector in India*，May 2002.

2） Center for Science and Environment，*Down to Earth*，Vol.12 No.23，Apr. 30，2004，pp.30-31.

3） 土井淑平・小出裕章『人形峠ウラン鉱害裁判——核のゴミのあと始末を求めて』批评社，2001 年，pp.212-213。

4） 藤川泰志「インドのウラン鉱山で住民に深刻な被害」『原子力资料情报室通信』No.311，2000 年 4 月 30 日，pp.6-7。

5） 小出裕章「苦難の先住民——インド・ジヤドウゴダ・ウラン鉱山」『ノーニユークス・アジアフオーラム』No.54，2002 年 2 月 20 日，pp.2-8。

6） 小出裕章「インド・ジヤドウゴダの住民たち」『ノーニユークス・アジアフオーラム』No.64。

第Ⅲ部　資料解説篇

01 保健、教育与劳动

在亚洲不断可以看到，一方面是经济快速增长的消息，另一方面是贫富差距扩大的报道。在经济全球化的时代，越发关注的是未能摆脱贫困的阶层和实际上吸纳了许多劳动力的非正规经济。如表 1 中的 A3 项所示，所有经济持续高速增长的国家都面临着缩小贫富差距这一挑战。

从医疗保健领域看，虽然亚洲国家在控制传染病和降低新生儿死亡率方面取得了进展，但在各国之间乃至同一国家的不同地区之间，人们之间的差距依然很大。正因为许多疾病已经可以通过现代技术手段来预防，才更需要有强烈的政治意愿来推动实际的相关措施。在经济市场化进程中，有必要建立公平的社会体系，使穷人和富人都能享受到一视同仁的医疗保健服务。泰国、中国等国家已经开始为此进行探索。尤其像艾滋病这样的疾病，对于那些无从了解预防知识，或即使了解却因为经济原因无法接受治疗的贫困人口而言，更是极大的威胁。人们必须更加努力消除由于社会性差别而使患者遭遇区别对待的现象。

在教育方面，必须强化能使贫困家庭子女接受义务教育的社会体系。对于贫困家庭而言，即使免除了教育费用，他们可能仍然无力购买课本、服装；或者他们更希望自己的孩子能去工作以补贴家用，导致孩子没有多少时间去学校上课。人们有必要从全亚洲着眼审视贫困问题，综合考虑增加家庭收入问题。在整个亚洲地区，人口的国内迁移和跨国移动，也给儿童教育和医疗保健政策提出了一个新的重要课题。

有关劳动保护措施也需要新的发展。全球化和市场经济的发展加速了劳动力的流动，从前以稳定的雇佣关系为前提的劳动者保障体系已经难以发挥作用。而且，在许多国家的中小企业、农村和非正规经济部门，由于缺少有经验的专家，法律体系也不完善，大部分劳动者都无法在劳动标准监督和安全卫生方面得到基本的劳动保护。

根据国际劳工组织（ILO）的推算，全世界每年因职业原因而死亡的人数高达220万人，其中很多在各国政府的报告中并没有显示。ILO（国际劳工组织）的数字是根据2001年包含基础信息的数据推算出来的，而各国政府向ILO报告的工伤事故伤亡人数同这个实际数字并不一致。表1中的D1和D3项列出了两者的比较。由此，我们认为各国报告的工伤事故死亡人数实际上并不是全部的数字。即使在日本、韩国等发达国家，政府的统计系统也并不能掌握全部的工伤事故情况。

在这种状况下，为预防工伤事故和职业病，在劳动现场确保初级预防措施是十分重要的，人们也进行了各种各样的尝试。尤其引人注目的是针对家庭劳动、小型建筑工地等非正规经济单位的"参与式"安全卫生措施的进展。例如，ILO在泰国、柬埔寨、蒙古开展的非正规经济项目，是把劳动安全卫生政策同增加贫困人口收入政策挂钩，推广尊重所在国主导权的参与式培训活动。该项目还使用了一些实用的培训教具，如展示所在国成功经验的图片集、配有浅显易懂插图的对策一览表等。这些道具在提高人们的参与度方面发挥了重要的作用。

这种草根式的培训活动，都是由当地培养的培训师开展的，通过地区间的关系网，这种活动自发地扩展开来。在老挝、蒙古、泰国、越南等国，这种草根职业培训活动的成功经验作为国家政策已被列入安全卫生的中期计划，将在国内其他地区逐渐推广。

医疗保健、教育和劳动条件的改善是人们最基本的生活需求，任何人都可以很容易地凭借日常生活经验、基于不同的利害权衡，表达自己的改进意见。这不但能形成来自地区和职场推动民主的力量，也应能成为基于草根阶层居民生活需求的、形成实际环境政策的原动力。人民的自发努力同国家政策与社会支持相结合，就能起到事半功倍的效果，给更多的人们以鼓励。为了共享这种努力所带来的成果，超越国境、根据当地经验相互学习、强化合作联系等举措，将变得越来越重要。

（川上刚）

表 1　保健、教育、劳动力领域的基本指标

		中国	印度
A 社会经济			
A1 人口总数	千人，2003 年	15 806	1 065 462
A2 人均 GDP	美元，2003 年	1 100	564
A3 收入/消费占份额（%）	（调查年）	（2001）	（1999）
最贫困层 20%		4.7	8.9
最富裕层 20%		50	43.3
B　人口保健			
B1 出生时预期寿命・男	岁，2003 年	70	60
出生时预期寿命・女	岁，2003 年	73	63
B2 5 岁以下儿童年死亡率・男	出生每千人，2003 年	32	85
5 岁以下儿童年死亡率・女	出生每千人，2003 年	43	90
B3 婴儿死亡率	出生每千人，2003 年	30	63
B4 孕妇、产妇死亡率	出生每 10 万人，1985	50	540
B5 HIV/艾滋感染者（成人）	—2003 年%，15～49		
	岁，2003 年	0.1	0.4～1.3
C　教育			
C1 初等教育纯就学率	%，2002/2003 年	n.d.	87
C2 中等教育纯就学率	%，2002/2003 年	n.d.	n.d.
C3 成人识字率	%，15 岁以上，2003 年	90.9	61
D　劳动与劳动灾害			
D1 就业人员数	千人，2001 年	730 250	402 510
男	千人，2001 年	n.d.	n.d.
女	千人，2001 年	n.d.	n.d.
D2 不同产业就业人员数			
1. 农林水产业	千人，2001 年	365 125	241 506
2. 制造业与建设业	千人，2001 年	160 555	68 427
3. 服务业	千人，2001 年	204 470	90 565
D3 ILO 报告劳动灾害伤病人数[e]	人，2001 年	4 141	928
D4 ILO 估算劳动灾害伤病人数[e]	人，2001 年	68 292 311	30 627 865
D5 ILO 报告劳动灾害死亡人数	人，2001 年	12 554	222
D6 ILO 估算劳动灾害死亡人数	人，2001 年	90 011	40 133

（注）（a）1996 年（b）1997 年（c）1998 年（d）1999 年（e）休假 3 日以上，非死亡
（出处）WHO World Hearth Report 2005（A1，B1-2），UNDP Human Development Report 2005
（A2-3，B3-5，C1-3），*ILO Yearbook of Labor Statistics 2004（D1），ILO Introductory Report；
Decent Work-Safe Work（D2-6）.*

印度尼西亚	日本	韩国	马来西亚	巴基斯坦	菲律宾	泰国	越南
219 883	127 654	47 700	24 425	153 578	79 999	62 833	81 377
970	33 713	12 634	4 187	555	989	2305	482
（2002）	（1993）	（1998）	（1997）	（1998）	（2000）	（2000）	（2002）
8.4	10.6	7.9	4.4	8.8	5.4	6.1	7.5
43.3	35.7	37.5	54.3	42.3	52.3	50	45.4
65	78	73	70	62	65	67	68
68	85	80	75	62	71	73	74
45	4	5	8	98	39	29	26
37	4	5	7	108	33	24	20
31	3	5	7	81	27	23	19
310	8	20	50	530	170	36	95
0.1	<0.1	<0.1	0.4	0.1	<0.1	1.5	0.4
92	100	100	93	59	94	85	94
54	101	88	70	n.d.	59	n.d.	65
87.9	100	100	88.7	48.7	92.6	92.6	90.3
90 807	64 120	21 572	9 357	37 481	30 085	33 484	36 994
n.d.	37 830	12 581	6 056	32 233	18 334	18 471	n.d.
n.d.	26 290	8 991	3 301	5 248	11 751	15 013	n.d.
40 863	3 206	2 107	1 526	16 213	13 538	18 081	25 456
14 529	16 030	4 635	3 433	6 264	4 513	5 023	4 439
35 415	44 884	14 326	4 577	14 370	12 034	10 380	7 769
7 757（b）	132 287	49 302（c）	84 911	50	50 800（a）	50 093	n.d.
12 921 000	1 538 175	1 689 820	920 940	5 189 279	4 269 339	5 305 945	6 792 118
1 476（d）	1 790	1 298	958	104	250（a）	597	n.d.
16 931	2 016	2 214	1 207	6 800	5 594	6 953	8 900

02 依然持续的军事环境问题

　　亚洲面临着严重的军事环境问题。表 1 反映了该问题尤为突出的冲绳地区情况。最近 10 年来，美军基地返还地区的污染问题频繁浮出水面。虽然在以《日本环境管理标准》作为环境保护方针和美军采取自身措施下，对有害物质的管理有所加强，但是，仍然有一些重大问题没有解决，例如，难以进入有关地区进行调查、美军不承担恢复环境原状的义务等。关于噪声问题，虽然国家进行了赔偿，但是相关判决并没有做出关闭机场的决定，美军机场周围的居民至今仍饱受噪声之苦。

　　造成这些环境危害的美国以国家主权豁免和《对美地位协定》为由，拒绝承担污染治理费用或赔偿费用。美军作为造成污染的始作俑者却不肯承担环境成本，这正是使军事环境问题日趋严重的原因之一。

　　表 2 列出了一些相关军事指标。日本自卫队员的人均军事费用迅猛增长，这表明日本装备了最先进的武器。另外，亚洲各国对美国的依存度仍然很高。除了缅甸、文莱、中国、朝鲜以及国民收入较高的新加坡、日本、韩国以外，亚洲多数国家都接受过美国的军事援助。新加坡、日本和韩国则大量从美国进口武器。

　　表 3 显示了美国在亚洲的驻军人数、基地面积和美军驻在国所负担的经费。目前，亚洲各国中正式驻有美军部队的国家只有日本和韩国。不过，虽然 1992 年美国归还了在菲律宾的军事基地，但由于美国仍然能够利用菲律宾的机场和海港，实际上同驻军没有什么区别。

　　亚洲对于美国而言是一个重要的基地。2002 年，亚洲美军基地的面积占全球美军基地总面积的 27%，在亚洲的美国驻军人数占美国在全球驻军总人数的 44%。2001 年，亚洲为美国驻军负担的经费占驻外美军全球经费总额的 73%，其中日本负担了驻日美军费用的

75%，大大超过了韩国对驻韩美军的负担比率（39%）。另外，日本为美军基地周围的自治体也提供了很多补助金，从政治上维护着美军基地的存在。

只要军事基地没有撤销，与基地相关的环境问题就得不到解决。需要人们认真考虑的，不是维护基地的政策，而是撤销基地的政策。这也许是改变亚洲对美国依存关系的第一步。

（林公则、大岛坚一）

表 1　在冲绳的美军基地的主要环境问题

1947 年春	在伊平屋村，因美军在井水中混入了砷，一家 9 口有 8 人死亡
1967 年 10 月 4 日	在嘉手纳村，因美军基地的油进入水井，出现了"燃烧的水井"
1969 年 7 月 10 日	因美军基地 VX 神经毒气的泄漏，25 人死亡
1975 年 4 月 23 日	牧港美军基地排出六价铬，5 人死亡
1992 年 1 月 31 日	市民团体"太平洋军备撤废运动"发布嘉手纳机场 PCB（多氯联苯）污染的事实
1995 年 1 月 31 日	美军开始引入《日本环境管理标准》
1996 年 3 月 19 日	那霸防卫设施局从归还给冲绳县的美军恩纳通讯所旧址的污泥中检出 PCB
1997 年 2 月 10 日	在鸟岛射击场发现美军使用贫铀弹的事实
2001 年 2 月 22 日	发现在考特尼营地（Camp Courtney）因飞碟射击产生的铅污染
2002 年 1 月 30 日	发现在归还的北骨町基地旧址填埋了装有沥青状物质的圆桶
2002 年 4 月 12 日	在自卫队使用的美军归还基地，自卫队检出了 PCB
2003 年 1 月 17 日	在日美军保管的含 PCB 物品首次运出（基地归还后的和使用中的除外）
2003 年 1 月 23 日	1973 年日美协议文件《环境合作协议》由外务省首次公布
2003 年 9 月 1 日	冲绳县申请进入日美考特尼营地调查，直到 2005 年 8 月仍未答复
2003 年 11 月 13 日	发现在桑江营地旧址的土壤已被铅、砷、PCB 等污染
2004 年 5 月 19 日	外务省公布，到 2004 年 4 月末，在日美军保管的 PCB 已全部运出
2005 年 2 月 18 日	发现在桑江营地旧址填埋有 1.03 万发炮弹

1968 年 2 月 5 日	B29 战略轰炸机移驻冲绳以来，高强度噪声激化
1982 年 2 月 6 日	嘉手纳机场周边居民对于高强度噪声提出诉讼
1994 年 2 月 24 日	嘉手纳机场高强度噪声诉讼一审判决
1996 年 3 月 28 日	日美关于嘉手纳机场和普天间机场飞机噪声控制措施达成一致意见
1998 年 5 月 22 日	嘉手纳基地高强度噪声诉讼再审判决，国家和原告均不上诉
1999 年 5 月 15 日	市民团体"冲绳环境网络"发布《美军基地低周波噪声公害》
2000 年 3 月 27 日	周边居民提出对于新嘉手纳高强度噪声的诉讼
2002 年 10 月 29 日	周边居民提出对于普天间高强度噪声的诉讼。到 2005 年 8 月仍处于纷争中
2004 年 5 月 13 日	发现美国仍未负担嘉手纳高强度噪声诉讼等确定的损害赔偿
2005 年 2 月 17 日	新嘉手纳高强度噪声诉讼一审判决。国家和原告均上诉，2005 年 8 月仍在纷争
2005 年 2 月 21 日	嘉手纳机场周边，防卫设施厅开始测定调查已持续 28 年的噪声
1972 年 10 月 5 日	汉森营地（Camp Hansen）发生原因不明的山林火灾，烧失面积约 145 hm^2
1983 年 12 月 6 日	汉森营地因实弹射击训练引发山林火灾，烧失面积约 130 hm^2
1988 年 10 月 29 日	汉森营地发生原因不明的山林火灾，烧失面积约 200 hm^2
1997 年 9 月 18 日	汉森营地因实弹射击训练引发山林火灾，烧失面积约 298 hm^2
2003 年 9 月 26 日	日美自然保护团体根据美国《文化遗产保护法》在美提出保护儒艮的诉讼
2004 年 11 月 17 日	那霸防卫设施局着手进行为调查辺野古冲钻地的挖掘作业
2004 年 12 月 27 日	居民提出诉讼，要求调查停止的辺野古冲钻地。到 2005 年 8 月末仍在纷争中
2005 年 3 月 2 日	保护儒艮诉讼进入实质性审议。到 2005 年 8 月末仍在纷争中
2005 年 4 月 15 日	发现美军违反关于山林火灾设置"4 架飞机长时灭火体制"的承诺

注：1. 除了上列事件外，美军基地造成的水污染事件多次发生，从基地返还冲绳后到 2002 年 12 月底，仅经冲绳县确认的就有 98 次之多。

2. 美军基地内的山林火灾，从基地返还冲绳后到 2002 年 12 月，发生 425 起，烧损面积约 3 214 hm^2。

3. 核动力舰艇在基地返还冲绳后的驻港情况是，从 1972 年 6 月核潜艇首次驻港起到 2002 年 12 月底，已有 191 次。

（出处）根据下列资料编成：①福地旷昭，《基地与环境破坏》，1996 年；②冲绳县总务部知事办公室基地对策室《冲绳的美军基地》，2003 年；③冲绳环境网络《冲绳环境网》有关各期；④《琉球新报》；⑤《冲绳时报》等。

表 2　亚洲各国和全球各地区有关军事指标

国家	2002 年军事支出/ 10 亿美元	2003 年军人人数/ 10^3 人	2002 年接受美国军 援金额/10^6 美元
孟加拉国	1	126	0.6
不丹	>0.5	7	0.0
柬埔寨	>0.5	125	0.2
中国	51	2 250	0.0
印度	14	1 325	51.0
印度尼西亚	7	302	0.4
日本	40	240	0.0
北朝鲜	5	1 082	0.0
韩国	13	686	0.0
老挝	>0.5	29	0.1
马来西亚	3	104	0.8
蒙古	>0.5	9	2.6
缅甸	3	488	0.0
尼泊尔	0.5	63	14.4
巴基斯坦	3	620	75.9
菲律宾	2	106	46.0
新加坡	5	73	0.0
斯里兰卡	1	152	0.3
泰国	2	314	3.0
越南	2	484	0.1
地区			
亚洲	163	9 112	217.0
澳大利亚	9	69	0.3
加勒比与拉丁美洲	27	1 300	16.9
中东与北非	62	2 699	3 586.6
欧洲	213	3 262	216.4
俄罗斯	51	961	0.8
撒哈拉以南非洲	9	1 338	39.9
美国	349	1 427	—
世界总计	883	20 168	4 077.9

（注）1. 军人数仅计入现役军人，预备役除外。日本系指自卫队员数。2. 印度尼西亚、北朝鲜，缅甸的军事支出和柬埔寨、中国、印度尼西亚、北朝鲜、老挝、泰国、越南、俄罗斯的军人数，均为推定值。3. 亚洲总计中，除已列出国家以外，还含阿富汗、哈萨克斯坦、吉尔吉斯斯坦、中国台湾地区、塔吉克斯坦、土库曼斯坦、乌兹别克斯坦等国家或地区的数值。4. 地区分类方法，依照 The Military Balance 2003—2004。

人均军费/ 美元	军人人均军费/ 美元	军费占国民 总收入比率/%	2004年从美国 进口武器金额/ 10^6美元	2004年进口 武器金额/ 10^6美元
5	7 937	1.15	8.9	10.3
890	38 143	—	0.0	5.6
7	736	2.30	0.1	0.1
39	22 667	3.21	0.0	38.3
13	10 566	2.43	0.0	118.9
31	23 179	3.82	14.1	18.1
311	166 667	0.90	527.2	533.9
221	4 621	—	n.a.	n.a.
278	18 950	2.31	572.0	636.7
3	517	0.75	0.1	0.1
137	28 846	3.62	12.9	82.4
10	2 733	2.46	0.1	0.1
61	6 148	—	n.a.	n.a.
4	1 667	1.75	0.1	2.2
18	4 839	3.91	6.5	23.6
20	18 868	1.82	22.9	24.4
1 070	68 493	5.11	426.4	493.9
28	6 579	2.96	0.0	0.1
29	6 369	1.32	171.8	179.9
30	4 132	6.15	0.0	1.2
46	17 888	2.05	3 377.5	3 795.2
298	130 435	1.80	191.4	285.7
51	20 769	1.56	127.9	212.6
191	22 971	8.10	4 420.2	4 847.6
305	65 297	1.91	2 627.3	4 377.6
356	53 070	13.60	0.0	0.0
13	6 726	2.65	8.6	60.3
1 199	244 569	3.19	0.0	444.9
141	43 782	2.56	10 820	14 093

（出处）人口、国民总收入：World Bank，World Development Report 2005，2004. 军事支出、接受美国军援金额、军人数：The International Institute for Strategic Studies，The Military Balance 2003-2004，2003. 进口武器金额：Stockholm International Peace Research Institute HP（http://www.sipri.org/contents/armstrad/at_gov_ind_data.html）

表 3　驻留亚洲的美军情况

	2002 年军人人数/人				
	陆军	海军	空军	海军航空兵队	总计
日本	0	20 730	15 016	15 731	51 477
韩国	27 019	968	8 122	0	36 109
亚洲总计	27 019	21 698	23 138	15 731	67 586
世界总计	87 849	40 302	53 614	15 731	197 496

	2002 年基地面积/hm^2					2001 年驻留美军的
	陆军	海军	空军	海军航空兵队	总计	经费负担/10^6 美元
日本	3 291	17 063	22 030	85 066	127 450	4 615
韩国	47 498	92	12 374	0	59 964	805
亚洲总计	50 789	17 155	34 404	85 066	187 414	5 420
世界总计	208 569	101 994	306 143	85 066	701 772	7 446

（出处）DOD，Base Structure Report Fiscal 2003 Baseline，2003；DOD，Report on Allied Contributions to the Common Defense，2003.

03 水卫生问题的改善十分迟缓

不卫生的饮用水会引发霍乱、伤寒、痢疾等疾病，造成儿童死亡率上升。而不卫生的排水设备会造成传染病蔓延，对河流和地下水的水质造成严重污染。2000年，世界上约有170万人死于不卫生的水（其中90%是儿童）[1]。对发展中国家人民来说，能饮用到安全的水，使用卫生的排水设施，是生活必不可少的条件。

但是，到2002年为止，世界上仍然有约11亿人不能饮用到得到改善的水（improved water）[2]，26亿人（占发展中国家人口的一半）不能享受改良过的排水系统（improved sanitation）[3]。这些人口几乎都居住在亚洲。缺乏安全饮用水的人们有2/3（超过7亿人）都在亚洲；而没有改良排水设施的人口，仅在中国和印度就有15亿人，占总数的一半以上[4]。

联合国在2000年通过的《新千年发展目标纲要》（MDGs：Millennium Development Goals）中，设定了"到2015年要使缺乏安全饮用水或基本排水设备的人口减半"的目标[5]。在亚洲，为了达成上述目标，就要为9.8亿人提供经过改良的水，为15亿人普及改良过的排水系统。在拥有庞大人口的亚洲，为人们提供安全卫生的饮用水和必要的排水设施，已经成了一项迫在眉睫的任务。

从安全饮用水供应现状来看，虽然很多城市的供应程度都很高，但从人口规模来看，仍然有许多人不能得到安全饮用水。今后，在城市人口快速增长的情况下，安全饮用水的供应将会变得更加重要[6]。另外，在印度、印度尼西亚等国，还有许多人无法使用自来水。在以中国、印度为主的国家，农村地区也仍然有很多人没有安全的饮用水（见表1）。

排水系统的建设也没有跟上。根据WHO（世界卫生组织）与UNICEF（联合国儿童基金会）在2000年进行的调查，在亚洲的城市和农村中，经改良的排水系统的整备率为48%（可覆盖17.67亿人），比世界其他地区都低；其他 52%的人口（19.16 亿人）都在使用不卫生的未经改良的排水系统或缺乏排水设施（2000 年，图 1）[7]。

如表 1 所示，无法使用改良过的排水系统的人口大部分都集中在东亚和南亚地区。其中中国、印度都有众多人口缺乏相应设施。

在农村地区，不卫生的排水系统引发的问题尤为严重。2002 年，世界发展中国家的城市地区有 5.6 亿人没有改良的排水系统，而农村地区则约有 20 亿人[8]。亚洲也表现出同样的情况（见表 1）。而且，城市中没有排水系统的人口大多数居住在棚户区，生活贫困。大部分无法使用卫生的排水系统的人们都是农村或城市中的贫困阶层。

在讨论政策时，人们的争论点是亚洲今后应当普及何种排水系统——是应当学习发达国家以大规模的排水道为主的排水系统，还是应当选择不同的模式？普及安全卫生的排水系统当然是很有必要的，但如果选择发达国家的那种排水系统，不但耗资巨大，而且可能会消耗大量的水和能源，引发新的问题。

资金制约是亚洲发展中国家普及排水系统的一大障碍。对此，20 世纪 90 年代以来，亚洲也开始步入市场化，允许民间参与给排水道项目的建设。越南、泰国、菲律宾、马来西亚、印度尼西亚、中国、印度都在进行相关尝试。尤其是中国，近年来实施了许多项目（见表 2）。排水系统民营化的过程基本上都是由发达国家的跨国公司负责实施。因此，民营化过程的发展也意味着发达国家模式的排水道系统被引入了亚洲。

排水系统民营化还存在着其他一些问题。第一，能靠民间机构解决排水道问题的只有一部分城市，而更需要解决的农村地区排水系统问题却很难通过民营化的方式解决。第二，即使是在城市地区，以营利为目的的跨国公司的介入也可能导致不重视为贫困阶层提供服务的结果[9]。在 2003 年召开的世界水论坛上，环境 NGO（非政府组织）对排水系统民营化表示强烈反对和异议，也正是出于以上原因。

亚洲给排水系统的普及问题将会大大影响到未来的水资源和环境状况，因此，该问题的解决方式是极其重要的。不管是对于给水系统还是排水系统，必须以改善贫困阶层恶劣的卫生状况、解决其面临的卫生与环境问题为前提，开展水循环利用等保护水资源环境的行动。

在该领域进行国际合作时，不但要引入符合该地区实际情况的低成本、易操作的适宜技术，而且要鼓励当地居民的参与，以便对引进技术提供支持。除了引进设备之外，为实现当地居民对系统的维护和管理，实行卫生教育也十分重要[10]。此外，加强女性对开发事业的参与、建立各区域之间的合作关系、开展文化人类学角度的研究、探讨周转基金和小额信贷体系等经济手段的运用等，都是十分重要的[11]。人们有必要在综合考虑上述因素的基础上，进行多方面的合作。

（知足章宏、大岛坚一）

表 1　亚洲地区改良给水供应与改良排水设备的普及情况（2002 年）

国名	可能得到改良给水供应的人口比例/%			能够利用改良的排水设备的人口比例/%		
	城市	非城市	城乡全体	城市	非城市	城乡全体
中国	92（91）	68（40）	77（59）	69	29	44
印度	96（51）	82（13）	86（24）	58	18	30
印度尼西亚	89（31）	69（5）	78（17）	71	38	52
日本	100（98）	100（91）	100（96）	100	100	100
韩国	97（96）	71（39）	92（84）	—	—	—
马来西亚	96（—）	94（64）	95（—）	—	98	—
菲律宾	90（60）	77（22）	85（44）	81	61	73
泰国	95（80）	80（12）	85（34）	97	100	99
越南	93（51）	67（1）	73（14）	84	26	41
东亚	93（91）	68（40）	78（61）	69	30	45
南亚	94（53）	80（12）	84（24）	66	24	37
东南亚	91（45）	70（8）	79（23）	79	49	61
西亚	95（79）	74（31）	88（63）	95	49	79

（注）改良给水数据的括弧，系指在可能得到改良给水供应的人口中，得到改良给水供应的人口比例。"—"为缺乏数据。

（出处）World Health Organization and United Nations Children's Fund，WHO/UNICEF Joint Monitoring Program for Water Supply and Sanitation；*Meeting the MDG Drinking Water and Sanitation Target：A Mid-term Assessment of Progress*，2004，pp. 24-31.

表 2　亚洲各国的给排水系统民间项目（1990—2003 年）

国名	给水系统项目/个	排水系统项目/个	给水和排水/个	合计/个
中国	36	7	6	49
印度尼西亚	8	—	—	8
马来西亚	7	1	—	8
菲律宾	—	—	4	5
泰国	—	—	—	4
越南	—	—	—	2
印度	—	—	1	1

出处：根据 World Bank，PPI Project Database（2005 年 10 月确认）制成。
（http://ppi.worldbank.org/reports/AggregateReport.asp？report＝101＆count＝20）.

〔注〕

1） World Health Organization，*The World Health Report 2002*，p.68.

2） WHO·UNICEF 定义的改良水包括：入户自来水（Household connection）、公共水塔供水（Public standpipe）、深井水（Borehole）、保护水井水（Protected Dug Well）、保护泉水（Protected Spring）和雨水（Rainwater Collection）。（World Health Organization and United Nations Children's Fund，WHO/UNICEF Joint Monitoring Program for Water Supply and Sanitation，*Meeting the MDG Drinking Water and Sanitation Target：A Mid-term Assessment of Progress*，2004，p. 4.）

3） WHO·UNICEF 将排水系统分为改良排水系统（improved sanitation）和非改良排水系统（unimproved sanitation facilities）2 类。改良排水系统包括：公共排水道通道（connection to a public sewer）、污水净化槽通道（connection to a septic system）、简易冲水式厕所（pouf-flush latrine）、简易小便厕所（simple pit latrine）、有通风口的改良式小便厕所（ventilated improved pit latrine）。非改良排水系统包括：公共/公用厕所（public or shared latrine）、露天厕所（open pit latrine）、使用便桶的厕所（bucket latrine）。p.4。

4） WHO·UNICEF（2004），p.12。

5） WHO·UNICEF（2004），p.5。

6） 目前，亚洲 1/3 的人口居住在城市，2/3 的人口仍居住在农村地区。但是，城市人口在急剧增加，预计到 2015 年城市人口将增至总人口的 45%，而到 2005 年则将达到 50% 以上。（WHO·UNICEF，2000，p.47）。

7）　WHO·UNICEF（2000），p.10。WHO·UNICEF（2000）中调查了亚洲总人口的 94%，这里的 "48%" 指的是被调查的这 94% 的 48%。

8）　WHO·UNICEF（2004），p.19。

9）　关于这一点，可参照 Barlow，Maude and Tony Clarke，*Blue Gold: The Fight to Stop Corporate Theft of the World's Water*，Stoddart，Toronto，2002.日译本《"水"战争的世纪》（铃木主税译，集英社，2003 年）。

10）　关于与发展中国家给排水系统有关的卫生问题或其他相关问题，可以参照北胁秀敏，发展中国家有关环境卫生问题，《公众卫生研究》，vol. 49，no. 3，2000，pp. 230-235.

11）　北胁（2000）p. 235.

04　机动车普及的进展以及环境与安全

随着经济发展，亚洲许多城市的机动交通工具越来越普及，空气污染、噪声、气候变化等环境问题和交通事故问题也随之变得日益严重。同欧美国家相比，亚洲各国的特点是人口向一些大城市过度集中。但是，几乎所有大城市都迟迟没有建成低成本、低污染的大规模交通服务系统。这导致未达到环保要求的公共汽车、私家车、摩托车、三轮摩托等充斥街道，污染与交通堵塞形成恶性循环，造成城市环境的恶化。

含铅汽油中的铅、SPM（悬浮颗粒物）、臭氧、二氧化氮、二氧化硫、一氧化碳等传统污染物都会造成空气污染，影响人们健康。此外，苯、PAHs（多环芳香族碳氢化合物）等物质也因为具有致癌性而成为污染源[1]。

在北京、德里、东京、首尔等城市，空气中的二氧化氮浓度都超过了世界卫生组织（WHO）的标准值（年平均 40 $\mu g/m^3$）。关于 PM（颗粒物）浓度，由于无法确定其域值，WHO 并未规定标准值，但如图 1 所示，北京、德里、加尔各答等城市的颗粒物浓度都非常之高，超过了 100 $\mu g/m^3$。[2] 这些造成空气污染的物质，有一部分是由火电厂、供暖设备等固定污染源排出的，而另一部分的重要污染源就是机动车。

表 1 给出了亚洲各国所拥有的汽车数量。截至 2003 年，日本有汽车 7 252 万辆，远远超过亚洲其他国家。排在第 2 位的是中国，2 420 万辆。第 3 是韩国，1 459 万辆。但是，近年来日本以外国家的汽车拥有量显著提高。若假设 10 年前（1993 年）的汽车数目为 100，日本目前就是 115，而中国则达到了 346 辆。印度、马来西亚、韩国、斯里兰卡、泰国等国家也超过了 200 辆。每千人拥有的汽车数，日本为 570 辆，马来西亚、韩国、中国台湾地区为不到 300 辆，而中国仅有 19 辆，印度为 10 辆。随着今后亚洲各国收入水平的增长，预计未来各国的汽车拥有量将大大上升。

　　表1还列出了各国的摩托车拥有量。大量普及摩托车是亚洲的一大特色。摩托车拥有量排名世界前7位的国家和地区分别是中国、印度、泰国、印度尼西亚、日本、中国台湾地区和越南。这7个国家和地区，所拥有的摩托车数量已经占到世界摩托车总量的七成左右。在收入水平较高的日本和韩国，摩托车数量不到汽车的1/4。而很多国家的摩托车数量超过了汽车，中国、印度、印度尼西亚、泰国的摩托车数量都达到了汽车数量的3.4～6.5倍，而越南的摩托车则是汽车的将近100倍。

　　东南亚和南亚地区国家的一个特色是城市中有大量的三轮摩托车。但是，很多摩托车和三轮摩托车安装的都是会大量排放PM、一氧化碳和碳氢化合物。此外，冲程发动机的噪声问题也很严重。

　　废气排放的主要对策是对每一辆新车进行控制。虽然人们参照欧洲标准制定了排放标准，但实行最新标准的时间可能会推迟。在日本，针对PM的控制措施要晚于对氮氧化合物的控制。但从1994年起，日本开始强化对柴油重型车辆PM排放量的控制；2009年后还将进一步将控制扩展到难以检测的浓度级别。亚洲各地也开始使用电动汽车。比如，在加德满都，三轮柴油小公共汽车被换成了三轮电动小公共汽车"沙发天泊"（Safa Tempo）。液化压缩气（LPG）车和天然气车在亚洲各地也逐渐普及。今后，DME（dimethyl ether，二甲醚）、生物质等新燃料和燃料电池车的实际应用也值得期待。对于目前正在使用的汽车，也有必要尽早将污染物排放量大的车辆替换成低污染的新车型。

　　除了这种要求汽车本身降低污染的措施，对道路交通需求进行管理也很重要。表1显示了道路建设情况。在道路密度这一项上，除了中国的澳门特区，日本明显高于其他国家和地区。但是，由于日本的汽车普及率不断提高，每辆汽车平均可行驶的道路长度仅为16m。这表示，即使道路建设不断发展，由于汽车的普及率也在不断提高，要给所有的汽车提供足够的行驶空间是十分困难的。尤其是在亚洲各国大城市那样人口高度集中的地区，仅靠道路容量的扩大是无法解决问题的。

从 2003 年 7 月到 2005 年 9 月，首尔市中心实施了创新性的清溪江复原工程。该工程拆除了 1971 年填埋清溪江时建成的清溪高架路（路宽 16m，全长 16 km）。新加坡、首尔等还实施了道路使用收费制，以缓解交通堵塞[3]。

1990 年，新加坡开始实施车辆比例分配制，由政府管理新车登记数目，对车辆购入权实行竞拍。上海也在通过拍卖车牌等措施，控制私家车数量。

对交通事故的处理也变得更加重要。表 1 显示的是 IRF（国际道路联盟）统计的每年死于交通事故的人数。中国和印度每年各有约 11 万和 8 万人死于交通事故。另外，根据 WHO 报告的推测，2002 年全世界有 118.349 2 万人死于交通事故，仅在中国就有 25.7 万人死亡，这个数字是十分惊人的[4]。2004 年 4 月，WHO 首次把世界卫生日的主题定为"交通安全"。在日本，平均每 1 万辆机动车（包括摩托车）就造成 1 个人死亡，而有许多国家的死亡率还超过了这个数字。从普及交通安全思想做起、开展综合性交通安全措施是我们的当务之急。

（儿山真也）

〔**注**〕

1) Gwilliam，Ken，Masami Kojima and Todd Johnson. Reducing Air Pollution from Urban Transport，The World Bank，2004.

2) The World Bank. 2005 World Development Indicators，2005，Table 3.13 Air Pollution http://devdata.worldbank.org/wdi2005/Section3.htm.

3) 新加坡从 1975 年起开始实施对进入市中心的私家车收取费用的 ALS 方案（Area Licensing Scheme）。1998 年实现了电子化收费，并采用能够根据时间和地点灵活设定费用的 ERP 系统（Electronic Road Pricing）。韩国首尔也从 1996 年起开始在通往市中心的隧道收取过路费用。

4) Peden，M.，R. Scurfield，D. Sleet，D. Mohan，A. A. Hyder，E. Jarawan and Colin Mathers（eds.）. World Report on Road Traffic Injury Prevention，WHO，2004.

表 1　亚洲各国、各地区机动车拥有量及相关情况

国家或地区名	汽车数量						摩托车数量			人口	道路			交通事故死亡人数
	2003 年					1993 年	1993—2003 年*			2003 年	1993—2002 年*			1998—2002 年*
	私家车	卡车、公交车	辆	合计	1993 年=100	合计	辆		私家车=100		总长度	密度	车均道路长度	
	辆	辆	辆	辆/10³ 人		辆	辆	辆/10³ 人		人	km	km/km²	m/辆	人
孟加拉国	76 491	103 499	179 990	1			178 000	1	233	141 340 476	207 486	1.41	1 153	3 598
不丹	10 000	12 000	22 000	10			5 959	3	60	2 185 569	4 007		182	40
文莱	189 000	23 000	212 000	580			1 080	3	1	365 251	1 150		5	196
柬埔寨	93 000	75 000	168 000	13			1 609 839	120	1 731	13 363 421	12 323		73	
中国	7 800 000	16 400 000	24 200 000	19	346	6 988 776	51 028 409	39	654	1 298 847 624	1 765 222	0.18	73	109 381
中国香港特区	401 018	149 355	550 373	80	116	475 708	33 079	5	8	6 855 125	1 831		3	217
中国澳门特区	49 500	7 500	57 000	128			62 164	140	126	445 286	341	11.70	6	22
朝鲜	55 000	42 000	· 97 000	4						22 697 553	31 200		322	
印度	6 669 000	4 025 000	10 694 000	10	210	5 086 130	28 342 000	27	425	1 065 070 607	2 525 989		236	79 000

国家或地区名	汽车数量 2003年 私家车（辆）	卡车、公交车（辆）	合计（辆）	合计 辆/10³人	合计 1993年=100	汽车数量 1993年 合计（辆）	摩托车数量 1993—2003年（辆）	摩托车 辆/10³人	摩托车 私家车=100	人口 2003年（人）	道路 总长度 1993—2002年（km）	道路 密度（km/km²）	车均道路长度（m/辆）	交通事故死亡人数 1998—2002年*（人）
印度														
印度尼西亚	3 550 000	2 720 000	6 270 000	26	191	3 275 565	18 061 414	76	509	238 452 952	342 700		55	
日本	55 212 590	17 312 192	72 524 782	570	115	63 262 534	13 369 191	105	24	127 333 002	1 171 647	3.10	16	8 326
老挝	10 000	11 000	21 000	3			132 552	22	1 326	6 068 117	21 716		1 034	
马来西亚	5 590 000	1 142 000	6 732 000	286	233	2 884 322	5 842 617	248	105	23 522 482	65 877	0.20	10	5 891
马尔代夫	16 200	2 500	18 700	55			5 640	17	35	339 330				
蒙古	63 224	40 581	103 805	38			24 339	9	38	2 751 314	49 250	0.03	474	415
缅甸	175 400	85 000	260 400	6			118 380	3	67	42 720 196				
尼泊尔	50 000	186 000	236 000	9						27 070 666	13 223		56	
巴基斯坦	751 800	608 242	1 360 042	9	138	984 123	2 113 000	13	281	159 196 336	257 683	0.32	189	5 290
菲律宾	688 402	1 398 522	2 086 924	24	134	1 555 291	1 552 579	18	226	86 241 697	202 124	0.60	97	849
韩国	10 278 940	4 308 393	14 587 333	300	233	6 274 008	1 949 097	40	19	48 598 175	86 990	0.88	6	8 097

国家或地区名	汽车数量 2003年					1993年	摩托车数量 1993—2003年*			人口 2003年	道路 1993—2002年*			交通事故死亡人数 1998—2002年*
	私家车 辆	卡车、公交车 辆	合计 辆	合计 辆/10³人	1993年=100	合计 辆	辆	辆/10³人	私家车=100	人	总长度 km	密度 km/km²	车均道路长度 m/辆	人
新加坡	444 353	131 852	576 205	132	127	454 377	133 358	31	30	4 353 893	3 130		5	199
斯里兰卡	519 761	289 537	809 298	41	245	330 000	700 000	35	135	19 905 165	11 650	0.18	14	2 029
泰国	5 346 676	1 369 052	6 715 728	104	236	2 847 939	18 210 454	281	341	64 865 523	57 403	0.13	9	
中国台湾地区	5 169 700	964 000	6 133 700	270	156	3 923 802	12 366 864	544	239	22 749 838	37 299	1.04	6	2 861
越南	122 307	307 136	429 443	5			11 419 056	138	9 336	82 689 518	93 300	0.33	217	
世界总计	613 253 949	223 930 284	837 184 233	131	134	624 992 772	200 000 000			6 366 606 116				

注：标记“＊”处表示这里使用的是该时期能够找到的最新数据。

出处：汽车辆数和人口数据出自 Society of Motor Manufactures and Traders Limited, *Motor Industry of Great Britain 2004 World Automotive Statistics*, 2004; Society of Motor Manufactures and Traders Limited, *Motor Industry of Great Britain 1994 World Automotive Statistics*, 1994。摩托车辆数的数据出自本田技研工业株式会社［世界二轮车概况 2004 年版］2004 年。道路长度与交通事故死亡人数的数据出自 International Road Federation, *World Road Statistics 2004*, 2004。

05 固体废物的产生与越境转移

近年来，亚洲固体废物产生的增加，造成了许多问题。表 1 显示了亚洲地区的固体废物产生情况。同《亚洲环境情况报告》第 3 卷（2003/2004）中的数据相比，除了日本、中国台湾地区、新加坡等一部分国家（地区）外，其他国家固体废物的产生量都呈现出增加的趋势。在总量方面，有机物、玻璃、金属固体废物有所减少，而纸张、塑料固体废物却在增加。

在中国香港特别行政区、中国台湾地区、新加坡等地，实行了固体废物减量（waste minimization）、"3R"（Reduce，Reuse，Recycle. 减量、利用、再生）等政策。与日本同样，这些国家（地区）的政府对再生利用事业有很高的参与度，垃圾焚烧处理的比率也很高（70%以上）。在亚洲，民间有人从事废品收购，回收利用旧纸张、废弃的金属和塑料等尚有利用价值的废品。因此，应当注意到，人们在调查固体废物总量时，有时可能并没有把这些民间回收的固体废物计算在内。

与菲律宾、印度尼西亚、越南、印度等国相比，中国、泰国、马来西亚的全国固体废物统计数据比较完备。虽然许多国家掌握着危险废物的相关数据，但关于电子废物（e-waste）的数据只有一部分国家才有。由于各国对危险废物、电子废物的定义各不相同，也给固体废物的界定带来一些问题，今后有必要探讨相关的解决方法。

在泰国和马来西亚，已有政府出资的垄断企业开始从事危险废物的处理工作。近年来，中国也开始发展处理危险废物和电子废物的设施建设。伴随着各国生活水平的提高，被人们淘汰的电视机、空调、电冰箱等电子废物的数量也与日俱增。由于电子废物中含有铅、溴化物阻燃剂等有害物质，不恰当地再利用或再循环可能会对环境与人体健康造成恶劣影响。

日本、韩国和中国台湾地区实施了有关家电再循环的法律制度，2004 年，分别回收处理了 1 122 万台、187 万台和 129 万台家电。从 2003 年 1 月起，香港特区政府实施了试验性的废家电（空调等）回收项目，每年约回收废家电 4 万台。中国大陆也正在探讨制定家电再循环法规事宜。由于国内回收系统建设和再循环所需的资金保障没有跟上，相关法规的实施时间会有所推迟，但有消息称相关法规将在 2006 年内公布。

在亚洲，每年有数吨到数十吨受《巴塞尔公约》控制的固体废物（以下简称"巴塞尔废物"）在跨国移动，而被当作可再生资源进行贸易的固体废物则超过了数百万吨。这两个数字之间有很大的差距（见表 2）。

日本和新加坡都是巴塞尔废物和可再生资源的出口国。由于固体废物处理和再生设施不足，香港特区和菲律宾也向外输送可再生资源。在韩国、中国台湾地区、泰国、马来西亚、印度尼西亚，除废塑料之外的可再生资源都是纯进口而没有出口。香港特区主要是向内地输送废塑料等。中国除铅屑外，所有的可再生资源都是进口超过出口。印度也表现出同样的倾向，今后的进口量还将继续增加。

再循环资源的区域内再生利用虽然正在取得进展，但巴塞尔废物的跨国移动并没有完全通过健全的程序进行。2005 年 12 月，日本与中国台湾地区就固体废物越境移动事宜签署了文件，并于翌年 1 月生效。如果能够确保国内缺乏再生处理设施的国家将固体废物输送到有能力处理的国家，就能够有效保证固体废物的正确处理和资源有效利用，并防止有害物质的扩散。我们希望在国家与地区间通过构建这样的机制，促进亚洲地区固体废物的正确处理和再生利用。

（吉田绫）

表 1　亚洲各国、各地区固体废物产生情况

A 生活垃圾	日本	韩国	中国	香港特区	台湾地区	泰国	马来西亚	新加坡	菲律宾	印度尼西亚	越南	印度
地区	全国	全国	全国		全地区	全国		全国	全国	雅加达	全国	23 城市 合计
年份	FY2004	2004	2004	2004	2005	2004	2003	2004	2005	2000	2003	2002
A1 产生量/(10^3t/a)	50 590	17 802	155 090	3 400	7 828	14 600	6 205	1 400	10 490	2 341	12 800	1 052
A2 人均产生量/(kg/d)	1.09	1.03	0.78	1.35	0.94	0.65	0.88~1.44	1.1	0.3~0.5	0.84	0.35~0.8	0.2~0.5
A3 成分重量组成%（调查地/年份）	FY2004	2004	北京 2000	2004	2005	曼谷 2002	2003	2004	2003	雅加达 2001/2	胡志明市 1998	1995
有机物	34.6	27.8	44.1	38.2	27	40.75	58	30.1	50.1	52.7	41.25	41.8
纸、硬纸	29.4	11.5	14.3	25.7	32	13.58	16	24.7	12.5	20.1	24.83	5.78
塑料	10.4	—	13.6	19.2	21	20.76	15	24.5	24.7	12.6	8.78	3.9
玻璃	1.3	1.7	6.3	3.6	3	5.07	3	2.8	3.1	1.2	—	2.1
金属	1		1.2	2.3	3	2.19	3	3.4	5	1.1	1.55	1.9
其他	23.3		0.5	11	13	17.65	5	14.5	4.6	12.3	23.59	44.6
A4 再生利用率/%	19	59		40		21.2	5	48	13		13~20	
A5 焚烧率/%	77.5	40.3	2.9		77.8			91.2				
A6 填埋率/%	3.5	43.2	44.4	60	22.1	57	95	8.8	69	88		

		日本	韩国	中国	香港特区	台湾地区	泰国	马来西亚	新加坡	菲律宾	印度尼西亚	越南	印度
B 工业废物		全国 FY2003	全国 2004	全国 2004		全地区 2005	全国 2004	全国 2004	全国 2004	全国 2001	全国 1998	全国 2003	全国 1999
B1 产生量/(10³t/a)		412 000	92 530	1 200 300		13 892	15 975	470	1 071	240	15 600	2 640	147 050
B2 成分重量组成/%		FY2003	2004	2003		2004		2004					1999
	矿渣	4.1	10.8	54		1.3		31.3					12.8
	瓦砾	14.4	52.2	—		2.9		—					—
	污泥	46.3	12.2	—		41.1		15.8					6.3
	煤灰	3.7	8.2	28		17.7		—					39.4
	其他	31.5	16.6	18		37		52.9					41.5
C 危险废物		全国 FY1999	全国 2003	全国 2004		全地区 2005	全国 2004	2003	2001	2001	2004	2003	
C1 产生量/(10³t/a)		3 306	7 879	9 630		1 319	1 410	461	204	278	1 504	158	
C2 E-waste 产生量/(10³t/a)				1110		142	138						146.2

注: 1. 日本的危险废物产生量采用的是"特别管理工业废物排放量"的数据。
2. 韩国的工业废物数据采用的是韩国定义的"排放设施工场废物"和"建筑废物"的数据之和。电子废物（e-waste）的数据是2004年种家电废弃合数的估算值乘以平均重量测算出来的。
3. 中国的工业废物数据包括中国定义的"危险废物"和"放射性废物"的数据。电子废物的数据是2005年中国国家环保总局公布的。
4. 香港特区的工业废物数据中也含有工业废物。另外，统计生活垃圾或或工业废物时没有包括进行再生利用处理的部分。
5. 泰国的电子废物数据包括2003年电视机、电冰箱、洗衣机、空调、电脑、CRT 显示器的废弃台数，以及能够修理和重新贩卖的台数。
6. 马来西亚的工业废物数据采用的是"指定废物"（工业有害废物）的数据。
7. 新加坡的生活垃圾中也含有工业废物。另外，统计生活垃圾或或工业废物时没有包括进行再循环利用处理的部分。
8. 菲律宾的数据使用的是工业有害废物的数据。

9. 印度尼西亚的工业废物只包括有统计数据的食品加工业排出的动植物性残渣。危险废物数据使用的是制造业、服务业、公共设施部门废物产生量的数据。

10. 印度电子废物的数据使用的是 Greenpeace、India 公布的数值。

出处：环境省 平成14～16年度废物处理等科学研究报告书「アジア地域における資源循環・廃棄の構造分析」（研究代表国立环境研究所寺園淳）2005年。

东京都江戸川区「平成15年度ごみ実態调查结果 ごみ组成调查报告书」2004年。

环境省「平成13年度产业废弃物行政组織等调查报告书」2002年。

Japan, Ministry of the Environment, The Second Workshop on Asian Network for Prevention of Illegal Transboundary Movement of Hazardous Wastes, Nov.23, 2005.

Thailand. PollutionControlDepartment, StateofThailand'sPollutioninYear2005 (summary). 〈http://www.pcd.go.th/info_serv/en_pol_state48.html#s5〉.

WorldBank, ThailandEnvironmentMonitor2003 〈http://www.worldbank.or.th/WBSITE/EXTERNAL/COUNTRIES/EASTASIAPACIFICEXT/THAILANDEXTN/0, contentMDK: 20206649～menuPK: 333323～pagePK: 141137～piPK: 217854～theSitePK: 333296, 00.html〉.

Malaysia, Ministry of Science, Technology and the Environment, Environmental Quality Report 2003.

World Bank, Philippines Environmental Monitor 2001, 2004 〈http://www.worldbank.org.ph/WBSITE/EXTERNAL/COUNTRIES/EASTASIAPACIFICEXT/PHILIPPINESEXTN/0, contentMDK: 20544920～pagePK: 141137～piPK: 217854～theSitePK: 332982, 00.html〉.

日本貿易振興機構アジア経済研究所 経済产业省委託「アジア各国における产业废弃物・リサイクル政策信息提供事业报告书」2006年。

日本貿易振興協会「インドネシア共和国ジャカルタ特别市固形废弃物处理改善（ごみ焼却・発電）に係るF/S调查报告书」2002。

ジャカルタ都市研究所・国際航业「フィリピン国有害产业废弃物对策計画调查（フェーズ1）报告书」国際協力事业団、2001年。

Jakarta Cleansing Bureau, Annual Report Book, 2000.

Indonesia, Central Bureau of Statistics, Environmental Statistics of Indonesia, 2003.

Indonesia, Ministry of Environment, Status Lingkungan Hidup Indonesia 2005 〈http://www.menlh.go.id/archive.php? action=info&id=25〉.

Vietnam, State of the Environment Vietnam 2001 〈http://www.rrcap.unep.org/reports/soe/vietnam/index.htm〉.

World Bank, Vietnam Environment Monitor 2004 〈http://sitesources.worldbank.org/INTVIETNAM/Data%20and%20Reference/2053318/7/VEMeng.pdf〉.

日本貿易振興機構貿易开発部「タイ・リサイクル制度導入協力プログラム报告书」2004年。

Government of India, Ministry of Environment and Forests, The State of Environment - India: 2001 〈http://envfor.nic.in/soer/2001/soer.html〉.

各国の環境省ホームページ。

表 2　亚洲基于《巴塞尔条约》的废物跨国移动量和可再生资源贸易量

	日本	韩国	中国	香港特区	台湾地区	泰国	马来西亚	新加坡	菲律宾	印度尼西亚	印度
A 废物贸易量	FY2004	2003	2001		2002	2002	2003	2001		2001	
A1 出口量/(t/a)	14 057	27	—	—	93 306	122	2361	14354	—	2 100	—
A2 进口量/(t/a)	3 971	44 190	2 841	—	—	1847	305398	0	—	240 220	—
B 循环资源贸易量	2004	2004	2004	2004	2004	2004	2004	2004	2004	2004	2004
B1 总出口量/(10³t/a)	10 921	607	59	4 665	407	336	796	814	979	113	259
B2 总进口量/(10³t/a)	597	3 224	31 774	3 163	5 066	2831	12151	328	428	3 622	9 360
B3 净出口量/(10³t/a)	10 325	-2 617	-31 715	1 503	-4 658	-2495	-11356	486	550	-3 509	-9 102
废塑料	845	137	-4 056	-266	52	100	25	25	33	28	-73
旧纸张	2 755	-1 490	-12 300	635	-882	-935	-230	203	-362	-2 187	-1 454
铁屑	6 547	-1 011	-10 219	884	-3 674	-1695	-10675	184	859	-1 361	-7 341
铜屑	185	-38	-3 944	231	-60	45	-193	31	1	15	98
铝屑	-27	-213	-1 196	18	-94	-11	-284	43	18	-4	-118
铅屑	0	-1	0	0	0	1	2	-1	2	0	-17

出处：World Trade Atlas（数据库）。Ministry of the Environment, *The Second Workshop on Asian Network for Prevention of Illegal Transboundary Movement of Hazardous Wastes*, November 23, 2005. 各国环境部门主页。

06　城市地区的热岛现象

　　通常在城市化过程中，随着城市中高温区域的扩大，高温持续时间的延长，受到影响的时日和人口也会增加。这种城市中的高温化现象（人们近来常用"热岛"这一词语来表示），不仅会使城市居民感到明显的不适，而且还会影响人体健康和城市自然生态系统。

　　在城市化过程中，城市地表发生了变化，由能够通过汽化热使周围气温下降的自然土壤和绿地，变成了不含有并易使大气变热的沥青和水泥。此外，大城市中虽然建成了公园等设施，但住宅区的绿地和生产区的绿地面积大为减少。在道路用地、公共设施、办公楼、高层住宅工地等处，也铺设了沥青，这使得地面的不透水性进一步加大。

　　另外，空调、机动车以及城市耗能排出的热量也是使得空气变热的重要因素。变热的空气依赖城市气象地理条件而移动，不仅会影响热源发生地，还会影响其下风地区。

　　另外，在城市中还存在以下情况：①由于街区相连，阻碍了靠风的自然流动进行的热扩散；②在沿岸城市，工厂等大型热源多建在临海地区（上风处）；③城市中的地形、大型建筑物等，有时会形成空气不易流动的弱风区等。以上这些都是造成热岛效应的因素。

　　那么，目前亚洲城市中实际面临着怎样的问题呢？城市高温引起的最大危险是中暑等危害健康的疾病。在上海，热浪袭来时，酷热天气中的死亡人数会有所增加（见表1、图1）。虽然很难证明高温的影响就是人们的直接死因，但是，空调普及率（到20世纪90年代后期，每两三家就有1台空调）等城市生活设施的情况也应当被当作参考因素。

　　当然，暴露在如此高温下的城市不仅会出现热岛效应，还会出现高温、热浪等这些同城市化并无直接关系的异常气候。IPCC（政府间气候变化专门委员会）报告等文件指出，由于全球变暖，出现这种酷热天气的几率有增加的可能性。除了中国，近几年来在印度、巴基斯坦等国也出现了由于酷暑造成人员死亡的报告。2003 年的死亡人数就超过了 1 500 人。但是，城市化本身就是导致人们暴露在酷暑下的罪魁祸首。

表 1　1999 年上海因高温死亡人数情况

日期	最高气温/℃	与平时相比增加的死亡人数/人
1999 年 9 月 9 日	34.9	45
1999 年 9 月 10 日	34.9	69
1999 年 9 月 11 日	35.2	85
1999 年 9 月 12 日	33.3	41
1999 年 9 月 13 日	30.8	54

注：通常夏季（5 月中旬—9 月底）死亡人数在每日 222 人左右（1989 年到 1998 年的平均数字）。

出处：Tan，J. et al，"An Operational Heat/Health Warning System in Shanghai，" *International Journal of Biometeorol*，No.48，pp.157-162（执笔者改编）。

图 1　1998 年上海的高温与死亡人数的关系图（略）

图 2　改善城市热岛效应所需的各种技术要素群（略）

　　由城市化引发的高温是一种人为性局部气候改变，而寻找对策阻止高温化的行为则可看作是减缓性措施。但对于同城市化无关的酷暑天气所造成的高温，减缓措施就无能为力了。近年来，"适应"（adaptation）全球变暖这一想法已开始受到人们关注。缓和热岛效应对策的基本方法，就是在炎热天气中，为更凉爽、更舒适、更安全地生活而去适应环境。

　　日本为应对日益严重的城市高温，主要从以下 3 个方面进行了研究：①减少能源消费带来的人为热量排放；②改变城市地表的构造和材料，使空气不易变热；③确保城市通风良好。其中，被认为效果显著的措施有：建筑物的绿化（屋顶、墙壁）、保水性建材的使用、墙面的淡色涂装、通过提高屋顶材料的反射性能等方式减轻空调负荷、铺设和维护绿地、开挖小河道并在公园修建水池以及根据当地经常出现的风向（如考虑海风等因素）重新配置大型绿地和业务设施。虽然日本地方自治体的相关政策还不多见，但东京都的一些措施十分闻名，如颁布了规定新建楼房负有屋顶绿化义务的条例等（2000年4月起实行）。

为了应对日益突出的热岛效应问题，日本环境省、国土交通省、东京都政府等机构都已开始正式采取措施，推进地方自治体的具体环境对策。日本国内的这些政策动向也受到了亚洲和世界各国的广泛关注。环境省制定了一系列指南性文件，探索作为预防性措施的"环境共生型城区建设"计划和新的生活方式。这些文件的出台适逢地方自治体制定城市基本规划或环境基本计划之际，标志着缓和热岛效应压力已作为正式努力方向被提上了日程，具有一定的划时代意义。但是，在日本和亚洲其他国家，基本上尚未能普及城区建设中有关大气、热环境保护的措施。

那么，目前正在热议的环境共生型城区建设（如在市中心大规模复原活水清流）是否能够真正有效地改善地区环境呢？眼下我们正好有一个极好的验证机会。

图3 首尔市清溪江复原工程（略）

韩国的首尔市内，过去有一条清溪江。这条东西走向、全长11 km的河流在流经首尔市中心后汇入汉江。从李朝时代起，这条市内河流就承担着城市排水道的功能。但是，从20世纪初开始，清溪江周边地区的人口密集化，造成了河流周围卫生状况的恶化。为解决这一问题，韩国于20世纪50年代后期开始正式进行清溪江暗渠工程建设，在河道上覆以道路，沿岸进行城区建设，增加交通流量。70年代初，全长约6 km的高架道路（4车道）竣工。

但是，近年来，在圣水大桥倒塌事故发生后，人们对公共设施进行了大检修，而高架道路和覆盖结构的道路也被指出存在安全问题。另外，近年来，"同自然共生"的城区建设理念受到了人们的重视，在此背景下，市民阶层掀起了复原清溪江的运动，呼吁恢复城市中的清清河流、亲水空间和高价值的生活小区（high-value biotope）。应市民们的要求，首尔市政府决定拆除数千米的高架道路，复原过去的城区内河。该工程不但通过减少交通流量实现了空气净化，到了夏季还能缓和河流周围的炎热高温问题，它对环境的改善作用令人瞩目。在城市内复原如此大规模的河流，在世界上也是没有先例的。

通过工程前后对暑热环境的监测（在对象区域进行气象观测），就能够将城市大规模河流复原工程缓和炎热高温的效果定量化。作为一项"同自然共生"的城市再生战略，该项工程对于以流水与绿色网络建设为目标的日本城区建设计划而言，也是一个大有裨益的独一无二的宝贵经验。

（一濑俊明）

07　可再生能源利用现状

　　太阳能、风能、生物质能、小水力、地热能等可再生能源的普及，是实现可持续发展的重要手段之一。可再生能源的优点在于，如果能够恰当地利用，不会引起环境污染；还能够半永久地利用，提高能源自给率。而且，它能够小规模地分散性利用，适于农村地区和边远地区的能源供应 [1)]，可以在农村地区开发中发挥作用。

　　亚洲目前的可再生能源利用现状，同全球相比处于较高水平，相反，在可再生能源用于电力生产方面，处于较低水平（详见表 1）。这是因为发展中国家在热利用领域，目前更倾向于利用生物质能。发展中国家利用生物质能的一般形态，从古至今一直都是为了炊事和取暖目的而直接燃烧薪柴、木炭和秸秆之类。这种利用形态，不但效率低下，收集燃料需浪费大量劳力，还因室内外的空气污染而造成健康损害 [2)]，也会因过度开采资源而成为森林破坏的原因之一。

　　作为农村山区脱贫对策的一环，亚洲各国现在都在开展提高能源利用效率的项目。作为尚未通电地区的电力化项目，中国过去推进小水力发电，近年来大力普及与推进独立系统的风力发电、太阳能发电和生物质气化技术。由此，中国 1998 年年末的小水力发电量达到 2 536 万 kW[3)]。同时，在热利用领域广泛应用太阳能热水器，到 2003 年年末达到 5 000 万 m^2。[4)] 为了提高农村的能源利用效率，印度也在推进多样化的可再生能源项目。具体有旨在绿色有效地利用生物质能和推进安装农家使用的生物质气化设备。同时，大力普及利用太阳能进行烹饪、取暖、干燥、照明等。

表 1 可再生能源在亚洲的利用状况（2003 年）

国家或地区	A 一次能源供给/M 标准油	B RE 供给/M 标准油	C B/A/%	D 水力/B/%	E 地热、风力、太阳及其他/B/%	F 可燃 RE 与废物/B/%	G 发电总量/TWh	H RE 发电量/TWh	I H/G/%	J 太阳、风、潮/TWh	K 地热/TWh	L 水力/TWh	M 可燃 RE 与废物/B/%	N 风力发电容量/TWh	O 太阳能发电容量/TWh
世界	10 579	1 403.7	13.3	16.2	3.8	80.0	16 661.4	2968.3	17.8	122.2		2 645.3	200.7	47 574	—
OECD	5 395	304.2	5.6	35.1	11.7	53.3	9 862.8	1469.2	14.9	60.0	34.3	1 241.8	133.0	36 318	1 809
亚洲	3 373	662.8	19.7	7.4	2.8	90.1	4 769.9	619.8	13.0		25.7	567.5	26.6	3 349	1 051
日本	517	18.2	3.5	44.8	21.6	33.6	1 047.2	113.5	10.8	0.8	3.5	94.6	14.6	644	860
韩国	205	1.2	0.6	35.9	5.9	58.2	346.9	6.8	2.0	0.0	—	4.9	1.9	8	6
中国	1 426	243.4	17.1	10.0	0.0	90.0	1 942.9	286.2	14.7		—	283.7	2.5	566	58
孟加拉国	22	8.1	37.4	1.2	0.0	98.8	19.7	3.6	18.2	—	—	1.1	2.5	—	—
印度	553	218.0	39.4	3.0	0.1	96.9	633.3	80.8	12.8	3.6	3.6	75.3	1.9	2120	83
印度尼西亚	162	49.6	30.7	1.6	11.0	87.5	112.9	15.4	13.6	6.3		9.1	—	—	28
马来西亚	57	3.1	5.5	15.9	0.0	84.1	78.4	5.8	7.3	—	—	5.8	—	—	—
缅甸	14	10.2	74.9	1.9	0.0	98.1	6.2	2.3	36.2	—	—	2.3	—	—	—

国家或地区	A 一次能源供给/M 标准油	B RE 供给/M 标准油	C B/A/%	D 水力/B/%	E 地热、风力、太阳及其他/B/%	F 可燃 RE 与废物/B/%	G 发电总量/TWh	H RE 发电量/TWh	I H/G/%	J 太阳、风、潮/TWh	K 地热/TWh	L 水力/TWh	M 可燃 RE 与废物/B/%	N 风力发电容量/TWh	O 太阳能发电容量/TWh
巴基斯坦	69	28.2	40.6	8.2	0.0	91.8	80.8	26.9	33.3	-		26.9	-	-	-
菲律宾	42	19.4	46.1	3.5	43.5	53.1	52.9	17.7	33.5	9.8		7.9	-	-	-
新加坡	22	0.1	0.6	0.0	100.0	0.0	35.3	1.6	4.6	1.6		-	-	-	-
斯里兰卡	8	4.3	53.0	6.6	0.0	93.4	7.6	6.3	82.9	3.0		3.3	-	3	2
中国台湾地区	99	1.2	1.3	47.9	0.0	52.1	209.1	10.1	4.8	-		6.9	3.2	8	-
泰国	89	15.3	17.2	4.1	0.0	95.9	117.0	9.9	8.5	0.0		7.3	2.6	-	6
越南	44	25.1	56.6	6.5	0.0	93.5	40.9	19.0	46.4	-		19.0	-	-	5

（注）1. OECD/IEA, *Energy Statistics of Non-OECD Countries, 2002-2003*, 在 2005 年的亚洲分类是把日本、中国、韩国包括在内的 35 国家和地区。

2. OECD 太阳光发电设备容量数据是 OECD 各国参加 IEA Photovoltaic's Power Systems Programme 的设备容量统计。其中不包括比利时、捷克、希腊、保加利亚、冰岛、爱尔兰、卢森堡、新西兰、波兰、斯洛伐克、西班牙、土耳其。

（出处）OECD/IEA, *Energy Statistics of Non-OECD Countries, 2002-2003*, 2005.

OECD/IEA, *Renewables Information 2005*, 2005.

OECD/IEA, *Trends in Photovoltaic Applications Survey Report of Selected IEA Countries Between 1992 and 2003*.

The Windicator, *Windpower Monthly*, Vol. 20, No. 4, 2004.

再有，为了解决燃烧化石燃料带来的环境问题与资源问题，如何增大可再生能源在能源供应总量中的比例也是个重要的挑战。特别是，随着经济增长需要，如何在发电部门普及可再生能源，这也是个重要课题。现在，亚洲的电力部门中，水电站占可再生能源发电量的比例最大（92%）。水力发电是可再生能源发电中技术最成熟和经济性最好的，但水力发电需要建设巨大的水坝，由此会带来环境和社会问题。

另外，风力发电、太阳能发电等小规模分散型可再生能源技术已被开发[5]，正在全世界开始普及。基本上说，采用此类发电技术的可能性很大程度上取决于这些资源的赋存量和资源取得的便易程度。而现实的普及程度，除了上述条件外，在不同国家之间存在着极大的差距。

亚洲在全球新型可再生能源发电量中所占的比例，地热能、小水电较高，生物质与固体废物发电、风能、太阳能、潮汐能较低。地热发电情况，亚洲的地热资源偏于菲律宾、印度尼西亚和日本附近，这些国家的地热发电约占全球地热发电量的35%[6]。小水电情况，单就中国即占世界小水电发电容量的大约30%[7]。亚洲的生物质与固体废物发电量，占世界该项发电量的 16.7%，风能、太阳能、潮汐能发电量，仅占世界该项发电量的5.5%（2002 年）。

如果进一步观察风能、太阳能发电的普及程度，亚洲各国之间的差距很大。此类技术在亚洲的普及，全由日本、中国和印度主导，其他各国几乎均未普及。但是，这 3 国的新能源发电量同电力供应总量相比也只不过是微量而已。

在亚洲，重要的是要增大可再生能源在能源供应中的比例，努力转型成为可持续的能源供应结构，各国政府正在为此转变能源政策。现在，可再生能源政策在哪个国家也都处于能源总体政策中的补充位置。但是，在亚洲各国中，也已开始逐步出现使可再生能源起到一定的政策性作用。中国设定了增大新型可再生能源发电容量占全国发电容量比例的目标：2010 年达到 10%，2020 年达到 12%。其他国家或地区，如菲律宾、中国台湾地区等也设定了类似的发电容量目标。日本正在设定以供电量为基础的目标值。

　　为了解决伴随能源生产与消费的环境和社会问题，可再生能源理应成为有效手段。各国政府应该把可再生能源作为能源政策的主要支柱之一重新构建新政策，为了最大限度地带动其社会方面和环境方面的利益，必须强调要培育可再生能源市场的所有政策。

（木村啟二）

〔注〕

1） 统计学上的生物质能包括可燃性可再生能源和固体废物。可燃性可再生能源和固体废物，指的是固体生物质与动物制品、液体与气体生物质，产业废物，城市废物。

2） UNDP，World Energy Assessment，2002，p.69.

3） SETC/UNDP/GEF，China Village Power Project Development Guidebook，2002，p.2.

4） Li Junfeng，Song Yanqin and Hu Xiulian，"China's Renewable Energy Development Strategy，" Renewable Energy Access.com Daily Renewable Energy News，December 3，2004.

5） 此处的"新"可再生能源技术系按 OECD/IEA，Renewables for Power Generation，Status and Prospects，2003 文献中分类的技术"new" renewable energy technology（小水电，太阳光发电，太阳热发电，生物质发电，地热发电，风力发电）。

6） *Ibid*，2003，p.133 的数据，由执笔者算出。

7） *Ibid*，p.43.

08 《清洁发展机制》（CDM）的动向

2005 年 2 月 16 日，《京都议定书》生效，今后将进入实施阶段。《京都议定书》为防止全球变暖，确定了唯一具体的削减温室气体的数值目标。在《京都议定书》之下，发达国家作为削减温室气体的补充性措施，建立了《清洁发展机制》（CDM），2004 年 11 月认定了第 1 个 CDM 项目。迄今（到现在的 2006 年 5 月 14 日）有 180 件项目已被认定，其中包括亚洲各国的 72 件。

CDM 是《京都议定书》之下的 1 项制度。其要点是，发达国家的政府与企业，对于在发展中国家实施的温室气体排放削减项目等，按照其削减数量，根据 CDM 制度的规定进行认证，从而得出"认证排放削减量"（CER：Certified Emission Reduction）。CDM 项目不仅对于希望实施温室气体排放削减的发达国家具有"投资有效"作用，同时对于期待通过增加资金供给、技术转让和就业机会以推动可持续发展的发展中国家也广受瞩目。亚洲的大多数国家的分类属于《京都议定书》附件Ⅰ国家（发展中国家），中国、印度、印度尼西亚等都是人口大国，而且由于正在实现快速经济增长的国家很多，预测将是今后增加温室气体排放的地区。因此，可以期待，这些国家今后都会把向低能源消费型经济转型作为其政策之一。

另一方面，从 CDM 刚开始引入起，就一直被指出存在着各种各样的问题。例如，担心发达国家的对策会使减排项目从其国内流入削减费用较低的发展中国家；即使是本身作为应对全球变暖对策有效的项目，会不会伴随有其他的环境破坏和社会问题；只是发达国家获得了 CER，而可能并不利于发展中国家的可持续发展等。另外，核发电事业不被承认作为 CDM。

表 1 亚洲温室气体排放量前 5 位国家的情况　　　　　单位：Mt CO$_2$

	中国	日本	印度	韩国	印度尼西亚
CO$_2$（2000 年）排放总量	3 473.6	1 224.3	1 008.0	470.0	286.0
相比于 1990 年的增加率	39.3	12.3	63.7	85.4	96.8
人均排放量/[t CO$_2$/（人·a）]	2.7	9.6	1	10	1.4
排放总量世界排位	2	4	5	9	17
甲烷（CH$_4$）（2000 年）	802.9	21.8	445.3	25	169.2
一氧化二氮（N$_2$O）	644.7	37	399	16.1	38.7
氟氯烃类：HFC，PFC，SF$_6$（2000 年）	45.6	50.3	1.8	14.4	0.5
温室气体排放总量（换算成 CO$_2$，2000 年）	4 942	1 333	1 843	525	495

（注）未包括中亚。

（出处）World Resources Institute, *World Resources 2005：The Wealth of the Poor：Managing Ecosystems to Fight Poverty*，2005，p.204.

　　现在《京都议定书》已进入实施阶段，这些担心当然并未彻底消除。

　　第一，在 2005 年 6 月日本的《实施京都议定书目标计划》中可以看到，国内对策几乎毫无进展，在需要完成削减温室气体总量为 6%的目标中，至少总量的 1.6%要靠"京都机制"中的 CDM，即计划就是要从国外去获得"碳信用"（carbon credits）。《京都议定书》中虽然规定了 CDM 作为对于国内对策的补充，但并未明确规定其数值目标与标准等，今后日本也有可能增加依赖"京都机制"的比例。

　　第二，担心企业正在通过申请批准 CDM 项目获得膨大的碳信用，而这些项目有可能导致东道国的环境破坏和社会问题。亚洲已有 72 个 CDM 项目获得批准，其中 5 个在印度、韩国和中国，实施的项目是同氟氯碳气体有关，而这又涉及保护臭氧层问题的《蒙特利尔议定书》。这些项目是在生产 ODA（臭氧层破坏物质）HCFC22 过程中获得的副产品，它能够摧毁强大的温室气体 HFC23。实施这些项目不仅便宜，更由于 HFC23 的"全球变暖潜力"（相比于 CO$_2$ 的倍数）约 10 000，因而破坏 HFC23 可以产生大量碳信用。人们担心，如果企业为了获得碳信用，有可能增设《蒙特利尔议定书》所严格控制的 HCFC22 生产设施。现在，只有在已建的 HCFC22 生产设施从事此类生产可作为 CDM 项目得到认证，但对于新设施可否得到认证，有待今后的公约谈判来决定。

虽然 CDM 项目的注册与批准工作刚刚开始，观察"CDM 执行理事会"对于项目注册与批准的特点，显示出一些令人担忧的地方。

第一，由项目获得的 CER 大多数均来自那些同处理氟氯碳、一氧化二氮和甲烷有关的项目。特别在亚洲，这种趋势尤为明显 *（见图 1）。从接受验证的项目数量看，发现涉及生物质能的项目最多，有 94 个项目，碳排放削减量减少 489 万 t/a（换算成 CO_2），而同处理氟氯碳有关的项目有 11 个，碳排放削减量为 5 443 万 t/a（换算成 CO_2），高达 11 倍以上（见表 2）。同时，也大大降低了类似可再生能源那样需要巨额设备投资的投资总额。例如，印度承诺氟氯碳有关项目在投资约 3 亿日元/a，使碳排放削减量为 300 万 t/a（换算成 CO_2），而中国风电场项目投资减少一半可实现碳排放削减量为 51 000 t/a（换算成 CO_2）。人们担心，由于最终成本更便宜的 CER 可以从投放市场的氟氯碳项目获得，从而使得为实现可持续发展的可再生能源项目和节能项目今后难以实现。

图 1　亚洲不同种类的 CDM 项目削减 CO_2 排放情况（略）

表 2　不同种类的 CDM 项目 CO_2 排放削减量

项目	亚洲		世界	
	项目数	CO_2 / $(10^3$ t/a)	项目数	CO_2 / $(10^3$ t/a)
生物质能	94	4 893	170	8 543
风力	78	5 514	93	6 686
产业部门节能	77	5 678	90	7 061
水力	59	3 214	127	7 440
沼气	24	1 302	28	1 411
水泥	20	2 211	22	2 631

项目	亚洲		世界	
	项目数	CO_2 / (10^3 t/a)	项目数	CO_2 / (10^3 t/a)
农业	18	276	78	5 141
燃料转换	18	1 001	31	1 439
填埋气	12	2 049	60	16 521
氟氯碳项目	11	54 427	13	59 609
太阳光	4	17	5	56
N_2O	3	11 574	5	18 716
燃料泄漏	2	766	5	5 030
再造林	2	72	2	72
其他	7	1 200	15	2 005
合计	429	94 194	744	142 362

（注）项目仅限于已经进入验证阶段的和已被认证的。
（出处）同图1。

　　第二，表3显示的接受检验或者认证的744个项目，几乎都处于拉丁美洲和亚洲。而且，即使在某些地区内部，项目分布也不均衡。例如，亚洲的429个项目中，有284个是在印度进行的（见表3）。原因之一是由于项目的潜在性不同；而另一原因是CDM的认证手续复杂，需要考虑的因素包括：作为国家有没有建立接受CDM项目的体制、有没有从事项目的人才等。

表3　不同国家与地区的CDM项目登錄与认证数

国家或地区	项目数	认证数
印度	284	43
中国	61	7
菲律宾	21	
马来西亚	15	3
泰国	12	
韩国	10	3
斯里兰卡	5	3
印度尼西亚	7	1
越南	5	1

国家或地区	项目数	认证数
孟加拉国	3	1
尼泊尔	2	2
不丹	1	1
柬埔寨	1	
蒙古	1	
巴基斯坦	1	
全亚洲	429	65
拉丁美洲	278	96
澳洲	2	1
东欧	10	4
撒哈拉以南非洲	14	2
北非，中东	11	4
世界	744	172

（注）项目仅限于已经进入验证阶段的和已被认证的。
（出处）同图1。

尽管这样，刚刚进入实施阶段的 CDM 项目的确存在着各种各样问题。各国的期望确实在高涨，有人呼吁需要简化审批程序，以鼓励更多的 CDM 项目。然而，项目应能确实减少温室气体排放，同时也应该坚决维护 CDM 项目的基本结构，即帮助东道主国家实现可持续发展。

CDM 项目的认证信息必须彻底公开，要看项目是否真有削减温室气体排放的实效，是否真能帮助发展中国家实现可持续发展，这些都有必要进行监督。

（大久保百合）

09 发展中的有机农业与生态农业

近年来，有机农业与生态农业在世界范围内表现出勃勃生机。有机农业（Organic Agriculture）与生态农业（Eco-agriculture）之间有些差别，前者不使用人工合成化学物质，后者少用人工合成化学物质，但两者都是通过自然物质的循环来减轻环境负荷。由于全球化，人们开始重视食品安全性，特别是发达国家广泛趋于支持有机农业与生态农业。在发展中国家，有机农业与生态农业被寄予厚望，希望它在土壤保护、避免农业受害、保持生物多样性以及在"绿色革命"示范的替代策略和减少贫困、人类发展的方面发挥作用[1]。（有机农业是遵照一定的有机农业生产标准，在生产中不采用基因工程获得的生物及其产物，不使用化学合成的农药、化肥、生长调节剂、饲料添加剂等物质，遵循自然规律和生态学原理，协调种植业和养殖业的平衡，采用一系列可持续发展的农业技术以维持续稳定的农业生产体系的一种农业生产方式；生态农业是指在保护、改善农业生态环境的前提下，遵循生态学、生态经济学规律，运用系统工程方法和现代科学技术，集约化经营的农业发展模式。生态农业是一个农业生态经济复合系统，将农业生态系统同农业经济系统综合统一起来，以取得最大的生态经济整体效益。它也是农、林、牧、副、渔各业综合起来的大农业，又是农业生产、加工、销售综合起来，适应市场经济发展的现代农业。——译者注）

那么，亚洲有机农业与生态农业现状如何呢？尽管能够全面掌握有机农业与生态农业实际情况的资料极为有限，但从国际有机农业运动联盟（IFOAM）的资料（表1）[2]中可以了解到一些概貌。亚洲农业人口占世界的3/4，耕地面积占世界的1/3，但有机农业生产者只占世界的13%，有机农业耕地还不到4%。在中国、印度尼西亚、印度等国家，正在大规模实施，经营规模大于传统规模，但在农民数量和耕地面积中所占比例都低于0.1%，总体上可以说处在较低水平[3]。

表1 亚洲各国（地区）有机农业与生态农业的开展情况

	调查年	世界合计	亚洲合计	亚洲所占比例	中国	韩国	日本	中国台湾	印度尼西亚	泰国	越南	菲律宾	老挝	马来西亚	印度	斯里兰卡	巴基斯坦	孟加拉国	尼泊尔
A 农业人口/10³人	2003	2 594 704	1 960 241	75.5	851 028	3 455	4 132	—	92 569	29 269	53 797	30 034	4 297	3 825	556 592	8 656	75 883	77 387	23 366
B 农地面积/10³hm²	2002	5 012 266	1 683 886	33.6	553 957	1 933	5 190	—	44 877	20 167	9 537	12 200	1 879	7 870	181 177	2 356	27 120	9 029	5 013
C 耕地面积/10³hm²	2002	1 540 708	573 387	37.2	153 956	1 877	4 762	—	33 700	19 367	8 895	10 700	1 001	7 585	170 115	1 916	22 120	8 429	3 294
D 农业生产者平均经营面积/hm²	*	—	—	—	0.7	—	1.2	—	0.9	3.2	0.7	2	1.6	—	1.4	0.5	3.1	0.5	0.9
E 有机农业生产者数/件	*	615 995	—	13.3	2 910	1 237	—	—	45 000	1 154	1 022	500	—	27	5 147	3 301	405	100	26
各国（地区）农民总数所占比例/%		—	—	—	—	—	—	—	—	0.02	—	—	—	—	—	—	0.08	—	—
F 有机农业农地面积/hm²	*	24 070 010	881 511	3.7	3 012 995	902	5 083	—	40 000	3 993	6 475	2 000	150	131	37 050	15 215	2 009	177 700	45
各国（地区）农地面积/%		—	—	—	0.06	0.05	0.09	—	0.09	0.02	0.08	0.02	0.01	0.002	0.03	0.65	0.08	0.05	0.001

	调查年	世界合计	亚洲合计	亚洲所占比例	国家（地区）														
					中国	韩国	日本	中国台湾	印度尼西亚	泰国	越南	菲律宾	老挝	马来西亚	印度	斯里兰卡	巴基斯坦	孟加拉国	尼泊尔
G 有机农业生产者平均农田面积/hm²	*	52.0	14.3	—	103.5	0.7	—	—	0.9	3.5	6.3	4	—	—	7.2	4.6	5	1 777.0	1.7
H 有机农业团体数/个	2005	747	200	26.8	48	5	20	2	6	6	2	5	—	5	46	4	6	3	5
I 持续援助农业的NGO数量/个	1997	—	—	—	—	—	5	—	14	45	1	20	1	3	8	6	1	15	9

注: A-C: 农田面积为耕地面积和永久牧地的合计, 耕地面积为耕地和常年作物的合计。

D: 以各国（地区）农业调查为基础计算的数据。调查年为: 尼泊尔1992年, 印度尼西亚1993年, 孟加拉国和印度1996年, 中国1997年, 老挝1998年, 韩国、日本和巴基斯坦2000年, 越南和斯里兰卡2001年, 菲律宾2002年, 泰国2003年。

E-G: 有机农业生产者和农田面积的数字, 为2004年IFOAM掌握的有机认证生产的数字。调查年为: 韩国1998年, 日本1999年, 菲律宾2000年, 中国、印度尼西亚、马来西亚、巴基斯坦、斯里兰卡、尼泊尔和老挝2001年, 其他均为2002年。占农田面积的比例和平均面积, 基于2000年IFOAM加盟团体数量, 不详笔者基于FAO数据进行计算得出。

H-I: 基于有机农业有关团体为IFOAM加盟团体数量（2005年3月）, 持续援助农业的NGO为属于Asian NGO Coalition for Agrarian Reform and Rural Development的NGO数量。

出处: A-C: FAO, FAOSTAT Database.

D: FAO, Selected Indicators of Food and Agriculture Development in Asia-Pacific Region, FAO, 2004.

E-G: H. Willer and H. Yussefi (eds.), The world Organic Agriculture: Statistics and Emerging Trends 2004, IFOAM, 2004; M. Yussefi and H. Willer (eds.), The World of Organic Agriculture 2003: Statistics and Future Prospects, IFOAM, 2003.

H: IFOAM, Organic Directory Online (http://www.ifoam.org/organic_world/directory/index.html).

I: ANGOC, Sustainable Agriculture in Asia, Vol.2: Directory of Organizations, ANGOC, 1997.

在有机农业的面积扩大这点上，亚洲低于其他地区，可以说处在发展中阶段。其主要原因，第一是数据上的制约。数值基础来自认证机构等收集的数据，而由于很多认证机构位于海外，很多情况下多偏重于出口作物。而且，很多国家也没有建立有机农业的信息，不可否认评价结果低于实际情况的可能性[4]。

第二，不可忽视自然条件和耕作条件。欧美国家气候凉爽、干燥，杂草和病虫害不易发生，适合经营大规模农业。相反，亚洲的特点是，多数国家（地区）属于温暖湿润的季节风气候，适于零散套种[5]。而且，亚洲人口密度高，土地利用压力大，所以首当其冲地推进"绿色革命"[6]。这也是亚洲的有机农业停留在小规模水平上的另一个原因。

第三，亚洲已存在不同类型的实质上的有机农业，包括从不用化肥和农药的自给自足型农业到利用传统知识的传统农业[7]，甚至到日本的同出口市场保持距离的"产销协作"。这些农业的规模小，没有被纳入第三者认证的框架内，但需要牢记，它们也是亚洲生态农业的一部分。

下文将聚焦于有机农业与生态农业的有关组织，近距离观察有机农业与生态农业多样性的一部分。首先，亚洲的生态农业组织仅次于欧洲，占世界的 27%，其中最为突出的是中国、印度和日本。支持可持续农业的 NGO 的数量，最多的是泰国、菲律宾、印度尼西亚、孟加拉国等。

这些事实表明，亚洲的有机农业与生态农业主要是建立在民间组织和 NGO 等草根基础之上的运动。这些运动在 20 世纪 70 年代开始兴起，80 年代下半期发展壮大，通过农民对化学农药的反省，开始在各地得到实践。例如，在菲律宾，科学家同农民发展伙伴关系（MASIPAG），通过与农民合作，为农民提供生态农业教育与培训，促进农民自身进行生产与资源管理[8]。在孟加拉国，"新型农业运动"（Nayakrishi Andolon）发起了行动，其成立是围绕发展替代方案的政策研究（Policy Research for Development Alternative，UBINIG）[9]。尽管 NGO 的经费不足影响了有机农业与生态农业的发展，但值得关注的是，在泰国构筑了"替代农业网"（AAN），包括建立有机认证，成立销售组织"绿色网"（Green Net），已经开始着手营销战略等领域的工作[10]。

另外，许多亚洲国家（地区）的政府事务一贯重视对农业的化肥、农药等政府补贴和融资，以及建立灌溉系统和其他设施，而对有机农业与生态农业的支持只是强调认证项目。但最近，已经出现了推进有机农业与生态农业的政策。例如，中国为了西部大开发和减轻沿海地区的农业污染，开始着手"生态农业"[11]。自 20 世纪 90 年代以来，中国已经为出口市场努力发展有机农业与生态农业，如农业部成立了具有 AA 级（有机）和 A 级（低农药）认证标准资格的"绿色食品发展中心"，国家环境保护局设立了"有机食品发展中心"等。在韩国，"生态友好型农业"政策取得了进步，如 1997 年通过《环境农业育成法》、1999 年引进《环境直接支付制度》和 2001 年制定《环境友好型农业育成法》。接受认证的农户和农田面积也都迅速增加[12]。

对于有机农业与生态农业的国际性支持也是个亮点。例如，除了 NGO 的网络之外，自 20 世纪 90 年代起，联合国粮农组织（FAO）、联合国贸易发展会议（UNCTAD）以及国际贸易中心（ITC）开始把有机农业看作实现可持续贸易与经济发展的有力手段。上述国际组织也在增加对亚洲国家（地区）的支持，如同国际有机农业运动联盟（IFOAM）及其他组织合作，共同举办会议等。今后，亚洲国家仍面临着许多挑战，如推进有机农业与生态农业的政府政策转变、形成符合亚洲地区特点的认证制度、引进针对有机农业商业化的社会与环境标准等。有机农业与生态农业能否在亚洲作为农业生产模式的一次新"革命"，取得其他地区那样的发展，这取决于国内和国际的支持力度。

（岩佐和幸）

〔注〕

1）最近，发展中国家将一部分有机产品开始出口到发达国家。参照 L. Raynolds，"The Globalization of Organic Agro-Food　Networks，"*World Development*，Vol.32，No.5，2004.

2）IFOAM（International Federation of Organic Agriculture Movements）以欧洲为中心，成立于 1972 年，截止到 2005 年，有来自全世界 108 个国家（地区）的 747 个团体加盟，是有机农业生产者国际团体。主要开展以下活动：宣传有机农业的优点、建立生产者之间的关系网，而且创建国际标准，成为食品法典标准的雏形。

3）在销售方面，主要是出口到欧洲、美国等地，在国内市场上是限定销售。最近，销售也延伸到从中国→日本和韩国、从中国和泰国→新加坡和马来西亚的亚洲市场或国内市场。参照 H. Willer and M. Yusseif，*The World of Organic Agriculture 2004*，IFOAM，2004，pp.72-73；UNCTAD，*Trading Opportunities for Organic Food and Products from Developing Countries*，United Nations，2004，pp.72-73.

4）Willer and Yussefi，*op.cit.*，pp.7-8，73；N. Parrott and T. Marsden，*The Real Green Revolution：Organic and Agroecological Farming in the South*，Green Peace Environmental Trust，2002，pp.18-19.

5）亚洲和欧美的农业法律方面的差异请参考，中島紀一「有機農業振興に関する政策の論点」日本有機農業学会編『有機農業—21 世紀の課題と可能性』コモンズ，2001.

6）关于亚洲的"绿色革命"和环境影响，请参考杉本大三、岩佐和幸「農業・食糧と環境」『アジア環境白書 2003/04』pp.100-105.

7）例如，印度的有机生产者，取得认证后向发达国家出口的民间企业，其他还有利用传统的阿育吠陀（Ayurveda，又称生命吠陀）和近代科学相结合的贩卖剩余的中小规模企业，还有利用传统知识和技术进行自给式农业的小规模农家。参照 M. Yusseif and H. Willer，*The World of Organic Agriculture 2003*，IFOAM，2003，p.57.

8）N. Parrott and T. Marsden，*op.cit.*，p.50；MASIPAG? HP〈http://www.masipag.org/〉.

9）Nayakrishi Andolon 是指，体现不使用化学材料、生物多样性等 10 个原则的有机农业运动。参照 Pesticide Action Network Asia and Pacific，*Past Roots，Future of Foods*，PANAP，2003，pp.14-19. UBINIG については同 HP〈http://www.ubinig.org/〉.

10）N. Parrott and T. Marsden，*op.cit.*，pp.50-51 および Green Net and Earth Net Foundation HP〈http://www.greennetorganic.com/content/index.htm〉.

11）例如，1999 年绿色食品的出口总额达到 2 亿美元，其中，出口到日本市场的占 40%。详情参照蔦谷栄一『海外における有機農業の取組動向と実情』筑波書房，2003 年，pp.52-59，Yusseif and Willer，*op.cit.*，pp.58-59.

12）认证的农家数量、面积、生产量，分别从 1998 年的 965 户、758 hm²、24 265 t 增加到 2002 年的 31 342 户、27 675 hm²、593 848 t 关于环境友好型农业，参照深川博史「環境農業の現状と環境直接支払い」『農業と経済』2004 年 5 月号，足立恭一郎『資料でたどる韓国の親環境農業政策』農林水産政策研究所地域振興政策部，2004 年.

13）FAO，The Earth-Net Foundation and IFOAM，Production and Export of Organic Fruit and Vegetables in Aisa，FAO，2004.

10　野生生物交易：消费国日本与出口国东盟国家

　　东南亚国家联盟（简称东盟，ASEAN：成员国有 10 个，即马来西亚、印度尼西亚、菲律宾、泰国、新加坡、文莱、越南、缅甸、柬埔寨、老挝）成立于 1967 年，目的是发展和促进各成员国的经济和文化。东盟 10 国拥有丰富的自然环境，在保护生物多样性方面是世界上的重要地区（参见表 1）。东盟国家出口各种各样的野生生物，活体动植物大量出口日本等亚洲消费国（详见表 2）。作为亚洲野生生物贸易的一个事例，本文介绍日本从东盟国家进口的实情。

表 1　亚洲各国的已知物种和濒危物种

	哺乳类		鸟类		高等植物	
	已知物种	濒危物种	繁殖物种总数	濒危物种	已知物种	濒危物种
柬埔寨	123	24	183	19		29
印度	390	88	458	72	18 664	244
日本	188	37	210	34	5 565	11
老挝	172	31	212	20	8 286	18
马来西亚	300	50	254	37	15 500	681
缅甸	300	59	310	35	7 000	37
菲律宾	153	50	404	67	8 931	193
新加坡	85	3	142	7	2 282	54
泰国	265	37	285	37	11 625	78
越南	213	40	262	37	10 500	126
亚米尼亚	84	11	236	4	3 553	1
阿塞拜疆	99	13	229	8	4 300	0
孟加拉国	125	23	166	23	5 000	12
不丹	160	22	209	12	5 468	7
中国	394	79	618	74	32 200	168
格鲁吉亚	107	13	208	3	4 350	—
印度尼西亚	515	147	929	114	29 375	384
哈萨克斯坦	178	16	379	15	6 000	1
朝鲜	—	13	150	19	2 898	3
韩国	49	13	138	25	2 898	0

	哺乳类		鸟类		高等植物	
	已知物种	濒危物种	繁殖物种总数	濒危物种	已知物种	濒危物种
吉尔吉斯斯坦	83	7	168	4	4 500	1
蒙古	133	14	274	16	2 823	0
尼泊尔	181	31	274	25	6 973	6
巴基斯坦	188	19	237	17	4 950	2
斯里兰卡	88	22	126	14	3 314	280
塔吉克斯坦	84	9	210	7	5 000	2
土库曼斯坦	103	13	204	6	—	0
乌兹别克斯坦	97	9	203	9	4 800	1

资料来源：World Resource Institute，*World Resources 2002-2004：Decisions For the Earth*，2003.

表 2 亚洲主要消费国家从东盟国家的进口量（2002 年、2003 年）

（《华盛顿公约》列管动植物的活体）

单位：个（括号内为物种数）

进口国	出口国	印度尼西亚	马来西亚	新加坡	菲律宾	泰国	越南	文莱	缅甸	柬埔寨
中国（2003年）	活体	3 763	74 022	203	0	17 300	3 940	0	0	12 000
	动物	[45]	[12]	[1]	[0]	[1]	[2]	[0]	[0]	[1]
	活体	1 230	1 638	60 000	0	358 743	0	0	0	0
	植物	[2]	[23]	[2]	[0]	[10]	[0]	[0]	[0]	[0]
	总计	4 993	75 660	60 203	0	396 043	3 940	0	0	12 000
		[47]	[35]	[3]	[0]	[11]	[2]	[0]	[0]	[1]
韩国（2003年）	活体	7 900	102	112	0	49	0	0	0	0
	动物	[94]	[3]	[7]	[0]	[7]	[0]	[0]	[0]	[0]
	活体	101	144	0	0	9 976 547	0	0	0	0
	植物	[1]	[14]	[0]	[0]	[0]	[0]	[0]	[0]	[0]
	总计	8 001	246	112	0	9 976 596	0	0	0	0
		[95]	[17]	[7]	[0]	[7]	[0]	[0]	[0]	[0]
日本（2002年）	活体	58 719	8 138	1 620	1 142	27	1 720	0	200	0
	动物	[107]	[23]	[33]	[43]	[33]	[4]	[0]	[1]	[0]
	活体	375 124（含62瓶）	77 912（含15瓶）	0	25 923	13 426 022（含1 140瓶）	22 758	0	32	0
	植物	[130]	[178]	[0]	[86]	[0]	[23]	[0]	[5]	[0]
	总计	433 843	86 050	1 620	27 065	13 426 049	24 478	0	232	0
		[237]	[201]	[33]	[129]	[33]	[27]	[0]	[6]	[0]

（注）日本为 2002 年最新数据（2005 年 6 月 29 日）。

资料来源：根据 UNEP-WCMC CITED Trade Database 数据编制。

2004 年，日本进口的《华盛顿公约》列管物种数量为 46 514 件，其中 30%（14 071 件）的原产地是东盟国家，最多的是印度尼西亚（8 008 件）（参见图 1）。

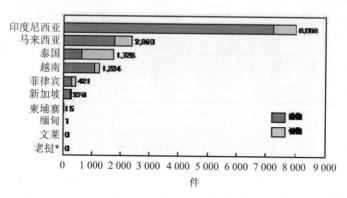

图 1　东盟原产的《华盛顿公约》列管种向日本的出口件数比较（2004 年）

（注）*《华盛顿公约》在老挝 2004 年生效。

资料来源：根据经济产业省，华盛顿公约年度报告书 2004 年，TRAFFIC 东亚日本编制。

在动植物进口中，动物进口数量为 11 310 件，最多的是爬虫类，占 52%。爬虫类多数为鳄鱼目（Crocodilia）、蜥蜴亚目（Sauria）和蛇亚目（*Serpentes*），常以皮革制品形态进口。进口最多的是网纹蟒蛇（*Python reticulates*），计 2 533 件。石珊瑚目（Scleractinia）等刺胞动物门占进口件数的 40%。

日本从东盟国家进口的植物为 2 761 种，其中 84%（2 317 种）为兰科（Orchidaceae）植物，主要以植物盆栽状态进口，用于观赏。进口的其他植物还有，包括猪笼草属（Nepenthaceae）马六甲沉香在内的瑞香科（Thymelaeaceae）等。

日本进口最多的来自印度尼西亚，其中一多半是石珊瑚，计 4 438 件。2004 年，日本进口的石珊瑚目总计 4 648 件，由此可知日本的石珊瑚目进口几乎都来自印度尼西亚。此外，进口较多的还有网纹蟒蛇和水圆鼻巨蜥（*Varanus salvator*），它们几乎都是以皮革状态进口的。在进口植物中，最多的是兰科。马六甲沉香为 38 件，占

2004 年日本进口马六甲沉香总数（53 件）的 72%。

日本进口的马来西亚原产动物，多数为网纹蟒蛇、水圆鼻巨蜥，占进口总数的 56%。此外，亚洲蟒蛇（*Python curtus*）、亚洲龙鱼（*Scleropagasformosus*）也很多。观赏鱼亚洲龙鱼，是《华盛顿公约》禁止商业贸易的。但是，由于在马来西亚有在华盛顿公约秘书局登记的培育繁殖设施，所以允许从该国的商业用进口。在进口马来西亚的植物中，兰科最多，占植物的 68%。其次，为猪笼草属、棱柱木属（Gonystylus）、马六甲沉香等的进口。

日本进口的新加坡原产动物，多数为鸟类的鹦鹉目（Psittaciformes）等。2004 年，日本从新加坡进口了 272 件动物，其中 86%（235 件）为鹦鹉目。植物进口只有 4 件兰科。

在菲律宾原产动物的进口中，件数最多的是猕猴（*Macaca fascicularis*）（79 件），占 69%。其他进口的有鹦鹉目 88 件，仅此即占动物进口的 31%。在 134 件进口植物中，126 件为兰科植物。

在泰国原产动物的进口中，很多是滑鼠蛇（*Ptyas mucosus*）、暹罗鳄（*Crocodylus siamensis*）、印度眼镜蛇（*Naja naja*）、印度蟒蛇（*Python molurus*）、水圆鼻巨蜥等爬虫类，其中多数以皮革形态进口，其他还有 2 件亚洲象（*Elephas maximus*）的进口，其中 1 件是活象（1 头），是公约适用前的象，但进口目的因没有记录而不明。

越南原产动物的进口中，最多的是印度蟒蛇、网纹蟒蛇，占动物进口的 97%。此外，也有猕猴进口。

从缅甸进口原产动物只有 1 件：缅甸星龟（*Geochelone platynota*）。另外，由于老挝是在 2004 年才加入《华盛顿公约》，所以没有进出口数据。

在东南亚同日本的野生生物贸易关系中，代表性的贸易也许是沉香。沉香主要用作香料，是日本香道仪式中不可或缺的。在香道中，参加者享受沉香的各种芳香。沉香形成过程，多数取决于它们生长的自然条件，其芳香的多变性取决于生物多样性。日本的沉香进口量，99.6%来自东盟国家。这种世界稀有香道的日本文化，实际上是建立在东南亚的生物多样性之上的。

在东南亚地区，日常都在进行着以贸易为目的的野生动植物的非法猎取和买卖。这些行为给地区自然环境造成了负面影响，因此，在执行《华盛顿公约》时，需要有效的合作体制。2004 年老挝加入了《华盛顿公约》，这意味着东盟国家全都加入了该《华盛顿公约》。在同年召开的 13 届《华盛顿公约》会议上，东盟国家宣布了"东盟行动"，作为整体致力于野生生物贸易问题的一项行动。现在，东盟国家成立了"东盟野生生物执行网"（ASEAN-WEN），支持有关执行机构，打击高度组织化的犯罪行为。期待中、日、韩和东盟国家加强合作，像"东盟+3"行动那样，恰当地管理野生动植物贸易。

（石原明子）

11 生态旅游与国际旅游的动向

近年来，生态旅游备受关注，成为地区振兴和参与型开发的示范案例。联合国把 2002 年定为"国际生态旅游年"（IYE：International Year of Ecotourism），继续把生态旅游作为可持续发展的手段之一。与国际生态旅游年相关联，着重自然的观光旅游开始兴起，作为自然保护与发展的手段，在观光中考虑旅游价值获得了重新认识。

出现生态旅游的原因，是 20 世纪 80 年代观光的大众化所引起的破坏。在旅游地各种问题不断，如自然与文化的破坏、环境恶化、经济差距加大等，"非大众型旅游"代替"大众化旅游"（alternative tourism）开始受到关注。20 世纪 90 年代，出现了强调可持续旅游，环境友好型的观光方式得到发展，具体形式主要是生态旅游、绿色旅游和农业旅游。

现在，"生态旅游"这种旅游方式在世界各国都有增加趋势，但"生态旅游"的定义尚未确定，实际情况相当模糊。根据联合国"国际生态旅游年"的指定，生态旅游有诸多定义，出自于世界旅游组织（UNWTO）、联合国环境规划署（UNEP）、国际生态旅游协会（TIES）、日本生态旅游协会（JES）和日本自然保护协会（NACS-J）。通过整理，现大致介绍如下。

"①建立利用独特的地方资源，如自然、历史和文化的旅游；②通过恰当管理，提供保护，防止这些资源被破坏的旅游；③以通过保护健全的、可持续的地区资源来实现对于地区经济的影响效果为目标，观光理念是考虑资源保护+建立旅游业+地区振兴的融合性旅游。据此，目的在于持久地为旅游者提供同具有魅力的地区资源的接触机会，地区生活稳定，资源得以保护。"（JES）

"一种新形态的旅游，旨在不对生态系统与地方文化产生负面影响的基础上，理解、欣赏和享受自然风光。同时提供生态友好型设

施和环境教育，有利于当地自然与文化的保护以及为地方经济做贡献。"（NACS-J）

"①基于所有形式的自然观光旅行。旅游者的主要旅游动机不仅是自然地区盛行的传统文化，而且包括对自然的观察和享受。②包含教育性和解说性的特色。③一般而言，专门为当地小型团组计划的，但不是封闭性活动，各种规模的海外运营企业也可作为主要的小型团组，进行生态观光旅游的组织、实施和推销。④把对自然与社会文化环境的负面影响降到最低程度。⑤通过如下方式支持自然地区的保护：

- 为以环境保护为目的进行自然地区管理的当地社会、组织和当局带来经济利益；
- 为当地社会提供新的就业岗位和收入；
- 提高当地居民和旅游者保护自然与文化遗产的意识。（UNWTO）。

尽管上述各种定义有些差异，但所有定义的核心都是强调保护环境、考虑地区文化和居民。而且，关于对旅游者的教育意义这一点，说明生态旅游并不是单纯的振兴地区和开发手段。总之，把这些定义作为基本概念，亚洲地区当前出现了多样化的生态旅游。

2003 年，日本环境省设置了"生态旅游推进委员会"，探讨如何推广和定义日本的生态旅游，发布了 5 项推进途径以推动生态旅游，包括《宣传手册》和《旅游纵览》等。

即使打着"生态旅游"的旗号，但没有真实内容的情况也不少。"日本生态旅游协会"建立《良好生态旅游制度》（Good Ecotour），在日本全国生态旅游实践中推荐优质旅游制度等，采取措施维持并提高生态旅游的质量。旅游业已经到了为提高生态旅游质量必须探讨充实制度的关键时期。

表 1　各国国际旅游者数量变化（1990—2004 年）

年份	国际旅行者数/100 万人						增长率/%		比率/%
	1990	1995	2000	2002	2003	2004*	2001/2000	2004/2003	2004*
世界	441.0	538.1	680.6	700.4	689.7	763.2	−0.5	10.7	100.0
非洲	15.2	20.4	28.2	29.5	30.8	33.2	3.2	8.0	4.4
美洲	92.8	109.0	128.2	116.6	113.1	125.8	−6.1	11.2	16.5
欧洲	265.3	309.3	384.1	394.0	396.6	416.4	−0.5	5.0	54.6
中东	10.0	14.3	25.2	29.2	30.0	35.4	−1.3	18.0	4.6
亚太地区	57.7	85.0	114.9	131.1	119.3	152.5	5.1	27.9	20.0 (100)
中国	10.5	20.0	31.2	36.8	33.0	41.8	6.2	11.0	(27.4)
中国香港	6.6	10.2	13.1	16.6	15.5	21.8	5.1	20.7	(14.3)
日本	3.2	3.3	4.8	5.2	5.2	6.1	0.3	9.8	(4.0)
韩国	3.0	3.8	5.3	5.3	4.8	5.8	−3.3	3.9	(3.8)
中国澳门	2.5	4.2	5.2	6.6	6.3	8.3	12.4	12.4	(5.5)
蒙古	0.1	0.1	0.1	0.2	0.2	0.3	5.1	19.3	(0.2)
中国台湾	—	2.3	2.6	3.0	2.2	3.0	−0.3	4.2	(1.9)
文莱	0.4	0.5	1.0	—	—	—	n.a.	n.a.	—
柬埔寨	0.0	0.2	0.5	0.8	0.7	1.1	29.8	30.1	(0.7)
印度尼西亚	2.2	4.3	5.1	5.0	4.5	5.3	1.8	−2.3	(3.5)
老挝	0.0	0.1	0.2	0.2	0.2	0.2	−9.4	24.3	(0.2)
马来西亚	7.4	7.5	10.2	13.3	10.6	15.7	25.0	4.0	(10.3)
缅甸	0.0	0.1	0.2	0.2	0.2	0.2	−1.4	5.9	(0.2)
菲律宾	1.0	1.8	2.0	1.9	1.9	2.3	−9.8	7.6	(1.5)
新加坡	4.8	6.4	6.9	7.0	5.7	—	−2.8	4.0	—
泰国	5.3	7.0	9.6	10.9	10.0	11.7	5.8	7.3	(7.6)
越南	0.3	—	1.4	—	—	—	15.6	—	—
孟加拉国	0.1	0.2	0.2	0.2	0.3	0.3	4.0	0.0	(0.2)
不丹	0.0	0.0	0.0	0.0	0.0	0.0	−25.0	0.0	(0.0)
印度	1.7	2.1	2.6	2.4	3.4	3.4	−4.2	−6.6	(2.2)
伊朗	0.2	0.5	1.3	1.6	1.7	1.7	4.5	n.a.	(1.1)
马尔代夫	0.2	0.3	0.5	0.5	0.6	0.6	−1.3	5.2	(0.4)
尼泊尔	0.3	0.4	0.5	0.3	0.4	0.4	−22.2	—	(0.2)
巴基斯坦	0.4	0.4	0.6	0.5	0.6	0.6	−10.2	−0.4	(0.4)
斯里兰卡	0.3	0.4	0.4	0.4	0.6	0.6	−15.8	16.6	(0.4)
东盟地区	5.2	8.1	9.2	9.1	10.2	10.2	−1.6	0.8	(6.7)

注：1）*为数据收集时的预测数据；
2）括号内为把亚太地区作为 100%时各国的情况；
3）数值全部使用根据世界旅游组织 2005 年 11 月版收集的数据；
4）由于小数点第二位以后采取四舍五入以及存在有些数据不确定（不可利用）的情况，所以合计数值有可能不是 100。
资料来源：基于 *World Tourism Organization*，*Tourism: 2020 Vision*；*Tourism Market Trends*，*2005 Edition*，执笔者编制。

现在，亚太地区的国际旅游人数位居世界第 2，仅次于欧洲。据"世界贸易组织"题为《旅游 2020 展望》(*Tourism 2020 Vision*) 的远景展望报告，1995—2020 年国际旅游人数预计年增长 4.1%，尤其是东亚与太平洋地区年增长 6.5%，南亚地区年增长 6.2%，均远高于世界平均值。市场份额，发达国家也将低于世界平均水平，而东亚与太平洋地区将从 1995 年的 14.4%增加到 2020 年的 25.4%，今后有望继续增长。据 2005 年的统计，亚太地区的国际旅游人数高达 1.525亿人次。

同时，亚洲地区也有些地区仍然没有什么旅游开发。一些国家，如东北亚的蒙古、东南亚的柬埔寨、老挝和缅甸、南亚的孟加拉国、不丹、尼泊尔、巴基斯坦和斯里兰卡等，每年旅游者数量都不到 100万人次甚至只有几千人次。这些国家丰富而独特的自然资源，今后极可能是潜在的生态旅游地点。为了实施"可持续旅游"，在确定计划和资源管理时，需要充分考虑到资源的稀缺性和潜在力。今后，在实施新的生态旅游计划时，需要活用称作生态旅游成功事例的国家和地区的经验，通过合作，推进恰当的旅游开发，避免"生态旅游"这一词汇作为方便的言词被滥用。

尽管存在各种观光形式，但以生态旅游为目的的国际旅游者数量预计在 2002 年约占全体旅游业的 2%～4%。但现在，据说将增长到 7%左右，这几年正在迅速增长。也有预测称，2020 年国际旅游者总数将达到 16 亿人次，国际旅游消费将超过 50 亿美元。鉴于社会与文化的意义以及教育意义和其他重要性，不能忽视生态旅游在社会、文化、经济、环境和其他领域产生的影响。

（中岛真美）

12 亚洲的环境条约及其实施

20 世纪 90 年代签署的全球普遍性环境公约，很多国家都已经批准，成为公约的缔约国。泰国起先没有批准《生物多样性公约》，但在 2004 年也批准了。所以，亚洲主要国家全部均为缔约国。同样，印度尼西亚和菲律宾也批准了《京都议定书》，亚洲的主要国家均已成为其缔约国。

近年来，各国政府逐步意识到了一些新的全球性环境问题，为了应对这些问题而签署的环境公约业已生效。其中，亚洲各国的批准推动了公约的进展。2000 年通过的《生物多样性公约》，公约之下为控制转基因生物越境转移的《生物安全议定书》（卡塔赫纳议定书）已于 2003 年生效。1998 年为控制国际贸易中某些危险化学品与农药越境转移而通过的《事先知情同意程序的鹿特丹公约》以及 2001年《控制持久性有机污染物的斯德哥尔摩公约》（POPs 公约），均于 2004 年生效。亚洲所有的主要国家，除了韩国和菲律宾外，都批准了《卡塔赫纳议定书》。尽管对于亚洲化学物质污染问题开始认识并不久，大多数亚洲国家也已批准了《鹿特丹公约》和《斯德哥尔摩公约》（见表 1）。

这些普遍性公约的实施正在稳步推进。以下是《亚洲环境情况报告》第 3 卷（2003/2004）出版以来有关公约的一些主要特点。

第 1 个特点是，《京都议定书》的实施，特别是"清洁发展机制"（CDM）正在亚洲取得进展。据经合组织（OECD）于 2005 年 11 月发表的《发展 CDM 市场》（J.Ellis 和 E. Levina），全球范围内 CDM 项目正在扩大，预计每年发布的认证削减排量（CER）相当于《京都议定书》附件 I 国家 1990 年温室气体排放减排目标基准线的 1.2%。再来看亚洲，联合国环境规划署 Riso 中心的数据（http://uneprisoe.org/）表明，在 2006 年 1 月 17 日制成的《项目计划文件》（PDD）内，589个 CDM 项目获得批准，其中 331 个项目（占世界总数的 56.2%）的东道国是在亚洲。从国别看，印度231件（占世界总数的39.2%），中国30件（占5.1%），菲律宾20件（占3.4%），泰国12件（占2.0%）。前面提到的经合组织（OECD）报告说，已经登录的CDM项目，亚洲的CER数量预期将占总数的65%，尤其是印度的CER预计将占世界总量的43%。同时，越来越多的兴趣主要关心中国CDM的潜力。

表1　亚洲各国批准环境条约的进展

	拉姆萨尔公约 1971.2.2 签署 1975.12.21 生效 生物安全议定书	生物安全议定书 （卡塔赫纳议定书） 2000.1.29 签署 2003.9.11 生效	危险化学品与 农药公约 （鹿特丹公约） 1998.9.10 签署 2004.2.24 生效	POPs 公约 （斯德哥尔摩公约） 2001.5.22 签署 2004.5.17 生效
日本	1980.10.17 生效 33 处（130 293 hm²）	2003.11.21 受诺	2004.6.15 受诺	2002.8.30 加入
韩国	4 处（4 519hm²）	未批准 （2000.9.6 签署）	2003.8.11 批准	未批准 （2001.10.4 签署）
中国	1992.7.31 生效 30 处（2 937 454hm²）	2005.6.8 承认	2005.3.22 批准	2004.8.13 批准
菲律宾	1994.11.8 生效 4 处（68 404hm²）	未批准 （2000.5.24 签署）	未批准 （1998.9.11 签署）	2004.2.27 批准
越南	1989.1.20 生效 2 处（25 759hm²）	2004.1.21 加入	未批准·未签署	2002.7.22 批准
越南	1995.3.10 生效 5 处（55 355hm²）	2003.9.3 批准	2002.9.4 加入	未批准 （2002.5.16 签署）
印度尼西亚	1992.8.8 生效 2 处（242 700hm²）	2004.12.3 批准	未批准 （1998.9.11 签署）	未批准 （2001.5.23 签署）
泰国	1998.9.13 生效 10 处（370 600hm²）	2005.11.10 加入	2002.2.19 加入	2005.1.31 批准
印度	1982.2.1 生效 25 处（677 131hm²）	2003.1.17 批准	2005.5.24 加入	2006.1.13 批准

鉴于亚洲的温室气体排放量，应该积极评价亚洲发展中国家通过 CDM 在减排方面的进展。但是，我们有必要仔细留意以下几点。第一，尽管发展中国家作为东道国通过 CDM 削减了温室气体排放量，这个削减量对应的 CER（Certified Emission Reduction，"核证排放削减量"）被发达国家用来抵消其减排目标，因此，全球排放总体上并未减少。如果授予的 CER 比 CDM 项目实际削减量还要多，担心它还可能增加全球的排放总量。

第二，按照亚洲国家的经济发展，CDM 的最大重点理应放在节能和可再生能源等项目上，但现在却有相反的倾向，即把重点放在相对便宜的项目上，例如减少氟氯碳替代品项目。特别是作为 HCFC22 生产过程形成的副产品 HFC23 的破坏项目。由于 HFC23 的破坏成本低，遂引发了以下的担忧：（1）由该项目所获的 CER 销售收入远高于其成本。这可能正是增产 HCFC22 的动力，而 HCFC22 恰恰既是消耗臭氧层物质（ODS），又是温室气体；（2）它丧失了激励发展中国家在《蒙特利尔议定书》之下减少氢氯氟碳化合物的动力；（3）它可能阻碍已经可以利用的非氟氯碳（non-fluorinated）气体的替代工作；（4）它可能阻碍向 CDM 引入节能和可再生能源项目。很有必要在保护臭氧层的同时也考虑其他环境保护目标，并实行监控，以便运用 CDM 作为一个对抗全球变暖有效的制度系统。

第 2 个特点是，在以保护国际重要湿地为目的《拉姆萨尔公约》之下，亚洲登记的国际重要湿地数量和面积都在增加。从我执笔第 3 卷的一章以来的大约 3 年期间，日本注册的湿地，增加了中海（鸟取县·岛根县），宍道湖（岛根县），尾濑沼泽地（福岛县·群马县·新潟县）等，从 13 所（84 089 hm^2）到 33 所（13 0293 hm^2），数量增加了 2.5 倍，面积增加了约 1.5 倍。中国于 2004 年新增注册 9 所（新增总面积约 40 万 hm^2），使中国注册的全部重要湿地达到 30 所（29 307 454 hm^2），约占中国国内湿地面积的 9.4%。印度注册的湿地也从 19 所（648 507 hm^2）增加到 25 所（677 131 hm^2）。

第 3 个特点是，亚洲各国的国内立法正在稳步推进国际多边环境公约的实施，但也存在国内法律的执行遵从性问题。例如，控制危险废物越境转移的《巴塞尔公约》虽然在国内监管方面已经取得了进步，但非法越境转移案件并未绝迹。2002 年 3 月，中国海关当局发现在伯利兹（中美洲一国家）船籍的风顺（Fengshun）5 号船中隐藏有几百吨非法进口的铁屑废料，当即命令它返回日本出港地。在印度，以科学技术与自然资源政策研究基金会（Research Foundation for Science Technology and Natural Resources Policy）起诉印度联盟（UnionofIndia）事件为契机，引发了 1997 年由印度最高法院命令建立 1 个委员会，编制 1 份有关危险废物交易情况的报告，并列出所有从事非法进口危险废物的人员一览表，但非法进口危险废物仍未从印度港口消失。

第 4 个特点是，柔佛海峡土地填埋纠纷事件（2003 年）的处理。马来西亚认为新加坡对于土地填埋没有提前通知和达成协议，违反了《联合国海洋法公约》（UNCLOS），于是向国际海洋法庭（ITLOS）提起诉讼，寻求采取临时措施停止填埋，并提供信息和进行谈判直到填埋停止。在法庭审理的最后阶段，新加坡接受了马来西亚的立场，并表示将控制填埋。国际海洋法法庭调查了填埋的影响，建立了 1 个独立的专家组，准备了 1 份报告书，要求双方合作，就填埋作业的风险与影响方面进行定期的信息交换与评价并达成协议等，以此命令作为临时措施。这一事件也成为马来西亚在适用与实施《联合国海洋法公约》义务时，援用"预防原则"作为指导缔约国原则的实例之一。

还是在亚洲，《地区环境协定》作为实施本地区环境合作的核心，其中有 3 方面的进展特别值得强调。

第一，2002 年东盟通过了《关于越境雾霾污染协定》（*ASEAN on Transboundary Haze Agreement*）。1997 年，印度尼西亚发生特大火灾之后，多达 1 000 万 hm² 的印度尼西亚森林被烧毁，至少 2 000 万居民的健康受到不利影响，经济损失超过 90 亿美元。火灾之后，经过反复谈判，通过了该协定，"目的在于预防和监控火灾引起的越境雾霾污染"（第 2 条）。首先是东盟越境雾霾污染协定缔约国"合作开发和实施预防、监控越境雾霾污染的措施，减轻和控制火灾的来源"（第 4.1 条）。另外，"当越境雾霾污染源处于本国领土之内时，必须迅速回应来自其他可能受到影响国家寻求相关信息或磋商的请求（第 4.2 条）。"为了促进缔约方之间的合作与协调，设置东盟越境雾霾污染控制中心"（第 5.1 条）。"缔约国每一方的国家监控中心应将其数据报告给东盟越境雾霾污染控制中心"（第 8.1 条）。"缔约国每一方应采取措施预防和控制同土地有关的可能导致越境雾霾污染的活动和/或森林火灾"（第 9 条）。该协定于 2003 年生效，7 个国家已经批准，包括：文莱、马来西亚、缅甸、新加坡、泰国、越南和老挝。上述的火灾原因印度尼西亚迄今尚未批准协定。

第二，《保护南方蓝鳍金枪鱼条约》。前文中已介绍过，日本在未得到同意的情况下进行捕鱼和调查，澳大利亚和新西兰决定向国际海洋法法庭（ITLOS）提起诉讼。自那时以来，由于认识到未参加条约国家进行捕捞有损于条约的有效性，于是鼓励在此海域捕捞南方蓝鳍金枪鱼的国家或地区加入该《条约》，韩国在 2001 年加入了该条约。同年，《条约》加盟国通过决议，设置了一个扩大的委员会和扩大的科学委员会。扩大委员会的成员可以用上一年捕捞蓝鳍金枪鱼的实绩作为被委员会认可的团体允许加盟。一旦允许加盟，就可以同委员会谈判年度捕鱼配额，达成一致的配额后将交换书面文件。2002 年，台湾作为渔业团体加盟。2003 年委员会同意，允许对于蓝鳍金枪鱼感兴趣的各国作为"合作的非加盟国"参加委员会，"可参与委员会所有业务但没有投票权，并且必须遵守保护管理目标和达成一致的捕鱼配额"。2004 年，菲律宾成为"合作的非加盟国"，而印度尼西亚和南非的要求目前还在讨论中。

第三，关于创建"东亚酸沉降监测网络"（EANET）协议化的动向。2005 年 11 月，在日本新潟举行的第 7 届东亚各国政府间会议上，代表开始讨论形成 EANET 财务贡献的基础文件及其法律特征，决定通过"未来发展工作组"的会议，目标是将其变成第 10 届政府间会议的研究内容。对于这个基本文件的法律特征目前存在不同意见，俄罗斯等国主张把 EANET 变成地区性协议。它究竟能否成为东亚地区环境协议的 1 个有价值的先例，引人注目。

（高村由香）

13　环境评价的法制化及其课题

亚洲国家正在加速制定环保法律，环境管理方法也在逐步多样化。特别广受注目的环境管理方法是环境影响评价（EIAs，以下简称"环评"）。对于具有显著环境影响的大型项目，作为一个有力的环境管理工具，环评在亚洲国家正在迅速普及。环评制度得以快速普及系出于下列因素：①由于环境问题频繁发生和日趋严重，特别是从强调预防的角度，人们对环评具有高度兴趣；②使用环评可以统合现有的各种政策工具；③亚洲国家通过来自发达国家和国际机构的 ODA（官方发展援助）项目的机会，逐步获得了环评的经验。

环评同美国的《国家环境政策法案》（NEPA，1969）具有相同的制度渊源，但在建立环评制度的各个国家，其内容有很大不同。环评还面临着实施方面的种种批评，如内容不民主、运用低效率或对环境保护不起作用等。本节将探讨环评在亚洲各国现状的多样化及其面临的挑战。

亚洲主要国家制定环评制度的情况可以分为以下 3 种类别。

第一，完全不具备环评系统的国家。例如缅甸。尽管《缅甸 21 世纪议程》表明了环评的若干必要性，但负责环境管理的是外交部内的国家环境事务委员会（NCEA），它并没有立法权。在文莱，除了国家发展部内设立了一个环境班子，并没有专门从事环境管理的行政部门，甚至作为环评制度前提的环境法立法，也迟迟未予开展。

第二，国家采用了环评制度，但尚未使其法制化。例如，在新加坡，环境与水资源部可以根据自己的判断，特设要求私营企业进行环评。这是因为新加坡认为，环评系统是政府主导的一种环境管理手段，它同现有的土地利用系统合并使用，可以做到对于环境的大量考量。

第三，正在对环评系统推行法制化的国家（地区）。然而，他们在系统建立时间、内容与形式、程序流等方面，都存在着巨大差异。

从系统建立时间看，菲律宾马科斯政府在1977年推出了建立环境影响评价制度的总统令1151号，1979年，菲律宾政府颁布了1项关于《实施细则》的部门行政命令（DAO）。从此以后，这套《实施细则》业经频繁修订，现已成为国家环境和自然资源部发布的《环境影响报告书实施规则》（DAO30/2003）。在泰国，1975年的《提高与保护国家环境质量法》规定，需要审查可能会对环境带来不利影响的政府机关、国有企业和私营部门的项目，并制定了环评制度。但其实际执行一直推迟到该法律于1979年修订和科技环境部于1981年发布《环评对象项目表》之后才开始。

环境影响评价系统的制定方式也各不相同。在柬埔寨，环评制度被载入一部开发石油与其他资源的相关法律中。而中国、韩国、中国台湾地区，则有对于环评的单一法律。在一些东盟国家（如印度尼西亚、菲律宾、马来西亚、印度和越南等国），环评系统通常由行政机关制定。在泰国，上述1975年的《环境基本法》中已经规定了大部分有关条款。

环评系统的内容和程序也随国家不同而有差异。例如，谁是环评的实施者、哪些项目是环评对象、备选的替代方案、范畴界定的（Scoping）方法、审查程序和方法、环评报告书编写方法、居民参与方法、监测方法以及批准程序等。例如，在菲律宾，对于哪些项目属于环评对象，不仅要考虑项目特点，还要考虑当地特性。在泰国，对于公共部门项目同私营部门项目在手续上有区别，环评中重视替代方案的研究，也可能会选择不采取行动（No action）。菲律宾要求项目单位编制1个《环境管理计划》。泰国和马来西亚设置了含有外部参加者的评审委员会和上诉委员会。印度尼西亚的环评制度载有确认公众参与和提供环境信息的条款。

2002年，中国通过立法，将环评对象从现有建设项目扩大到国家政策和发展计划，并表示除了邀请各方专家之外，将大大拓宽公众参与的程度。还表示，预期将开展战略性环境评估（SEA）（见表1）。

表1 亚洲主要各国环境评价制度一览（2006年）

国名	主管部门	法律依据	分类	外部审查会等	代替案	公众参与	信息公开
中国	原国家环境保护总局	环境影响评价法	以规划和建设项目为对象. 对应于某项目对环境影响的程度, 评价手续分为3类	无	对于建设项目, 无	听取专家、居民等的意见（报告书批准书前）	有, 抽象性的规定, 有
韩国	环境部, 环境政策评价研究院	环境政策基本法、环境影响评价法、环境·交通·灾害等环境影响评价法	列出执行命令	有（推荐居民中的委员）	有	作为制度, 无	无
菲律宾	环境自然资源部·环境管理局	大总统令 PD1151, 大总统令 PD1586, EIS 实施规则、自然资源部令	初期调查报告书（IEE）和环境影响评价报告书（EIS）制度. 按 A、B、C 分类	无	有	有（在调查、界定范围阶段）	无
马来西亚	自然资源环境部·环境局（DOE）	环境质量法、环境影响评价命令、环境评价指导则·不同行业种类导则	根据预备性环境评价报告, 判断是否要求做出详细的环境评价报告书. 对于评价对象以外项目, 有必要对工厂选址进行适当评价	有. 审查委员会. 不服申诉委员会	无. 但有联邦级别、沙捞越州、沙巴申立减缓措施	有（在调查、界定范围阶段）	有（只提供详细的环境评价报告书）
泰国	自然资源环境部·环境影响评价（ONEPP·EIED）	环境质量保护改善环境影响评价法、(旧)科学技术·环境部告示2号1992、告示3号1996	环境影响评价报告书. 环境评价对象外的一定项目有义务进行初期环境影响调查（IEE）或提交环境信息	特别专门委员会	有	在调查、界定范围阶段, 同所有利害相关者进行协商	无

国名	主管部门	法律依据	分类	外部审查会等	代替案	公众参与	信息公开
印度尼西亚	环境部	环境管理法，1997政令（PP No.27），环境影响导则	以对环境有重大影响的项目为对象。对象外的项目，必须编制环境管理与监测方针文件并得到批准	无	无	有。居民和NGO有可能参加AMDAL委员会	有。AMDAL委员会的研究
越南	科学技术环境部·环境厅，科学技术环境局	环境保护法，实施环境保护法的政令第175号等	对于新规项目，外国投资与国家项目，在预评价和详细评价阶段，有义务编制评价报告书和简明的保证达到环境标准的注册审查	由科学家，社会组成代表等组成审查评议会	有	—	无
柬埔寨	环境部	环境保护法与自然资源管理法，环境评价法令	对于一定规模以上的公共与民间项目对象实施初期评价好正式评价	无	无	从一般要求到相应的信息公开，都鼓励公众参与	无
老挝	科学技术环境厅·环境部	环境保护法，水资源法，矿物资源关连法中均有环境评价有关规定	在初始阶段，区别3种做法之一：①IEE，②EIA，③不需要环境评价手续	原则无	无	无	无
印度	环境与森林部	环境保护法，同规则，环境与森林部·环境评价通途	列出32类项目。在各州级别上无法确认其环境管理计划·是否适当的情况下，提交联邦级别进行审查	环境评价委员会	无	项目摘要书等公开 征集意见。环境影响大的项目举行公众听证会	有

亚洲各国环评所面临的问题是不民主和低效率。在亚洲许多国家，即使采取的是同发达国家一样的民主性路线，也未必就完全理解了这套环评制度。在建立制度时，手段的有效性往往给予优先地位，而确保民主的程序则退居二线。环评系统能够很好地反映出这些国家的差异，用所谓发达国家的尺度来衡量，他们在许多方面的做事方式未必都是民主性的。

低效率方面可参看两个事例。一是中国在2002年修订《环境影响评价法》时，全国人大环境与资源保护委员会的法案起草办公室发布了一份题为《中国环境影响评价制度的实施状况》的报告，其中指出适用范围过窄、审查批准程序不健全、管理监督迟缓、环评技术不完全，等等。二是印度尼西亚环境部分析了从2002年到2004年的115份已经完成的《环境影响报告书》，指出了它们质量低和监控不力。其中，73%的环评报告质量差，45%是劣质的。究其原因，在于援引环评法律实行执法薄弱，从事环评人员不足，以及人员能力低下等。

（作本直行）

原书后记

亚洲正处于变动之中。亚洲各国摆脱了 20 世纪 90 年代后期的经济危机,经济开始恢复,一些国家相互缔结了双边的《自由贸易协定》(FTA)。2006 年 5 月 4 日,在印度的海得拉巴(Hyderabad),东盟 10 国和中、日、韩 3 国的财政部长就地区货币的创设进行了探讨并达成了共识。亚洲各国终于向货币合作的新时代迈出了第一步。国家之间的政治关系也在不断发生巨大变化。美国在亚洲的影响力相对减弱,取而代之的是中国的不断崛起。而日本当前正不得不面临极其困难的战略选择,既要考虑在美国与中国之间的平衡,又要继续参与维持朝鲜半岛和平的责任,还要同东盟各国重新构建友好关系。

眼看着亚洲如此激荡的政治和经济状况,我们对本身立场的定位是"不为国家利益所束缚、要作为亚洲的一员市民"。我们想要做的是在构建亚洲地区合作网络的过程中,从"环境"这一视点出发,向公众揭示正在发生的种种实际问题与今后方向。读过本书后你就会发现,我们既对政府和企业的正面作用给予了积极评价,也对其负面作用进行了严厉批评,并呼吁他们进行改善。无疑,我们认为,日本的水俣病问题也还没有终结。

因此,我们欢迎市民阶层的兴起,如 NGO(非政府组织)、NPO(非营利性组织)的活跃和居民自治的扩大等。但是,我们在这里所说的"市民阶层"构成者,指的是一方面作为个体保持独立性,另一方面又有公共意识、能为公益而行动的人。换言之,我们所指的并不是单纯作为概念型的"市民",而是包括作为问题当事人的"居民",或是居住在讨论对象地区的"生活者",包括这些人在内的"普通大众"。我把这些"普通大众"称为"素民",我认为,把他们作为环境政策与资源政策的主角是很重要的（参见笔者所著《寻求平民的思想》，岩波书店，2004 年）。所有的人都是"素民"，都会因为某种契机而一时"有志"于参与行动。这些"有志"于参与行动的人们，通常被称作"市民"。而这些"市民"回到家里，就又成为"素民"了。

我想，参与本书编辑和执笔工作的朋友们都会认为，同亚洲各国的合作是今后日本应当选择的道路吧。如果这个方向是正确的话，那么，同基于狭隘的民族主义而采取排外利己的行为相比，我们正在从事的推进"亚洲合作网络"的工作，也许更能为日本的国家利益作出贡献。

本书的策划和编辑工作是由编辑事务局的小岛道一（亚洲经济研究所）、大岛坚一（立命馆大学）、除本理史（东京经济大学）、山下英俊（一桥大学）共同完成的。寺西俊一（一桥大学）作为编辑代表，也像在编辑本丛书第 3 卷的过程中一样，继续给予大力支持。在这里，向他们再次表示衷心感谢。虽然本书的出版比原计划有所推迟，但所有的编辑委员、执笔者和合作者都以极强的吃苦耐劳精神，一直坚持到完成了最后的著者校对等工作。在此谨向各位致以深深的谢意。

本书是《亚洲环境情况报告》系列丛书的第 4 卷。从这套丛书出版第 1 卷（1997—1998 年版）到现在，已经过了 9 年时间。在此期间，我们一直得到《东洋经济新报》社的大力支持。尤其是该社的佐藤敬先生为我们提供了非常大的帮助，对此我们深表感谢。

今后，我们将继续为出版《亚洲环境情况报告》第 5 卷做准备，并进一步扩大和充实"亚洲合作网络"。希望各位能继续为我们提供支持和合作。

编辑事务局长井上真

2006 年 9 月